郭保香　王灵艳　王安琪　编著

进口原木材积表

SPM 南方传媒
广东科技出版社
全国优秀出版社
·广州·

图书在版编目（CIP）数据

进口原木材积表 / 郭保香，王灵艳，王安琪编著. —广州：广东科技出版社，2024.5
ISBN 978-7-5359-8314-5

Ⅰ.①进… Ⅱ.①郭… ②王… ③王… Ⅲ.①进口—原木—材积表 Ⅳ.①S758.3

中国国家版本馆CIP数据核字（2024）第076761号

进口原木材积表
Jinkou Yuanmu Caiji Biao

出 版 人：严奉强
项目策划：尉义明
责任编辑：尉义明　谢绮彤
封面设计：柳国雄
责任校对：邵凌霞
责任印制：彭海波
出版发行：广东科技出版社
（广州市环市东路水荫路11号　邮政编码：510075）
销售热线：020-37607413
https://www.gdstp.com.cn
E-mail：gdkjbw@nfcb.com.cn
经　　销：广东新华发行集团股份有限公司
排　　版：创溢文化
印　　刷：东莞市翔盈印务有限公司
（东莞市东城区莞龙路129号　邮政编码：523113）
规　　格：850 mm × 1 168 mm　1/64　印张5.75　字数150千
版　　次：2024年5月第1版
2024年5月第1次印刷
定　　价：29.80元

前　言

木材是各类木材商品的总称，主要包括原木、原条、锯材、人造板等，并可按树种、品质、形状、规格等的差异进一步分类。树种及木材名称、木材种类及质量、木材材积及等级、木材价格及数量是木材生产相关人员和管理者最为关心的四大问题，而木材材积表则是核心内容。原木和原条材积表是通过研究与建立材积与其他各因子的相关关系，把难以测定的木材材积指标表示为容易测量的直径、长度等因子的函数形式，列出相关数据，供计量材积时查用。木材是重要的国际大宗商品之一，我国是世界上最大的木业加工、木制品生产基地和最主要的木制品加工出口国，木材交易量巨大，木材材积表已经成为木材生产、流通、加工和管理各环节相关人士必备的资料和工具。

为了满足木材生产、流通、加工和管理各环节相关人士的需求，我们通过收集大量国外参考资料，按现行最新标准和公式编程汇编了这本《进口原木材积表》。该书主要有三大特点：一是全，书中包括中国主要进口原木的木材材积表；二是新，书中所有的木材材积表都更新到现行的标准或版本；三是便，书中表格规范、准确、易懂，做到一书在手，使用无忧。

虽然木材材积表的计算和编制都已经成形，但有时也会有细微变动或修订新的标准，使用者在使用本书时需要注意对照查阅。

本书可供木材生产、流通、加工和管理各环节相关人士使用。

编　者

2023年11月1日

目　　录

三、美国原木材积表 / 039

四、东南亚、非洲、南美洲原木材积表 / 083

五、日本、智利、新西兰原木材积表 / 341

一、原木材积检验基础

（一）原木

原木（log）是根据需要将原条截成一定尺码的木段，其形状近似于圆柱体，它是国际木材贸易中最常见的木材产品形式。根据原木的径级、品质和用途，分为直接用原木、加工用原木、小径原木、短原木等。

（二）原木检验

原木检验（log inspection）是对原木产品进行树种识别、尺寸检量、材质评定、材种区分、材积计算和原木标志工作的总称。

（三）世界主要木材进出口国执行的原木检验标准

在进出口商品检验中，根据国际贸易的习惯做法，对商品的检验权和检验地一般规定为三种形式：A.在出口国检验；B.在进口国检验；C.出口国检验、进口国复检。其中以第三种检验权方式最为公平合理，因而在对外贸易中被广泛采用。我国的木材进出口合同中，一般都采用第三种规定。

由于执行了“出口国检验、进口国复检”的检验权形式，货物在出口前的检验证书被作为议付货款的凭证之一，并不作为交货的最后依据。若当货物在买方地复检中被发现品质、数量与合同规定不符时，买方可出具被卖方认可的检验机构的检验证书，向卖方提出索赔。

进出口过程中原木的数量检验是十分重要的一项内容，其也非常容易发生纠纷。当买卖双方出现检验结果不一致时，并不一定都是货物品质和数量的缺损，也可能是双方执行的检验方法和计算标准不同造成的，需对我国与他国标准间差异可能造成的结果变化进行分析。

1. 俄罗斯原木检验执行标准

俄罗斯当前执行的原木标准与检验为ГОСТ 2292—1988《原木打号印、分类、运输、检量方法和验收方法》、ГОСТ 22298—1976《出口针叶树种加工用原木的技术要求》、ГОСТ 2140—1981《木材缺陷分类、术语、定义和检量》、ГОСТ 2708—1975《原木材积表》。俄罗斯等国家原木材积没有特定的计算公式。

2. 美国原木检验执行标准

美国现行广泛使用的原木检验方法有三种，第一种方法是《原木检尺斯克莱布诺（Scribner）板英尺规则》，它作为官方规则被长期公认和广泛应用，并被美国西北部原木检尺规则顾问委员会的原木检尺评等局作为决定原木板英尺材积的基本程序；第二种方法是《原木检尺道尔（Doyle）板英尺规则》；第三种方法是《原木检尺国际1/4英寸

（Internation 1/4 inch）板英尺规则》。

以上三种原木材积估算方法相比，斯克莱布诺（Scribner）材积表可能会更为准确，尤其是对于中等直径的原木。道尔（Doyle）材积表在小径木上可能会低估材积，而在大径木上可能会高估材积。三种方法计算的材积有一定误差。我国从美国进口原木时，一般按《原木检尺斯克莱布诺（Scribner）板英尺规则》进行检尺和交接。进口木材时也可根据不同的树种和不同的地理区域选择计算方法进行比较分析。

3. 加拿大原木检验执行标准

加拿大木材出口主要集中在该国西南部的不列颠哥伦比亚省，原木检验法定上采用《实木立方米检尺法》标准，但在民间贸易中也较为普遍地采用《原木检尺斯克莱布诺（Scribner）板英尺规则》。

4. 东南亚、非洲、南美洲原木检验执行标准

马来西亚、印度尼西亚、菲律宾东南亚地区及巴布亚新几内亚等国

家和非洲、南美洲等热带地区国家的原木尺寸检量、进级和材积计算都有各自的规定，但差异不大，且原木材积计算公式相同。

5. 日本、新西兰原木检验执行标准

日本、新西兰原木出口主要采用日本农林标准《原木等级和检尺规程》和《日本农林木材标准解释》。

（四）原木的数量检验

商品数量是合同的“要件”之一，也是最敏感和最易引起争议的因素之一。因此，数量检验是木材检验中的必要环节和重要基础。根据尺寸检量的结果进行公式计算或查材积表求出单根木材的材积，并可进一步与商品的数量做数学运算，从而得到整批商品的材积量。

1. 检尺长与检尺径

木材尺寸检量主要是长度和直径的检量，其任务是确定木材的检尺长和检尺径。

2. 检尺长和检尺径的量测

（1）原木长度检量

①原木长度检量的基本规则

多数国家的原木检验标准都规定，原木的长度应为原木大小头两端断面之间沿轴线方向的最短距离。长度检量的计量单位为米（m），检量时要量至厘米（cm），不足1 cm舍去。对于一些特殊情况，应按相关标准的要求执行。

②长度后备余量

后备余量应在测量出被检原木的长度后进行，先从原木材长中扣除检验标准中要求的后备余量，后备余量的目的是为了确保原木端面受到损伤后，并不降低原木的检尺长度。对扣除后备余量后材长的剩余部分再按长度进级单位规定取舍以得到检尺长。

后备余量的留存与否，各个国家或行业标准都不太一样，有时还受合同的制约。

Ⅰ. 一些国家或协会无长度余量规定：如中国、加拿大、马来西亚、缅甸、法国、巴西、加蓬、利比里亚、圭亚那、勃莱尔登检尺法、世界热带林业技术中心标准等。

Ⅱ. 多数国家或协会采用的长度后备余量为5～10 cm；少数一些国家或协会采用10～19 cm的后备余量，如威廉克莱米检尺法、印度尼西亚、菲律宾、新西兰、德国等；欧洲山毛榉原木检验标准规定的后备余量最多，为20～50 cm。

Ⅲ. 合同中规定有长度后备余量的，此时不应遵照当地的木材检验标准，而应按照合同规定执行。

③允许偏差

在实际检尺过程中，木材的实际尺寸与规定尺寸之间往往存在着一些误差，但若误差在允许范围内时，就不会影响木材产品的使用，这个尺寸误差允许范围就被称为允许偏差。

我国原木检验标准规定：加工用原木、小径原木、次加工原木的长级允许偏差为+6 cm和–2 cm，特级原木的长级允许偏差为+6 cm和–0 cm。

④长度进级

原木长度的进级单位主要有0.2 m、0.1 m。中国采用0.2 m为长度进级单位，而俄罗斯采用0.25 m为长度进级单位。

原木长度进级为检尺长的规定为：如果检量得到的材长（若规定了长度后备余量，则扣除后备余量）小于原木标准规定的检尺长，但不超过负偏差，仍按标准规定的检尺长计算；如超过负偏差，则按下一级检尺长计算。

（2）原木直径检量

原木和原条虽都被称为圆材，但它们的截面形状通常都不是正圆形，不同部位检量的截面直径大小也不一致。因此，涉及圆材直径检量时，应注意两个问题：一是在何处检量，是小头断面，还是大头断面，或是材身中某处；二是如何检量该断面的直径，是只检量最短直径，还是检量短径和长径的平均值，以及检量长、短径时的方法。

①直径检量的部位

各国的原木直径检量标准都不太相同，但归纳起来大致可分为检验原木的端头直径和检验原木的围径或围长两大类，这两大类又分为四种，即：

Ⅰ. 只检量原木的小头最短直径或小头的长、短径平均值。执行此种标准的国家有：中国、俄罗斯、美国、日本。

Ⅱ. 分别检量原木的大、小头的长、短径，求得以上四径的平均值。执行此种标准的有：世界热带林业技术中心（ATIBT）标准（适用于非洲、南美洲国家）、菲律宾、印度尼西亚、马来西亚的沙巴州、印度、新西兰、巴西、加拿大。

Ⅲ. 用围尺检量原木中央部位的围径。执行此种标准的有马来西亚砂拉越州和欧洲山毛榉的检验。

Ⅳ. 检量原木1/2材长处的围周长。执行此种标准的国家有缅甸、圭亚那等。

②直径进级单位与允许偏差

我国原木的直径进级单位为2 cm。直径允许偏差，不分用途都为-1 cm。即按照我国标准，凡直径进级时尾数不足2 cm者，凡足1 cm的进级，不足1 cm的舍去，经进舍后的直径为检尺径。

3. 让尺与扣尺

由于圆材是天然产品，因而不可避免地存在着各种缺陷，如节子、腐朽、虫眼、劈裂、弯曲、水口等，这些缺陷降低了圆材的可用材积或使用价值。对于腐朽、节子、虫眼、弯曲等外观缺陷，通常是通过降低圆材的质量等级以补偿损失。对于劈裂、磨损、水口等影响圆材外形完整的缺陷，一般需要做出让尺或扣尺补偿。

让尺就是在圆材尺寸检量时，根据缺陷的严重程度或按合同的规定，相应地减少检尺长或检尺径的数值，以补偿这些缺陷给圆材使用带来的损失。让尺必然会影响圆材的材积，所以材积应以让尺后的计算值为准，而不是简单扣除缺陷部分的材积。

扣尺与让尺不甚一致，扣尺是根据缺陷的具体部位、严重程度而少算检尺长和检尺径，可以同时进行；而让尺只能少算检尺长或检尺径的其中一项，不能同时进行。我国根据缺陷的严重与否情况，对原木进行等级评定；美国则根据缺陷情况进行扣尺。

（五）原木材积的计算

原木材积是依据圆柱体公式计算的，即材积$V=\pi R^2L$（π为圆周率，R为小头半径，L为长度）。首先测量原木长度和小头直径的实际大小，再确定检尺长和检尺径的值，最后用材积计算公式计算或查材积表得出原木材积。树木在生长过程中，由自身的生物学遗传特性决定，同时又受外界生长条件的影响，致使原本的形状和尖削度在各个生长国家、生长地均有所不同。因此它并不是木材的真实材积值，只能作为近似值。

目前，我国进口国外木材，在交接时的尺寸检量和材积计算，一般是按合同规定的有关条款进行。但在国内销售则多按我国现行国家标准的《原木检验》《原木材积表》的规定执行。

1. 原木材积计算公式

世界各国（地）关于原木材积的计算公式不尽相同，下面将部分国家所采用的原木材积计算公式作一简要介绍。

（1）俄罗斯

暂无材积计算公式。原木材积是在测定几十万株各种规格原木材积的基础上而得到的平均值，按ГОСТ 2708—1975《原木材积表》查定。

（2）美国

目前，美国广泛使用的三种材积公式：

①斯克莱布诺（Scribner）材积公式

依据现行《斯克莱布诺材积表》（1972年7月1日修订）计算，材积以板尺（BF）为单位，采用十进位制，即将个位数整化为十位数，其计算公式：

$$V=(D^2-3D)/10\times L/2=0.05L(D^2-3D)$$

式中：V——原木材积［单位为板英尺（BF）］；D——检尺径［单位为英寸（in）］；L——检尺长［单位为英尺（ft）］。有时进口加拿大原木时也采用斯克莱布诺（Scribner）材积表。

②道尔（Doyle）公式

$$V=(D-4)^2\times L\div 16$$

式中：V——原木材积（取整数，大于0.5的进级，单位为BF）；D——原木小端直径（单位为in）；L——原木长度（单位为ft）。

③国际1/4英寸（Internation 1/4 inch）材积公式

$$V=0.04976191LD^2+0.006220239L^2D-0.1854762LD+0.000259176L^3-0.01159226L^2+0.04222222L$$

式中：V——原木体积（取整数，大于0.5的进级，单位为BF）；D——原木小端直径（单位为in）；L——原木长度（单位为ft）。

（3）日本

日本农林标准（JAS）也适用于智利和新西兰的原木材积检量。

①检尺长不足6 m的原木

$V=D^2L\div 10000$

②检尺长自6 m以上的原木

$V=[D+(L'-4)/2]^2\times L\div 10000$

式中：V——原木材积（单位为m^3）；L——检尺长（单位为m）；L'——舍去不足1 m尾数的原木材长（单位为m）；D——检尺径（单位为cm）。

（4）其他国家

Ⅰ. 非洲、南美洲、大洋洲等热带地区的国家执行世界热带林业技术中心标准。

Ⅱ. 马来西亚、菲律宾、印度尼西亚等东南亚国家执行东南亚木材制造商协会标准、威廉克莱米检尺标准、勃莱尔登检尺标准。

2. 材积数字保留位数

基于材积结果精确性的要求，对材积的计算结果提出保留几位小数的规定。对于短检尺长、小检尺径圆材，小数位保留得多，这对提高材积的精确性有很大帮助。各国的相关规定各不相同。

俄罗斯规定对原木检尺径3～9 cm的原木材积计算结果保留四位小数，检尺径10～28 cm的原木材积计算结果保留三位小数，检尺径30 cm以上的原木材积计算结果保留两位小数。

美国规定原木材积的计算结果一般可精确至10 BF左右。

马来西亚砂拉越州材积计算结果保留四位小数；马来西亚沙巴州、菲律宾、印度尼西亚的材积计算结果均保留两位小数。

非洲、南美洲等热带地区国家的材积计算结果保留三位小数。

日本、智利、新西兰的原木材积计算结果保留三位小数。

（六）原木材积表

俄罗斯原木材积从ГОСТ 2708—1975《原木材积表》中查得。

美国原木材积从《斯克莱布诺材积表》《道尔（Doyle）材积表》《国际1/4英寸（Internation 1/4 inch）材积表》中查得。

马来西亚、印度尼西亚、菲律宾等国原木材积从统一的《东南亚木材制造商协会原木材积表》中查得，但需注意它们各自规定的进级单位和材积保留数字。

非洲、南美洲热带地区国家的原木材积从《世界热带林业技术中心原木材积表》中查得。

日本、智利、新西兰的原木材积从《日本农林标准原木材积表》中查得。

二、俄罗斯原木材积表

（一）尺寸检量

原木检尺长、检尺径的检量按ГОСТ 2292—1988《原木打号印、分类、运输、检量方法和验收方法》的规定执行。计量单位用国际单位制（米制），检尺长以米计，检尺径以厘米计。

检尺长指原木大头与小头的两端断面之间最短的垂直距离。检量时量至厘米，除我国与俄罗斯签订合同规定的3.65 m、3.8 m、7.3 m、7.6 m几种长度外，实际量得的长度均按0.25 m进级，规定后备余量5～8 cm，不足进级的尺长才视为检尺长余量。后备余量主要考虑能否满足下限的要求。例如，原木实际长度为5.07 m，按进级规定，检尺长定为5 m，因为多余的长度（7 cm）不小于后备余量下限（5 cm）；若多余的长度不足5 cm，则按4.75 m计。

检尺径在小头断面处通过断面中心检量相互垂直的去皮最长、最短直径，量至毫米，取二者的平均值按进级规定取舍后即为原木的检尺径。检尺径小于13 cm时（包含13 cm），按1 cm进级，即小于0.5 cm时舍去，0.5 cm以上（含0.5 cm）则进级。例如，直径的实际尺寸为11.4 cm，检尺径按11 cm计；直径的实际尺寸为11.5～12.4 cm，检尺径定为12 cm。检尺径大于14 cm时（不含14 cm），按2 cm进级，足1 cm进级，不足1 cm舍去。检尺径等于14 cm的为过渡直径，即原木直径为13.5～14.9 cm，检尺径按14 cm计。

（二）材积表

目前，我国对进口的俄罗斯原木材积的查定，仍使用苏联部长会议国家标准委员会颁布的ГОСТ 2708—1975《原木材积表》。该表材积值是在测定十几万株各种规格原木材积的基础上得到的平均值，没有计算公式，适用于查定检尺长为2.00～9.00 m、检尺径为3～120 cm的原木材积（表1）。检尺径3～9 cm的原木材积计算结果保留四位小数，检尺径10～28 cm的保留三位小数，检尺径30 cm以上的保留两位小数。

表1　俄罗斯原木材积表（检尺长2.00～9.00 m，检尺径3～120 cm）

检尺径/cm	检尺长/m 2.00	2.25	2.50	2.75	3.00	3.25	3.50	3.75
	材积/m³							
3					0.0045	0.0051	0.0057	0.0062
4	0.0037	0.0044	0.0051	0.0058	0.0065	0.0072	0.0079	0.0086
5	0.0053	0.0061	0.0071	0.0079	0.0088	0.0096	0.0110	0.0120
6	0.0073	0.0083	0.0093	0.0100	0.0120	0.0130	0.0140	0.0150
7	0.0100	0.0110	0.0120	0.0130	0.0150	0.0160	0.0180	0.0190
8	0.0110	0.0120	0.0140	0.0160	0.0170	0.0200	0.0210	0.0230
9	0.0140	0.0160	0.0180	0.0200	0.0210	0.0240	0.0260	0.0290
10	0.017	0.019	0.022	0.024	0.026	0.029	0.031	0.033
11	0.022	0.024	0.027	0.029	0.032	0.034	0.037	0.041
12	0.026	0.028	0.031	0.035	0.038	0.042	0.046	0.049
13	0.030	0.033	0.036	0.041	0.045	0.049	0.053	0.057
14	0.035	0.039	0.043	0.047	0.052	0.057	0.061	0.067
16	0.044	0.049	0.056	0.063	0.069	0.075	0.082	0.088
18	0.056	0.063	0.071	0.079	0.086	0.095	0.103	0.111
20	0.069	0.077	0.087	0.097	0.107	0.116	0.126	0.136
22	0.084	0.096	0.107	0.118	0.130	0.143	0.154	0.166

续表1

检尺径/cm	检尺长/m							
	2.00	2.25	2.50	2.75	3.00	3.25	3.50	3.75
	材积/m³							
24	0.103	0.116	0.130	0.143	0.167	0.170	0.184	0.198
26	0.123	0.138	0.154	0.169	0.185	0.200	0.210	0.230
28	0.144	0.161	0.180	0.198	0.220	0.230	0.250	0.270
30	0.17	0.19	0.20	0.23	0.25	0.27	0.29	0.31
32	0.19	0.21	0.23	0.25	0.28	0.30	0.33	0.35
34	0.21	0.24	0.26	0.29	0.32	0.34	0.37	0.40
36	0.23	0.26	0.29	0.33	0.36	0.39	0.42	0.45
38	0.26	0.29	0.32	0.36	0.39	0.43	0.46	0.50
40	0.28	0.32	0.36	0.39	0.43	0.47	0.50	0.54
42	0.31	0.35	0.39	0.43	0.47	0.51	0.56	0.60
44	0.34	0.38	0.43	0.47	0.52	0.56	0.61	0.66
46	0.37	0.42	0.47	0.52	0.57	0.62	0.67	0.72
48	0.41	0.46	0.51	0.56	0.62	0.67	0.73	0.78
50	0.44	0.50	0.56	0.61	0.67	0.73	0.79	0.85
52	0.48	0.55	0.60	0.67	0.73	0.79	0.86	0.98
54	0.53	0.60	0.66	0.73	0.80	0.86	0.93	1.00
56	0.57	0.64	0.72	0.79	0.86	0.94	1.01	1.08

续表1

检尺径/cm	检尺长/m							
	2.00	2.25	2.50	2.75	3.00	3.25	3.50	3.75
	材积/m³							
58	0.61	0.69	0.77	0.85	0.92	1.00	1.08	1.16
60	0.66	0.74	0.83	0.91	0.99	1.07	1.16	1.25
62	0.71	0.79	0.88	0.97	1.06	1.15	1.24	1.33
64	0.75	0.84	0.94	1.04	1.13	1.23	1.33	1.42
66	0.80	0.90	1.00	1.10	1.20	1.30	1.40	1.51
68	0.85	0.95	1.05	1.16	1.27	1.38	1.49	1.59
70	0.89	1.01	1.12	1.23	1.34	1.46	1.57	1.69
72	0.93	1.06	1.18	1.30	1.41	1.54	1.66	1.79
74	0.98	1.11	1.24	1.37	1.49	1.62	1.75	1.89
76	1.04	1.17	1.31	1.44	1.57	1.71	1.85	1.99
78	1.09	1.23	1.38	1.51	1.66	1.80	1.95	2.09
80	1.15	1.29	1.46	1.59	1.74	1.89	2.05	2.20
82	1.21	1.36	1.53	1.67	1.83	1.99	2.15	2.31
84	1.27	1.43	1.61	1.75	1.92	2.09	2.26	2.43
86	1.33	1.50	1.68	1.84	2.01	2.19	2.37	2.55
88	1.39	1.57	1.76	1.93	2.11	2.29	2.48	2.67
90	1.46	1.64	1.84	2.02	2.21	2.40	2.59	2.79

续表1

检尺径/cm	检尺长/m							
	2.00	2.25	2.50	2.75	3.00	3.25	3.50	3.75
	材积/m^3							
92	1.52	1.71	1.92	2.11	2.30	2.51	2.71	2.91
94	1.59	1.79	2.00	2.20	2.41	2.62	2.83	3.04
96	1.66	1.87	2.09	2.29	2.51	2.73	2.98	3.17
98	1.73	1.95	2.17	2.39	2.62	2.84	3.07	3.30
100	1.80	2.03	2.27	2.49	2.72	2.96	3.20	3.44
102	1.87	2.11	2.35	2.59	2.83	3.08	3.33	3.58
104	1.95	2.19	2.45	2.69	2.95	3.20	3.46	3.72
106	2.02	2.27	2.54	2.79	3.06	3.32	3.59	3.86
108	2.10	2.36	2.64	2.90	3.18	3.45	3.73	4.01
110	2.18	2.45	2.73	3.01	3.29	3.58	3.87	4.16
112	2.26	2.54	2.83	3.12	3.42	3.71	4.01	4.31
114	2.34	2.63	2.94	3.23	3.54	3.84	4.16	4.47
116	2.42	2.72	3.04	3.35	3.66	3.98	4.31	4.63
118	2.50	2.82	3.15	3.47	3.79	4.12	4.45	4.79
120	2.59	2.92	3.26	3.59	3.92	4.26	4.61	4.96

续表1

检尺径/cm	检尺长/m						
	4.00	4.25	4.50	4.75	5.00	5.25	5.50
	材积/m^3						
3	0.0067	0.0072	0.0078	0.0084	0.0092	0.0100	0.0100
4	0.0093	0.0110	0.0110	0.0120	0.0130	0.0130	0.0140
5	0.0130	0.0140	0.0150	0.0160	0.0180	0.0190	0.0200
6	0.0170	0.0180	0.0190	0.0210	0.0220	0.0230	0.0250
7	0.0210	0.0230	0.0250	0.0260	0.0280	0.0300	0.0320
8	0.0260	0.0290	0.0310	0.0330	0.0350	0.0370	0.0400
9	0.0320	0.0350	0.0370	0.0400	0.0430	0.0460	0.0490
10	0.037	0.041	0.044	0.047	0.051	0.053	0.058
11	0.045	0.049	0.053	0.058	0.062	0.067	0.070
12	0.053	0.058	0.063	0.068	0.073	0.078	0.083
13	0.062	0.068	0.074	0.080	0.085	0.091	0.097
14	0.073	0.078	0.084	0.090	0.097	0.104	0.110
16	0.095	0.102	0.110	0.117	0.124	0.132	0.140
18	0.120	0.129	0.138	0.147	0.156	0.166	0.175
20	0.147	0.158	0.170	0.180	0.190	0.200	0.210
22	0.178	0.190	0.200	0.210	0.230	0.240	0.250
24	0.210	0.220	0.240	0.250	0.270	0.290	0.300

续表1

检尺径/cm	检尺长/m						
	4.00	4.25	4.50	4.75	5.00	5.25	5.50
	材积/m³						
26	0.250	0.260	0.280	0.300	0.320	0.340	0.350
28	0.290	0.310	0.330	0.350	0.370	0.390	0.410
30	0.33	0.35	0.38	0.40	0.42	0.45	0.47
32	0.38	0.40	0.43	0.45	0.48	0.51	0.53
34	0.43	0.46	0.49	0.51	0.54	0.57	0.60
36	0.48	0.51	0.54	0.57	0.60	0.64	0.67
38	0.53	0.57	0.60	0.63	0.67	0.71	0.74
40	0.58	0.62	0.66	0.70	0.74	0.78	0.82
42	0.64	0.68	0.73	0.77	0.81	0.86	0.90
44	0.70	0.75	0.80	0.85	0.89	0.94	0.99
46	0.77	0.82	0.87	0.93	0.98	1.03	1.08
48	0.84	0.89	0.95	1.01	1.06	1.12	1.18
50	0.91	0.97	1.03	1.09	1.15	1.22	1.28
52	0.99	1.05	1.12	1.19	1.25	1.32	1.39
54	1.07	1.14	1.21	1.28	1.35	1.43	1.50
56	1.16	1.23	1.31	1.38	1.46	1.54	1.62
58	1.25	1.33	1.41	1.49	1.57	1.66	1.74

续表1

检尺径/cm	检尺长/m						
	4.00	4.25	4.50	4.75	5.00	5.25	5.50
	材积/m^3						
60	1.33	1.42	1.51	1.60	1.68	1.77	1.86
62	1.43	1.52	1.62	1.71	1.80	1.90	1.99
64	1.52	1.62	1.72	1.82	1.91	2.01	2.11
66	1.61	1.72	1.82	1.92	2.02	2.13	2.23
68	1.70	1.81	1.92	2.02	2.13	2.25	2.35
70	1.80	1.91	2.02	2.13	2.25	2.36	2.48
72	1.90	2.02	2.14	2.25	2.38	2.50	2.62
74	2.01	2.14	2.26	2.38	2.52	2.66	2.77
76	2.12	2.26	2.39	2.52	2.67	2.79	2.92
78	2.24	2.38	2.52	2.66	2.82	2.95	3.08
80	2.35	2.51	2.66	2.81	2.97	3.11	3.24
82	2.47	2.64	2.80	2.96	3.13	3.28	3.41
84	2.59	2.77	2.94	3.12	3.28	3.45	3.58
86	2.71	2.90	3.03	3.27	3.40	3.61	3.77
88	2.85	3.04	3.23	3.42	3.60	3.78	3.95
90	2.98	3.18	3.37	3.57	3.77	3.95	4.14
92	3.11	3.32	3.53	3.74	3.94	4.14	4.34

续表1

检尺径/cm	检尺长/m						
	4.00	4.25	4.50	4.75	5.00	5.25	5.50
	材积/m^3						
94	3.25	3.47	3.68	3.90	4.11	4.32	4.52
96	3.39	3.62	3.84	4.07	4.29	4.50	4.73
98	3.53	3.77	4.00	4.24	4.47	4.69	4.93
100	3.67	3.92	4.17	4.41	4.65	4.88	5.14
102	3.82	4.08	4.33	4.60	4.84	5.08	5.35
104	3.97	4.24	4.51	4.77	5.03	5.29	5.57
106	4.13	4.41	4.68	4.96	5.23	5.50	5.79
108	4.29	4.58	4.86	5.14	5.43	5.71	6.01
110	4.45	4.75	5.04	5.33	5.63	5.92	6.24
112	4.61	4.92	5.23	5.53	5.84	6.14	6.46
114	4.78	5.10	5.41	5.74	6.05	6.36	6.70
116	4.94	5.28	5.61	5.94	6.26	6.58	6.93
118	5.12	5.46	5.80	6.13	6.48	6.82	7.18
120	5.29	5.65	6.00	6.35	6.70	7.06	7.42

续表1

检尺径/cm	检尺长/m						
	5.75	6.00	6.25	6.50	6.75	7.00	7.25
	材积/m^3						
3	0.0110	0.0120	0.0130	0.0130	0.0130	0.0150	0.0150
4	0.0150	0.0160	0.0160	0.0180	0.0190	0.0200	0.0220
5	0.0210	0.0230	0.0240	0.0250	0.0270	0.0290	0.0310
6	0.0270	0.0280	0.0290	0.0310	0.0330	0.0370	0.0400
7	0.0340	0.0360	0.0390	0.0400	0.0420	0.0450	0.0480
8	0.0420	0.0450	0.0470	0.0510	0.0530	0.0570	0.0610
9	0.0510	0.0550	0.0580	0.0610	0.0640	0.0690	0.0720
10	0.062	0.065	0.070	0.075	0.078	0.082	0.086
11	0.075	0.080	0.084	0.090	0.094	0.098	0.103
12	0.088	0.093	0.098	0.103	0.108	0.104	0.119
13	0.102	0.108	0.114	0.120	0.126	0.132	0.137
14	0.116	0.123	0.128	0.135	0.143	0.150	0.157
16	0.147	0.155	0.164	0.172	0.180	0.189	0.196
18	0.184	0.194	0.200	0.210	0.220	0.230	0.240
20	0.220	0.230	0.240	0.260	0.270	0.280	0.290
22	0.260	0.280	0.290	0.310	0.320	0.340	0.350
24	0.310	0.330	0.340	0.360	0.380	0.400	0.410

续表1

检尺径/cm	检尺长/m						
	5.75	6.00	6.25	6.50	6.75	7.00	7.25
	材积/m^3						
26	0.370	0.390	0.410	0.430	0.440	0.460	0.490
28	0.430	0.450	0.470	0.490	0.510	0.530	0.560
30	0.49	0.52	0.54	0.56	0.59	0.61	0.64
32	0.56	0.59	0.62	0.64	0.67	0.70	0.73
34	0.63	0.66	0.69	0.72	0.76	0.78	0.82
36	0.71	0.74	0.77	0.80	0.85	0.88	0.92
38	0.78	0.82	0.86	0.90	0.94	0.97	1.02
40	0.86	0.90	0.94	0.99	1.03	1.07	1.12
42	0.95	1.00	1.04	1.08	1.13	1.18	1.23
44	1.04	1.09	1.14	1.20	1.24	1.30	1.35
46	1.14	1.19	1.24	1.30	1.35	1.41	1.47
48	1.23	1.30	1.35	1.41	1.48	1.54	1.60
50	1.34	1.41	1.47	1.54	1.60	1.67	1.74
52	1.46	1.53	1.59	1.67	1.74	1.81	1.89
54	1.58	1.65	1.73	1.86	1.88	1.96	2.04
56	1.70	1.78	1.86	1.95	2.03	2.11	2.20
58	1.82	1.91	2.00	2.08	2.17	2.27	2.36

续表1

检尺径/cm	检尺长/m						
	5.75	6.00	6.25	6.50	6.75	7.00	7.25
	材积/m^3						
60	1.95	2.05	2.13	2.23	2.32	2.42	2.52
62	2.09	2.18	2.28	2.37	2.48	2.57	2.68
64	2.21	2.32	2.42	2.52	2.62	2.73	2.84
66	2.34	2.44	2.55	2.66	2.77	2.88	3.00
68	2.47	2.57	2.70	2.81	2.93	3.05	3.17
70	2.61	2.72	2.85	2.97	3.10	3.23	3.35
72	2.75	2.87	3.02	3.14	3.28	3.42	3.55
74	2.90	3.03	3.20	3.32	3.47	3.62	3.76
76	3.05	3.20	3.38	3.51	3.67	3.81	3.96
78	3.23	3.38	3.57	3.70	3.88	4.04	4.19
80	3.39	3.57	3.76	3.90	4.09	4.26	4.42
82	3.58	3.75	3.96	4.11	4.31	4.47	4.66
84	3.75	3.94	4.16	4.32	4.53	4.70	4.91
86	3.94	4.13	4.37	4.54	4.75	4.94	5.14
88	4.14	4.34	4.58	4.77	4.98	5.18	5.38
90	4.33	4.56	4.80	4.99	5.21	5.42	5.63
92	4.54	4.78	5.02	5.22	5.45	5.67	5.88

续表1

检尺径/cm	检尺长/m						
	5.75	6.00	6.25	6.50	6.75	7.00	7.25
	材积/m^3						
94	4.75	5.00	5.24	5.47	5.69	5.92	6.14
96	4.96	5.22	5.47	5.69	5.95	6.17	6.40
98	5.18	5.45	5.71	5.93	6.19	6.43	6.67
100	5.39	5.68	5.95	6.19	6.45	6.70	6.95
102	5.63	5.91	6.18	6.43	6.71	6.97	7.23
104	5.85	6.15	6.43	6.68	6.97	7.25	7.51
106	6.08	6.39	6.68	6.97	7.24	7.53	7.80
108	6.32	6.63	6.93	7.23	7.52	7.81	8.10
110	6.56	6.88	7.19	7.50	7.80	8.11	8.41
112	6.80	7.13	7.45	7.77	8.09	8.40	8.71
114	7.05	7.39	7.73	8.05	8.38	8.71	9.03
116	7.29	7.65	8.00	8.34	8.68	9.01	9.35
118	7.55	7.91	8.27	8.63	8.98	9.33	9.68
120	7.82	8.18	8.56	8.93	9.29	9.65	10.01

续表1

检尺径/cm	检尺长/m						
	7.50	7.75	8.00	8.25	8.50	8.75	9.00
	材积/m³						
3	0.0170	0.0180	0.0180	0.0180	0.0190	0.0200	0.0210
4	0.0230	0.0240	0.0260	0.0260	0.0280	0.0290	0.0310
5	0.0320	0.0350	0.0360	0.0370	0.0390	0.0410	0.0430
6	0.0420	0.0440	0.0470	0.0480	0.0510	0.0530	0.0560
7	0.0510	0.0550	0.0580	0.0620	0.0640	0.0680	0.0700
8	0.0640	0.0680	0.0710	0.0750	0.0780	0.0800	0.0840
9	0.0760	0.0800	0.0840	0.0880	0.0920	0.0960	0.1000
10	0.090	0.095	0.100	0.105	0.110	0.116	0.122
11	0.108	0.114	0.120	0.126	0.130	0.135	0.140
12	0.125	0.130	0.138	0.144	0.150	0.158	0.166
13	0.144	0.151	0.158	0.165	0.173	0.181	0.190
14	0.164	0.171	0.179	0.187	0.195	0.200	0.210
16	0.200	0.210	0.220	0.230	0.240	0.250	0.260
18	0.250	0.260	0.280	0.290	0.300	0.310	0.320
20	0.300	0.320	0.330	0.350	0.360	0.380	0.390
22	0.370	0.380	0.400	0.410	0.430	0.440	0.460
24	0.430	0.450	0.470	0.480	0.500	0.520	0.550

续表1

检尺径/cm	检尺长/m						
	7.50	7.75	8.00	8.25	8.50	8.75	9.00
	材积/m³						
26	0.500	0.520	0.540	0.560	0.580	0.610	0.630
28	0.580	0.600	0.630	0.650	0.670	0.700	0.720
30	0.66	0.69	0.72	0.75	0.78	0.80	0.83
32	0.76	0.79	0.82	0.85	0.88	0.91	0.94
34	0.85	0.89	0.92	0.95	0.98	1.02	1.06
36	0.95	0.99	1.02	1.07	1.10	1.14	1.18
38	1.05	1.09	1.13	1.18	1.22	1.26	1.30
40	1.16	1.20	1.25	1.30	1.35	1.40	1.44
42	1.28	1.33	1.38	1.43	1.48	1.53	1.58
44	1.40	1.46	1.51	1.56	1.62	1.67	1.73
46	1.53	1.59	1.65	1.71	1.77	1.83	1.90
48	1.67	1.73	1.80	1.87	1.93	2.00	2.07
50	1.81	1.88	1.95	2.03	2.10	2.18	2.26
52	1.97	2.04	2.12	2.20	2.28	2.36	2.45
54	2.12	2.20	2.29	2.37	2.46	2.54	2.63
56	2.28	2.37	2.46	2.55	2.64	2.73	2.83
58	2.45	2.54	2.62	2.73	2.83	2.93	3.03

续表1

检尺径/cm	检尺长/m						
	7.50	7.75	8.00	8.25	8.50	8.75	9.00
	材积/m^3						
60	2.62	2.71	2.81	2.91	3.02	3.12	3.23
62	2.78	2.88	2.99	3.10	3.21	3.32	3.43
64	2.95	3.06	3.17	3.29	3.40	3.51	3.63
66	3.11	3.25	3.38	3.50	3.62	3.73	3.86
68	3.31	3.45	3.59	3.72	3.84	3.97	4.09
70	3.51	3.67	3.80	3.95	4.07	4.21	4.33
72	3.72	3.87	4.02	4.17	4.31	4.45	4.58
74	3.92	4.10	4.25	4.41	4.55	4.70	4.85
76	4.14	4.32	4.48	4.65	4.80	4.96	5.12
78	4.37	4.55	4.72	4.90	5.06	5.22	5.39
80	4.60	4.78	4.95	5.15	5.32	5.49	5.67
82	4.82	5.02	5.22	5.41	5.59	5.77	5.95
84	5.07	5.27	5.47	5.68	5.86	6.06	6.24
86	5.32	5.52	5.72	5.95	6.15	6.34	6.54
88	5.57	5.77	6.00	6.23	6.44	6.65	6.87
90	5.83	6.04	6.27	6.52	6.73	6.95	7.17
92	6.09	6.30	6.55	6.82	7.04	7.26	7.50

续表1

检尺径/cm	检尺长/m						
	7.50	7.75	8.00	8.25	8.50	8.75	9.00
	材积/m³						
94	6.36	6.61	6.83	7.08	7.33	7.58	7.83
96	6.63	6.87	7.12	7.38	7.63	7.91	8.18
98	6.91	7.16	7.44	7.72	7.98	8.24	8.52
100	7.20	7.46	7.73	8.01	8.30	8.58	8.87
102	7.49	7.76	8.04	8.34	8.64	8.93	9.23
104	7.79	8.07	8.36	8.67	8.99	9.28	9.59
106	8.10	8.41	8.72	9.03	9.34	9.64	9.97
108	8.40	8.72	9.05	9.39	9.69	10.00	10.34
110	8.72	9.05	9.38	9.73	10.06	10.38	10.73
112	9.03	9.38	9.73	10.08	10.43	10.76	11.13
114	9.37	9.72	10.07	10.42	10.80	11.15	11.53
116	9.69	10.07	10.44	10.82	11.18	11.54	11.93
118	10.03	10.41	10.79	11.19	11.58	11.94	12.34
120	10.38	10.78	11.18	11.58	11.97	12.35	12.77

三、美国原木材积表

（一）尺寸检量

我国进口美国原木时，一般按合同约定使用美国官方原木标准《原木检尺和评等规则》计算原木材积。

原木的检尺长和检尺径的单位采用英制计量，检尺长以英尺（ft）计，检尺径以英寸（in）计。

原木检尺长按1 ft长进级。检尺径按1 in进级，其值为长径和短径按1 in进级后的平均值。

（二）材积表计算公式

美国原木材积表使用多种公式，这些公式通常被称为“测积公式”或“材积公式”，不同的材积公式可以适用于不同的树种和不同的地理区域。以下是三种在美国广泛使用的材积公式。

1. 斯克莱布诺（Scribner）材积公式

依据现行《斯克莱布诺材积表》（1972年7月1日修订）计算，材积以板尺为单位，采用十进位制，即将个位数整化为十位数，其计算公式如下：

$V=(D^2-3D)/10\times L/2=0.05L(D^2-3D)$

式中：V——原木材积（单位为BF）；D——检尺径（单位为in）；L——检尺长（单位为ft）。有时进口加拿大原木也采用斯克莱布诺（Scribner）材积表。

1 ft=0.3048 m，1 in=2.54 cm，1 m^3=423.7764 BF，1 BF=0.00236 m^3。

2. 道尔（Doyle）公式

$V=(D-4)^2\times L\div 16$

式中：V——原木体积（取整数，大于0.5的进级，单位为BF）；

D——原木小端直径（单位为in）；*L*——原木长度（单位为ft）。

3. 国际1/4英寸（Internation 1/4 inch）材积公式

$V=0.04976191LD^2+0.006220239L^2D-0.1854762LD+0.000259176L^3-0.01159226L^2+0.04222222L$

式中：*V*——原木体积（取整数，大于0.5的进级，单位为BF）；*D*——原木小端直径（单位为in）；*L*——原木长度（单位为ft）。

以上公式只是用于估算原木体积的一种工具，实际测量的结果可能会因为多种因素，如原木的形状、缺陷、锯片的厚度等，而有所偏差。此外，这些公式也只适用于直杆形的原木，不适用于弯曲的原木。

（三）材积表

美国原木材积见表2至表4。

表2　美国斯克莱布诺（Scribner）原木材积（检尺长8～48 ft，检尺径6～60 in）

检尺径/in	检尺长/ft									
	8	9	10	11	12	13	14	15	16	17
	材积/BF									
6	5	5	5	5	10	10	10	10	10	10
7	10	10	10	10	10	10	10	20	20	20
8	10	10	20	20	20	20	20	30	30	30
9	20	20	20	20	30	30	30	40	40	40
10	20	30	30	30	40	40	40	50	50	50
11	30	30	40	40	50	50	60	60	70	70
12	40	40	50	50	60	70	70	80	80	90
13	50	50	60	70	70	80	90	90	100	110
14	60	60	70	80	90	100	100	110	120	130
15	70	80	90	90	100	110	120	130	140	150
16	80	90	100	110	120	130	140	150	160	170
17	90	100	110	130	140	150	160	170	190	200
18	100	120	130	140	160	170	180	200	210	220
19	120	130	150	160	180	190	210	220	240	250
20	130	150	170	180	200	220	230	250	270	280
21	150	170	180	200	220	240	260	280	300	320

续表2

检尺径/in	检尺长/ft									
	8	9	10	11	12	13	14	15	16	17
	材积/BF									
22	160	180	200	220	250	270	290	310	330	350
23	180	200	230	250	270	290	320	340	360	390
24	200	220	250	270	300	320	350	370	400	420
25	220	240	270	300	330	350	380	410	440	460
26	230	260	290	320	350	380	410	440	470	500
27	250	290	320	350	380	420	450	480	510	550
28	280	310	350	380	420	450	490	520	560	590
29	300	330	370	410	450	490	520	560	600	640
30	320	360	400	440	480	520	560	600	640	680
31	340	390	430	470	520	560	600	650	690	730
32	370	410	460	510	550	600	640	690	740	780
33	390	440	490	540	590	640	690	740	790	840
34	420	470	520	570	630	680	730	790	840	890
35	440	500	560	610	670	720	780	840	890	950
36	470	530	590	650	710	770	830	890	950	1000
37	500	560	620	690	750	810	880	940	1000	1060
38	530	590	660	730	790	860	930	990	1060	1130

续表2

检尺径/in	检尺长/ft									
	8	9	10	11	12	13	14	15	16	17
	材积/BF									
39	560	630	700	770	840	910	980	1050	1120	1190
40	590	660	740	810	880	960	1030	1110	1180	1250
41	620	700	770	850	930	1010	1090	1160	1240	1320
42	650	730	810	900	980	1060	1140	1220	1310	1390
43	680	770	860	940	1030	1110	1200	1290	1370	1460
44	720	810	900	990	1080	1170	1260	1350	1440	1530
45	750	850	940	1030	1130	1220	1320	1410	1510	1600
46	790	890	980	1080	1180	1280	1380	1480	1580	1680
47	820	930	1030	1130	1240	1340	1440	1550	1650	1750
48	860	970	1080	1180	1290	1400	1510	1620	1720	1830
49	900	1010	1120	1230	1350	1460	1570	1690	1800	1910
50	940	1050	1170	1290	1410	1520	1640	1760	1880	1990
51	970	1100	1220	1340	1460	1590	1710	1830	1950	2080
52	1010	1140	1270	1400	1520	1650	1780	1910	2030	2160
53	1060	1190	1320	1450	1590	1720	1850	1980	2120	2250
54	1100	1230	1370	1510	1650	1790	1920	2060	2200	2340
55	1140	1280	1430	1570	1710	1850	2000	2140	2280	2430

续表2

检尺径/in	检尺长/ft									
	8	9	10	11	12	13	14	15	16	17
	材积/BF									
56	1180	1330	1480	1630	1780	1920	2070	2220	2370	2520
57	1230	1380	1530	1690	1840	2000	2150	2300	2460	2610
58	1270	1430	1590	1750	1910	2070	2230	2390	2550	2710
59	1320	1480	1650	1810	1980	2140	2310	2470	2640	2800
60	1360	1530	1710	1880	2050	2220	2390	2560	2730	2900

续表2

检尺径/in	检尺长/ft									
	18	19	20	21	22	23	24	25	26	27
	材积/BF									
6	10	10	10	10	10	20	20	20	20	20
7	20	20	20	20	30	30	30	30	30	30
8	30	30	40	40	40	40	40	50	50	50
9	40	50	50	50	50	60	60	60	70	70
10	60	60	70	70	70	80	80	80	90	90
11	70	80	80	90	90	100	100	110	110	110
12	90	100	100	110	110	120	120	130	140	140
13	110	120	130	130	140	140	150	160	160	170
14	130	140	150	160	160	170	180	190	200	200
15	160	170	180	180	190	200	210	220	230	240
16	180	190	200	210	220	230	240	260	270	280
17	210	220	230	240	260	270	280	290	300	320
18	240	250	270	280	290	310	320	330	350	360
19	270	280	300	310	330	340	360	380	390	410
20	300	320	340	350	370	390	400	420	440	450
21	340	350	370	390	410	430	450	470	490	510
22	370	390	410	430	450	480	500	520	540	560

续表2

检尺径/in	检尺长/ft									
	18	19	20	21	22	23	24	25	26	27
	材积/BF									
23	410	430	460	480	500	520	550	570	590	620
24	450	470	500	520	550	570	600	630	650	680
25	490	520	550	570	600	630	660	680	710	740
26	530	560	590	620	650	680	710	740	770	800
27	580	610	640	680	710	740	770	810	840	870
28	630	660	700	730	770	800	840	870	910	940
29	670	710	750	790	820	860	900	940	980	1010
30	720	760	810	850	890	930	970	1010	1050	1090
31	780	820	860	910	950	990	1040	1080	1120	1170
32	830	880	920	970	1020	1060	1110	1160	1200	1250
33	890	940	990	1030	1080	1130	1180	1230	1280	1330
34	940	1000	1050	1100	1150	1210	1260	1310	1370	1420
35	1000	1060	1120	1170	1230	1280	1340	1400	1450	1510
36	1060	1120	1180	1240	1300	1360	1420	1480	1540	1600
37	1130	1190	1250	1320	1380	1440	1500	1570	1630	1690
38	1190	1260	1330	1390	1460	1520	1590	1660	1720	1790
39	1260	1330	1400	1470	1540	1610	1680	1750	1820	1890

续表2

检尺径/in	检尺长/ft									
	18	19	20	21	22	23	24	25	26	27
	材积/BF									
40	1330	1400	1480	1550	1620	1700	1770	1850	1920	1990
41	1400	1480	1550	1630	1710	1790	1860	1940	2020	2100
42	1470	1550	1630	1710	1800	1880	1960	2040	2120	2210
43	1540	1630	1720	1800	1890	1970	2060	2150	2230	2320
44	1620	1710	1800	1890	1980	2070	2160	2250	2340	2430
45	1700	1790	1890	1980	2070	2170	2260	2360	2450	2550
46	1780	1870	1970	2070	2170	2270	2370	2470	2570	2670
47	1860	1960	2060	2170	2270	2370	2480	2580	2680	2790
48	1940	2050	2160	2260	2370	2480	2590	2700	2800	2910
49	2020	2140	2250	2360	2470	2590	2700	2810	2930	3040
50	2110	2230	2350	2460	2580	2700	2820	2930	3050	3170
51	2200	2320	2440	2570	2690	2810	2930	3060	3180	3300
52	2290	2420	2540	2670	2800	2930	3050	3180	3310	3430
53	2380	2510	2650	2780	2910	3040	3180	3310	3440	3570
54	2470	2610	2750	2890	3020	3160	3300	3440	3580	3710
55	2570	2710	2860	3000	3140	3280	3430	3570	3710	3860
56	2670	2810	2960	3110	3260	3410	3560	3710	3850	4000

续表2

检尺径/in	检尺长/ft									
	18	19	20	21	22	23	24	25	26	27
	材积/BF									
57	2770	2920	3070	3230	3380	3530	3690	3840	4000	4150
58	2870	3030	3190	3340	3500	3660	3820	3980	4140	4300
59	2970	3130	3300	3460	3630	3790	3960	4130	4290	4460
60	3070	3240	3420	3590	3760	3930	4100	4270	4440	4610

续表2

检尺径/in	检尺长/ft									
	28	29	30	31	32	33	34	35	36	37
	材积/BF									
6	20	20	20	20	20	20	30	30	30	30
7	30	40	40	40	40	40	40	40	50	50
8	50	50	60	60	60	60	60	70	70	70
9	70	70	80	80	80	80	90	90	90	90
10	90	100	100	100	110	110	110	120	120	120
11	120	120	130	130	140	140	140	150	150	160
12	150	150	160	160	170	170	180	180	190	190
13	180	180	190	200	200	210	220	220	230	240
14	210	220	230	230	240	250	260	260	270	280
15	250	260	270	270	280	290	300	310	320	330
16	290	300	310	320	330	340	350	360	370	380
17	330	340	350	360	380	390	400	410	420	440
18	370	390	400	410	430	440	450	470	480	490
19	420	440	450	470	480	500	510	530	540	560
20	470	490	510	520	540	560	570	590	610	620
21	520	540	560	580	600	620	640	660	680	690
22	580	600	620	640	660	680	710	730	750	770

续表2

检尺径/in	检尺长/ft									
	28	29	30	31	32	33	34	35	36	37
	材积/BF									
23	640	660	690	710	730	750	780	800	820	850
24	700	730	750	780	800	830	850	880	900	930
25	770	790	820	850	880	900	930	960	990	1010
26	830	860	890	920	950	980	1010	1040	1070	1100
27	900	930	970	1000	1030	1060	1100	1130	1160	1190
28	980	1010	1050	1080	1120	1150	1190	1220	1260	1290
29	1050	1090	1130	1160	1200	1240	1280	1310	1350	1390
30	1130	1170	1210	1250	1290	1330	1370	1410	1450	1490
31	1210	1250	1300	1340	1380	1430	1470	1510	1560	1600
32	1290	1340	1390	1430	1480	1530	1570	1620	1670	1710
33	1380	1430	1480	1530	1580	1630	1680	1730	1780	1830
34	1470	1520	1580	1630	1680	1730	1790	1840	1890	1940
35	1560	1620	1680	1730	1790	1840	1900	1960	2010	2070
36	1660	1720	1780	1840	1900	1960	2010	2070	2130	2190
37	1760	1820	1880	1940	2010	2070	2130	2200	2260	2320
38	1860	1920	1990	2060	2120	2190	2260	2320	2390	2460
39	1960	2030	2100	2170	2240	2310	2380	2450	2520	2590

续表2

检尺径/in	检尺长/ft									
	28	29	30	31	32	33	34	35	36	37
	材积/BF									
40	2070	2140	2220	2290	2360	2440	2510	2590	2660	2730
41	2180	2250	2330	2410	2490	2570	2640	2720	2800	2880
42	2290	2370	2450	2530	2620	2700	2780	2860	2940	3030
43	2400	2490	2580	2660	2750	2830	2920	3010	3090	3180
44	2520	2610	2700	2790	2880	2970	3060	3150	3240	3330
45	2640	2740	2830	2920	3020	3110	3210	3300	3400	3490
46	2760	2860	2960	3060	3160	3260	3360	3460	3560	3650
47	2890	2990	3100	3200	3300	3410	3510	3610	3720	3820
48	3020	3130	3240	3340	3450	3560	3670	3780	3880	3990
49	3150	3260	3380	3490	3600	3710	3830	3940	4050	4160
50	3290	3400	3520	3640	3760	3870	3990	4110	4230	4340
51	3420	3540	3670	3790	3910	4030	4160	4280	4400	4520
52	3560	3690	3820	3940	4070	4200	4330	4450	4580	4710
53	3710	3840	3970	4100	4240	4370	4500	4630	4770	4900
54	3850	3990	4130	4260	4400	4540	4680	4810	4950	5090
55	4000	4140	4290	4430	4570	4710	4860	5000	5140	5290
56	4150	4300	4450	4600	4740	4890	5040	5190	5340	5490

续表2

检尺径/in	检尺长/ft									
	28	29	30	31	32	33	34	35	36	37
	材积/BF									
57	4300	4460	4610	4770	4920	5070	5230	5380	5540	5690
58	4460	4620	4780	4940	5100	5260	5420	5580	5740	5900
59	4620	4790	4950	5120	5280	5450	5610	5780	5940	6110
60	4780	4950	5130	5300	5470	5640	5810	5980	6150	6320

续表2

检尺径/in	检尺长/ft										
	38	39	40	41	42	43	44	45	46	47	48
	材积/BF										
6	30	30	30	30	30	30	30	40	40	40	40
7	50	50	50	50	50	60	60	60	60	60	60
8	70	70	80	80	80	80	80	90	90	90	90
9	100	100	100	110	110	110	110	120	120	120	120
10	130	130	140	140	140	150	150	150	160	160	160
11	160	170	170	180	180	180	190	190	200	200	210
12	200	210	210	220	220	230	230	240	240	250	250
13	240	250	260	260	270	270	280	290	290	300	310
14	290	300	300	310	320	330	330	340	350	360	360
15	340	350	360	360	370	380	390	400	410	420	430
16	390	400	410	420	430	440	450	460	470	480	490
17	450	460	470	480	490	510	520	530	540	550	570
18	510	520	540	550	560	580	590	600	620	630	640
19	570	590	600	620	630	650	660	680	690	710	720
20	640	660	680	690	710	730	740	760	780	790	810
21	710	730	750	770	790	810	830	850	860	880	900
22	790	810	830	850	870	890	910	940	960	980	1000

续表2

检尺径/in	检尺长/ft										
	38	39	40	41	42	43	44	45	46	47	48
	材积/BF										
23	870	890	920	940	960	980	1010	1030	1050	1080	1100
24	950	980	1000	1030	1050	1080	1100	1130	1150	1180	1200
25	1040	1070	1100	1120	1150	1180	1210	1230	1260	1290	1320
26	1130	1160	1190	1220	1250	1280	1310	1340	1370	1400	1430
27	1230	1260	1290	1320	1360	1390	1420	1450	1490	1520	1550
28	1330	1360	1400	1430	1470	1500	1540	1570	1610	1640	1680
29	1430	1470	1500	1540	1580	1620	1650	1690	1730	1770	1800
30	1530	1570	1620	1660	1700	1740	1780	1820	1860	1900	1940
31	1640	1690	1730	1770	1820	1860	1900	1950	1990	2030	2080
32	1760	1800	1850	1900	1940	1990	2040	2080	2130	2180	2220
33	1880	1930	1980	2020	2070	2120	2170	2220	2270	2320	2370
34	2000	2050	2100	2160	2210	2260	2310	2370	2420	2470	2520
35	2120	2180	2240	2290	2350	2400	2460	2520	2570	2630	2680
36	2250	2310	2370	2430	2490	2550	2610	2670	2730	2790	2850
37	2390	2450	2510	2570	2640	2700	2760	2830	2890	2950	3010
38	2520	2590	2660	2720	2790	2850	2920	2990	3050	3120	3190
39	2660	2730	2800	2870	2940	3010	3080	3150	3220	3290	3360

续表2

检尺径/in	检尺长/ft										
	38	39	40	41	42	43	44	45	46	47	48
	材积/BF										
40	2810	2880	2960	3030	3100	3180	3250	3330	3400	3470	3550
41	2960	3030	3110	3190	3270	3340	3420	3500	3580	3660	3730
42	3110	3190	3270	3350	3430	3520	3600	3680	3760	3840	3930
43	3260	3350	3440	3520	3610	3690	3780	3870	3950	4040	4120
44	3420	3510	3600	3690	3780	3870	3960	4050	4140	4230	4320
45	3590	3680	3780	3870	3960	4060	4150	4250	4340	4440	4530
46	3750	3850	3950	4050	4150	4250	4350	4450	4540	4640	4740
47	3920	4030	4130	4230	4340	4440	4540	4650	4750	4850	4960
48	4100	4210	4320	4420	4530	4640	4750	4860	4960	5070	5180
49	4280	4390	4500	4620	4730	4840	4950	5070	5180	5290	5400
50	4460	4580	4700	4810	4930	5050	5170	5280	5400	5520	5640
51	4650	4770	4890	5010	5140	5260	5380	5500	5630	5750	5870
52	4840	4960	5090	5220	5350	5470	5600	5730	5860	5980	6110
53	5030	5160	5300	5430	5560	5690	5830	5960	6090	6220	6360
54	5230	5370	5500	5640	5780	5920	6050	6190	6330	6470	6600
55	5430	5570	5720	5860	6000	6140	6290	6430	6570	6720	6860
56	5630	5780	5930	6080	6230	6380	6520	6670	6820	6970	7120

续表2

检尺径/in	检尺长/ft										
	38	39	40	41	42	43	44	45	46	47	48
	材积/BF										
57	5840	6000	6150	6300	6460	6610	6770	6920	7070	7230	7380
58	6060	6220	6380	6530	6690	6850	7010	7170	7330	7490	7650
59	6270	6440	6600	6770	6930	7100	7260	7430	7590	7760	7920
60	6490	6660	6840	7010	7180	7350	7520	7690	7860	8030	8200

表3　美国道尔（Doyle）原木材积（检尺长6～48 ft，检尺径6～40 in）

检尺径/in	检尺长/ft										
	6	7	8	9	10	11	12	13	14	15	16
	材积/BF										
6	1	2	2	2	2	3	3	3	4	4	4
7	3	4	5	5	6	6	7	7	8	8	9
8	6	7	8	9	10	11	12	13	14	15	16
9	9	11	12	14	16	17	19	20	22	23	25
10	13	16	18	20	22	25	27	29	32	34	36
11	18	21	25	28	31	34	37	40	43	46	49
12	24	28	32	36	40	44	48	52	56	60	64
13	30	35	41	46	51	56	61	66	71	76	81
14	38	44	50	56	63	69	75	81	88	94	100
15	45	53	61	68	76	83	91	98	106	113	121
16	54	63	72	81	90	99	108	117	126	135	144
17	63	74	85	95	106	116	127	137	148	158	169
18	74	86	98	110	123	135	147	159	172	184	196
19	84	98	113	127	141	155	169	183	197	211	225
20	96	112	128	144	160	176	192	208	224	240	256
21	108	126	145	163	181	199	217	235	253	271	289
22	122	142	162	182	203	223	243	263	284	304	324

续表3

检尺径/in	检尺长/ft										
	6	7	8	9	10	11	12	13	14	15	16
	材积/BF										
23	135	158	181	203	226	248	271	293	316	338	361
24	150	175	200	225	250	275	300	325	350	375	400
25	165	193	221	248	276	303	331	358	386	413	441
26	182	212	242	272	303	333	363	393	424	454	484
27	198	231	265	298	331	364	397	430	463	496	529
28	216	252	288	324	360	396	432	468	504	540	576
29	234	273	313	352	391	430	469	508	547	586	625
30	254	296	338	380	423	465	507	549	592	634	676
31	273	319	365	410	456	501	547	592	638	683	729
32	294	343	392	441	490	539	588	637	686	735	784
33	315	368	421	473	526	578	631	683	736	788	841
34	338	394	450	506	563	619	675	731	788	844	900
35	360	420	481	541	601	661	721	781	841	901	961
36	384	448	512	576	640	704	768	832	896	960	1024
37	408	476	545	613	681	749	817	885	953	1021	1089
38	434	506	578	650	723	795	867	939	1012	1084	1156
39	459	536	613	689	766	842	919	995	1072	1148	1225
40	486	567	648	729	810	891	972	1053	1134	1215	1296

续表3

检尺径/in	检尺长/ft										
	17	18	19	20	21	22	23	24	25	26	27
	材积/BF										
6	4	4	5	5	5	6	6	6	6	7	7
7	10	10	11	11	12	12	13	14	14	15	15
8	17	18	19	20	21	22	23	24	25	26	27
9	27	28	30	31	33	34	36	38	39	41	42
10	38	41	43	45	47	50	52	54	56	59	61
11	52	55	58	61	64	67	70	74	77	80	83
12	68	72	76	80	84	88	92	96	100	104	108
13	86	91	96	101	106	111	116	122	127	132	137
14	106	113	119	125	131	138	144	150	156	163	169
15	129	136	144	151	159	166	174	182	189	197	204
16	153	162	171	180	189	198	207	216	225	234	243
17	180	190	201	211	222	232	243	254	264	275	285
18	208	221	233	245	257	270	282	294	306	319	331
19	239	253	267	281	295	309	323	338	352	366	380
20	272	288	304	320	336	352	368	384	400	416	432
21	307	325	343	361	379	397	415	434	452	470	488
22	344	365	385	405	425	446	466	486	506	527	547
23	384	406	429	451	474	496	519	542	564	587	609

续表3

检尺径/in	检尺长/ft										
	17	18	19	20	21	22	23	24	25	26	27
	材积/BF										
24	425	450	475	500	525	550	575	600	625	650	675
25	469	496	524	551	579	606	634	662	689	717	744
26	514	545	575	605	635	666	696	726	756	787	817
27	562	595	628	661	694	727	760	794	827	860	893
28	612	648	684	720	756	792	828	864	900	936	972
29	664	703	742	781	820	859	898	938	977	1016	1055
30	718	761	803	845	887	930	972	1014	1056	1099	1141
31	775	820	866	911	957	1002	1048	1094	1139	1185	1230
32	833	882	931	980	1029	1078	1127	1176	1225	1274	1323
33	894	946	999	1051	1104	1156	1209	1262	1314	1367	1419
34	956	1013	1069	1125	1181	1238	1294	1350	1406	1463	1519
35	1021	1081	1141	1201	1261	1321	1381	1442	1502	1562	1622
36	1088	1152	1216	1280	1344	1408	1472	1536	1600	1664	1728
37	1157	1225	1293	1361	1429	1497	1565	1634	1702	1770	1838
38	1228	1301	1373	1445	1517	1590	1662	1734	1806	1879	1951
39	1302	1378	1455	1531	1608	1684	1761	1838	1914	1991	2067
40	1377	1458	1539	1620	1701	1782	1863	1944	2025	2106	2187

续表3

检尺径/in	检尺长/ft										
	28	29	30	31	32	33	34	35	36	37	38
	材积/BF										
6	7	7	8	8	8	8	9	9	9	9	10
7	16	16	17	17	18	19	19	20	20	21	21
8	28	29	30	31	32	33	34	35	36	37	38
9	44	45	47	48	50	52	53	55	56	58	59
10	63	65	68	70	72	74	77	79	81	83	86
11	86	89	92	95	98	101	104	107	110	113	116
12	112	116	120	124	128	132	136	140	144	148	152
13	142	147	152	157	162	167	172	177	182	187	192
14	175	181	188	194	200	206	213	219	225	231	238
15	212	219	227	234	242	250	257	265	272	280	287
16	252	261	270	279	288	297	306	315	324	333	342
17	296	306	317	327	338	349	359	370	380	391	401
18	343	355	368	380	392	404	417	429	441	453	466
19	394	408	422	436	450	464	478	492	506	520	534
20	448	464	480	496	512	528	544	560	576	592	608
21	506	524	542	560	578	596	614	632	650	668	686
22	567	587	608	628	648	668	689	709	729	749	770
23	632	654	677	699	722	745	767	790	812	835	857

续表3

检尺径/in	检尺长/ft										
	28	29	30	31	32	33	34	35	36	37	38
	材积/BF										
24	700	725	750	775	800	825	850	875	900	925	950
25	772	799	827	854	882	910	937	965	992	1020	1047
26	847	877	908	938	968	998	1029	1059	1089	1119	1150
27	926	959	992	1025	1058	1091	1124	1157	1190	1223	1256
28	1008	1044	1080	1116	1152	1188	1224	1260	1296	1332	1368
29	1094	1133	1172	1211	1250	1289	1328	1367	1406	1445	1484
30	1183	1225	1268	1310	1352	1394	1437	1479	1521	1563	1606
31	1276	1321	1367	1412	1458	1504	1549	1595	1640	1686	1731
32	1372	1421	1470	1519	1568	1617	1666	1715	1764	1813	1862
33	1472	1524	1577	1629	1682	1735	1787	1840	1892	1945	1997
34	1575	1631	1688	1744	1800	1856	1913	1969	2025	2081	2138
35	1682	1742	1802	1862	1922	1982	2042	2102	2162	2222	2282
36	1792	1856	1920	1984	2048	2112	2176	2240	2304	2368	2432
37	1906	1974	2042	2110	2178	2246	2314	2382	2450	2518	2586
38	2023	2095	2168	2240	2312	2384	2457	2529	2601	2673	2746
39	2144	2220	2297	2373	2450	2527	2603	2680	2756	2833	2909
40	2268	2349	2430	2511	2592	2673	2754	2835	2916	2997	3078

续表3

检尺径/in	检尺长/ft									
	39	40	41	42	43	44	45	46	47	48
	材积/BF									
6	10	10	10	11	11	11	11	12	12	12
7	22	23	23	24	24	25	25	26	26	27
8	39	40	41	42	43	44	45	46	47	48
9	61	63	64	66	67	69	70	72	73	75
10	88	90	92	95	97	99	101	104	106	108
11	119	123	126	129	132	135	138	141	144	147
12	156	160	164	168	172	176	180	184	188	192
13	197	203	208	213	218	223	228	233	238	243
14	244	250	256	263	269	275	281	288	294	300
15	295	303	310	318	325	333	340	348	355	363
16	351	360	369	378	387	396	405	414	423	432
17	412	423	433	444	454	465	475	486	496	507
18	478	490	502	515	527	539	551	564	576	588
19	548	563	577	591	605	619	633	647	661	675
20	624	640	656	672	688	704	720	736	752	768
21	704	723	741	759	777	795	813	831	849	867
22	790	810	830	851	871	891	911	932	952	972
23	880	903	925	948	970	993	1015	1038	1060	1083

续表3

检尺径/in	检尺长/ft									
	39	40	41	42	43	44	45	46	47	48
	材积/BF									
24	975	1000	1025	1050	1075	1100	1125	1150	1175	1200
25	1075	1103	1130	1158	1185	1213	1240	1268	1295	1323
26	1180	1210	1240	1271	1301	1331	1361	1392	1422	1452
27	1289	1323	1356	1389	1422	1455	1488	1521	1554	1587
28	1404	1440	1476	1512	1548	1584	1620	1656	1692	1728
29	1523	1563	1602	1641	1680	1719	1758	1797	1836	1875
30	1648	1690	1732	1775	1817	1859	1901	1944	1986	2028
31	1777	1823	1868	1914	1959	2005	2050	2096	2141	2187
32	1911	1960	2009	2058	2107	2156	2205	2254	2303	2352
33	2050	2103	2155	2208	2260	2313	2365	2418	2470	2523
34	2194	2250	2306	2363	2419	2475	2531	2588	2644	2700
35	2342	2403	2463	2523	2583	2643	2703	2763	2823	2883
36	2496	2560	2624	2688	2752	2816	2880	2944	3008	3072
37	2654	2723	2791	2859	2927	2995	3063	3131	3199	3267
38	2818	2890	2962	3035	3107	3179	3251	3324	3396	3468
39	2986	3063	3139	3216	3292	3369	3445	3522	3598	3675
40	3159	3240	3321	3402	3483	3564	3645	3726	3807	3888

表4　美国国际1/4英寸原木材积（检尺长8～48 ft，检尺径 4～60 in）

检尺径/in	检尺长/ft									
	8	9	10	11	12	13	14	15	16	17
	材积/BF									
4	2	2	3	3	4	4	5	5	6	7
5	4	5	6	7	8	9	10	11	12	13
6	8	9	10	11	13	14	16	17	19	21
7	12	13	15	17	19	21	24	26	28	31
8	17	19	22	24	27	30	33	36	39	42
9	22	25	29	32	36	39	43	47	51	55
10	29	33	37	41	46	50	55	60	65	70
11	36	41	46	51	57	62	68	74	80	86
12	44	50	56	63	69	76	83	90	97	104
13	53	60	68	75	83	91	99	107	115	124
14	63	71	80	89	98	107	116	126	136	145
15	73	83	93	103	114	124	135	146	157	169
16	84	96	107	119	131	143	155	168	181	194
17	96	109	122	136	149	163	177	191	205	220
18	109	124	139	154	169	184	200	216	232	248
19	123	139	156	173	190	207	224	242	260	278

续表4

检尺径/in	检尺长/ft									
	8	9	10	11	12	13	14	15	16	17
	材积/BF									
20	137	155	174	193	212	231	250	270	290	310
21	152	173	193	214	235	256	277	299	321	343
22	169	191	213	236	259	282	306	330	354	378
23	185	210	234	259	285	310	336	362	388	415
24	203	230	257	284	311	339	367	396	424	453
25	221	250	280	309	339	369	400	431	462	493
26	241	272	304	336	368	401	434	468	501	535
27	261	295	329	364	399	434	470	506	542	579
28	281	318	355	393	430	468	507	545	584	624
29	303	342	382	422	463	504	545	587	628	671
30	325	368	410	453	497	541	585	629	674	719
31	349	394	440	486	532	579	626	673	721	770
32	373	421	470	519	568	618	668	719	770	822
33	397	449	501	553	606	659	712	766	820	875
34	423	478	533	588	644	701	758	815	872	930
35	449	507	566	625	684	744	804	865	926	987
36	477	538	600	662	725	789	852	916	981	1046

续表4

检尺径/in	检尺长/ft									
	8	9	10	11	12	13	14	15	16	17
	材积/BF									
37	505	570	635	701	768	834	902	970	1038	1107
38	533	602	671	741	811	882	953	1024	1096	1169
39	563	635	708	782	856	930	1005	1080	1156	1232
40	593	670	746	824	902	980	1059	1138	1218	1298
41	624	705	785	867	949	1031	1114	1197	1281	1365
42	656	741	826	911	997	1083	1170	1258	1345	1434
43	689	778	867	956	1046	1137	1228	1320	1412	1505
44	723	815	909	1002	1097	1192	1287	1383	1480	1577
45	757	854	952	1050	1149	1248	1348	1448	1549	1651
46	792	894	996	1098	1202	1305	1410	1515	1620	1726
47	828	934	1041	1148	1256	1364	1473	1583	1693	1804
48	865	976	1087	1199	1311	1424	1538	1652	1767	1883
49	902	1018	1134	1251	1368	1486	1604	1723	1843	1963
50	941	1061	1182	1303	1426	1548	1672	1796	1920	2046
51	980	1105	1231	1357	1485	1612	1741	1870	2000	2130
52	1020	1150	1281	1413	1545	1678	1811	1945	2080	2216
53	1060	1196	1332	1469	1606	1744	1883	2022	2162	2303

续表4

检尺径/in	检尺长/ft									
	8	9	10	11	12	13	14	15	16	17
	材积/BF									
54	1102	1243	1384	1526	1669	1812	1956	2101	2246	2392
55	1144	1290	1437	1584	1732	1881	2031	2181	2332	2483
56	1187	1339	1491	1644	1797	1952	2107	2262	2419	2576
57	1231	1388	1546	1704	1864	2023	2184	2345	2507	2670
58	1276	1439	1602	1766	1931	2096	2263	2430	2597	2766
59	1321	1490	1659	1829	1999	2171	2343	2516	2689	2863
60	1368	1542	1717	1893	2069	2246	2424	2603	2783	2963

续表4

检尺径/in	检尺长/ft									
	18	19	20	21	22	23	24	25	26	27
	材积/BF									
4	8	8	9	10	11	12	14	15	16	17
5	14	16	17	19	20	22	23	25	27	29
6	23	25	27	29	31	33	36	38	41	43
7	33	36	38	41	44	47	50	54	57	60
8	45	49	52	56	60	63	67	71	76	80
9	59	63	68	72	77	82	87	92	97	102
10	75	80	86	91	97	103	109	115	121	127
11	92	99	105	112	119	126	133	140	148	155
12	112	119	127	135	143	151	159	168	177	186
13	133	142	151	160	169	179	188	198	208	219
14	156	166	176	187	198	209	220	231	243	255
15	180	192	204	216	228	241	254	267	280	293
16	207	220	234	247	261	275	290	304	319	334
17	235	250	265	281	296	312	328	345	361	378
18	265	282	299	316	334	351	369	387	406	425
19	297	315	334	354	373	393	413	433	453	474
20	330	351	372	393	415	436	458	480	503	526

续表4

检尺径/in	检尺长/ft									
	18	19	20	21	22	23	24	25	26	27
	材积/BF									
21	366	389	412	435	458	482	506	531	555	580
22	403	428	453	479	504	530	557	583	610	638
23	442	469	497	524	553	581	610	639	668	698
24	483	512	542	572	603	634	665	696	728	760
25	525	557	590	623	656	689	723	757	791	826
26	570	604	639	675	710	746	783	819	856	894
27	616	653	691	729	767	806	845	885	924	964
28	664	704	744	785	826	868	910	952	995	1038
29	713	756	800	844	888	932	977	1022	1068	1114
30	765	811	857	904	951	999	1047	1095	1144	1193
31	818	867	917	967	1017	1068	1119	1170	1222	1274
32	873	926	978	1031	1085	1139	1193	1248	1303	1358
33	930	986	1042	1098	1155	1212	1270	1328	1386	1445
34	989	1048	1107	1167	1227	1288	1349	1411	1472	1535
35	1049	1112	1175	1238	1302	1366	1431	1496	1561	1627
36	1112	1178	1244	1311	1378	1446	1514	1583	1652	1722
37	1176	1245	1316	1386	1457	1529	1601	1673	1746	1820

续表4

检尺径/in	检尺长/ft									
	18	19	20	21	22	23	24	25	26	27
	材积/BF									
38	1242	1315	1389	1463	1538	1614	1689	1766	1843	1920
39	1309	1387	1464	1543	1621	1701	1781	1861	1942	2023
40	1379	1460	1542	1624	1707	1790	1874	1958	2043	2129
41	1450	1535	1621	1708	1795	1882	1970	2058	2147	2237
42	1523	1613	1703	1793	1884	1976	2068	2161	2254	2348
43	1598	1692	1786	1881	1976	2072	2169	2266	2364	2462
44	1674	1773	1871	1971	2070	2171	2272	2373	2475	2578
45	1753	1855	1959	2062	2167	2272	2377	2483	2590	2697
46	1833	1940	2048	2156	2265	2375	2485	2596	2707	2819
47	1915	2027	2139	2252	2366	2480	2595	2711	2827	2943
48	1999	2115	2233	2351	2469	2588	2708	2828	2949	3071
49	2084	2206	2328	2451	2574	2698	2823	2948	3074	3201
50	2172	2298	2425	2553	2681	2811	2940	3071	3201	3333
51	2261	2392	2525	2657	2791	2925	3060	3195	3332	3468
52	2352	2488	2626	2764	2903	3042	3182	3323	3464	3606
53	2444	2586	2729	2873	3017	3161	3307	3453	3599	3747
54	2539	2686	2834	2983	3133	3283	3434	3585	3737	3890

续表4

检尺径/in	检尺长/ft									
	18	19	20	21	22	23	24	25	26	27
	材积/BF									
55	2635	2788	2942	3096	3251	3407	3563	3720	3878	4036
56	2733	2892	3051	3211	3371	3533	3695	3857	4021	4185
57	2833	2997	3162	3328	3494	3661	3829	3997	4166	4336
58	2935	3105	3275	3447	3619	3792	3965	4139	4314	4490
59	3038	3214	3391	3568	3746	3925	4104	4284	4465	4647
60	3144	3325	3508	3691	3875	4060	4245	4431	4618	4806

续表4

检尺径/in	检尺长/ft									
	28	29	30	31	32	33	34	35	36	37
	材积/BF									
4	19	20	22	23	25	27	29	31	33	35
5	31	33	35	38	40	42	45	48	50	53
6	46	49	52	55	58	61	64	68	71	75
7	64	67	71	75	79	83	87	92	96	101
8	84	89	94	98	103	108	114	119	124	130
9	108	113	119	125	131	137	143	150	156	163
10	134	141	147	154	162	169	176	184	192	199
11	163	171	179	187	195	204	213	222	231	240
12	195	204	213	223	232	242	252	263	273	284
13	229	240	251	262	273	284	296	307	319	331
14	266	279	291	303	316	329	342	356	369	383
15	307	320	334	348	363	377	392	407	422	438
16	349	365	381	396	413	429	445	462	479	497
17	395	412	430	448	466	484	502	521	540	559
18	444	463	482	502	522	542	562	583	604	625
19	495	516	537	559	581	603	626	649	672	695
20	549	572	596	619	644	668	693	718	743	768

续表4

检尺径/in	检尺长/ft									
	28	29	30	31	32	33	34	35	36	37
	材积/BF									
21	606	631	657	683	709	736	763	790	818	845
22	665	693	721	750	778	807	837	866	896	926
23	728	758	788	819	850	882	914	946	978	1011
24	793	825	859	892	926	960	994	1029	1064	1099
25	861	896	932	968	1004	1041	1078	1115	1153	1191
26	931	969	1008	1047	1086	1125	1165	1205	1246	1286
27	1005	1046	1087	1129	1171	1213	1255	1299	1342	1386
28	1081	1125	1169	1214	1259	1304	1349	1395	1442	1489
29	1160	1207	1254	1302	1350	1398	1447	1496	1545	1595
30	1242	1292	1342	1393	1444	1496	1547	1600	1652	1705
31	1327	1380	1434	1487	1542	1596	1652	1707	1763	1819
32	1414	1471	1528	1585	1642	1701	1759	1818	1877	1937
33	1505	1564	1625	1685	1746	1808	1870	1932	1995	2058
34	1598	1661	1725	1789	1854	1919	1984	2050	2117	2183
35	1694	1760	1828	1896	1964	2033	2102	2171	2242	2312
36	1792	1863	1934	2005	2077	2150	2223	2296	2370	2445
37	1894	1968	2043	2118	2194	2270	2347	2424	2502	2581

续表4

检尺径/in	检尺长/ft									
	28	29	30	31	32	33	34	35	36	37
	材积/BF									
38	1998	2076	2155	2234	2314	2394	2475	2556	2638	2720
39	2105	2187	2270	2353	2437	2521	2606	2691	2777	2864
40	2214	2301	2388	2475	2563	2652	2741	2830	2920	3011
41	2327	2418	2509	2600	2693	2785	2879	2972	3067	3162
42	2442	2537	2633	2729	2825	2922	3020	3118	3217	3316
43	2560	2660	2760	2860	2961	3062	3165	3267	3370	3474
44	2681	2785	2889	2994	3100	3206	3313	3420	3528	3636
45	2805	2913	3022	3132	3242	3353	3464	3576	3689	3802
46	2932	3045	3158	3273	3387	3503	3619	3736	3853	3971
47	3061	3179	3297	3416	3536	3656	3777	3899	4021	4144
48	3193	3316	3439	3563	3688	3813	3939	4065	4192	4320
49	3328	3455	3584	3713	3843	3973	4104	4235	4368	4501
50	3465	3598	3732	3866	4001	4136	4272	4409	4546	4684
51	3606	3744	3882	4022	4162	4303	4444	4586	4729	4872
52	3749	3892	4036	4181	4326	4472	4619	4767	4915	5063
53	3895	4044	4193	4343	4494	4645	4798	4951	5104	5258
54	4044	4198	4353	4508	4665	4822	4980	5138	5297	5457

续表4

检尺径/in	检尺长/ft									
	28	29	30	31	32	33	34	35	36	37
	材积/BF									
55	4195	4355	4516	4677	4839	5001	5165	5329	5494	5659
56	4350	4515	4681	4848	5016	5184	5354	5523	5694	5865
57	4507	4678	4850	5023	5196	5371	5546	5721	5898	6075
58	4667	4844	5022	5200	5380	5560	5741	5923	6105	6288
59	4829	5013	5196	5381	5567	5753	5940	6128	6316	6506
60	4995	5184	5374	5565	5757	5949	6142	6336	6531	6726

续表4

检尺径/in	检尺长/ft										
	38	39	40	41	42	43	44	45	46	47	48
	材积/BF										
4	37	39	42	44	47	49	52	55	58	61	64
5	56	59	62	65	69	72	76	79	83	87	91
6	79	83	87	91	95	99	104	108	113	118	123
7	105	110	115	120	125	131	136	142	147	153	159
8	136	141	147	153	160	166	173	179	186	193	200
9	170	177	184	191	198	206	214	222	230	238	246
10	208	216	224	233	241	250	259	268	278	287	297
11	249	259	268	278	288	299	309	320	331	342	353
12	295	306	317	328	340	351	363	375	388	400	413
13	344	356	369	382	395	408	422	436	450	464	478
14	397	411	425	440	455	470	485	500	516	532	548
15	454	469	486	502	519	535	552	570	587	605	623
16	514	532	550	568	586	605	624	643	663	682	702
17	578	598	618	638	659	679	700	721	743	765	787
18	647	668	690	712	735	758	781	804	828	851	876
19	718	742	766	791	815	840	866	891	917	943	969
20	794	820	847	873	900	927	955	983	1011	1039	1068

续表4

检尺径/in	检尺长/ft										
	38	39	40	41	42	43	44	45	46	47	48
	材积/BF										
21	874	902	931	960	989	1019	1049	1079	1109	1140	1171
22	957	988	1019	1050	1082	1114	1147	1179	1212	1246	1279
23	1044	1077	1111	1145	1179	1214	1249	1284	1320	1356	1392
24	1135	1171	1207	1244	1281	1318	1356	1394	1432	1471	1510
25	1229	1268	1307	1347	1386	1426	1467	1508	1549	1591	1633
26	1328	1369	1411	1453	1496	1539	1583	1626	1670	1715	1760
27	1430	1474	1519	1564	1610	1656	1702	1749	1796	1844	1892
28	1536	1583	1631	1680	1728	1777	1827	1877	1927	1978	2029
29	1645	1696	1747	1799	1851	1903	1955	2009	2062	2116	2170
30	1759	1813	1867	1922	1977	2033	2089	2145	2202	2259	2317
31	1876	1933	1991	2049	2108	2167	2226	2286	2346	2407	2468
32	1997	2058	2119	2181	2243	2305	2368	2431	2495	2559	2624
33	2122	2186	2251	2316	2382	2448	2514	2581	2648	2716	2784
34	2251	2319	2387	2456	2525	2594	2665	2735	2806	2878	2950
35	2383	2455	2527	2599	2672	2746	2820	2894	2969	3044	3120
36	2519	2595	2671	2747	2824	2901	2979	3057	3136	3215	3295
37	2659	2739	2818	2899	2979	3061	3143	3225	3308	3391	3475

续表4

检尺径/in	检尺长/ft										
	38	39	40	41	42	43	44	45	46	47	48
	材积/BF										
38	2803	2886	2970	3055	3139	3225	3311	3397	3484	3571	3659
39	2951	3038	3126	3215	3304	3393	3483	3574	3665	3757	3849
40	3102	3194	3286	3379	3472	3566	3660	3755	3850	3946	4043
41	3257	3353	3450	3547	3644	3742	3841	3941	4040	4141	4242
42	3416	3516	3617	3719	3821	3924	4027	4131	4235	4340	4445
43	3579	3684	3789	3895	4002	4109	4217	4325	4434	4544	4654
44	3745	3855	3965	4075	4187	4299	4411	4524	4638	4752	4867
45	3915	4030	4144	4260	4376	4493	4610	4728	4846	4965	5085
46	4089	4208	4328	4448	4569	4691	4813	4936	5059	5183	5308
47	4267	4391	4516	4641	4767	4893	5021	5148	5277	5406	5535
48	4449	4578	4707	4838	4969	5100	5232	5365	5499	5633	5768
49	4634	4768	4903	5038	5175	5311	5449	5587	5726	5865	6005
50	4823	4963	5103	5243	5385	5527	5669	5813	5957	6101	6247
51	5016	5161	5306	5452	5599	5746	5894	6043	6193	6343	6494
52	5213	5363	5514	5665	5817	5970	6124	6278	6433	6589	6745
53	5413	5569	5725	5882	6040	6198	6358	6517	6678	6839	7001
54	5618	5779	5941	6103	6267	6431	6596	6761	6928	7095	7262

续表4

检尺径/in	检尺长/ft										
	38	39	40	41	42	43	44	45	46	47	48
	材积/BF										
55	5826	5993	6160	6329	6498	6668	6838	7010	7182	7354	7528
56	6037	6210	6384	6558	6733	6909	7085	7262	7440	7619	7799
57	6253	6432	6611	6791	6972	7154	7336	7520	7704	7888	8074
58	6472	6657	6843	7029	7216	7404	7592	7781	7972	8162	8354
59	6696	6886	7078	7270	7464	7658	7852	8048	8244	8441	8639
60	6923	7120	7317	7516	7715	7916	8117	8318	8521	8724	8929

四、东南亚、非洲、南美洲原木材积表

马来西亚、菲律宾、印度尼西亚等东南亚国家和非洲、南美洲等热带地区国家的原木检尺长和检尺径的检量有所不同，但原木材积计算公式相同。

（一）尺寸检量

1. 马来西亚原木检量

马来西亚原木检量分为沙巴州原木检量标准和砂拉越州原木检量标准。

（1）沙巴州原木检量标准

检尺长和检尺径计量单位以国际单位计（米制），检尺长以米计，检尺径以厘米计，材积以立方米计。检尺径以0.2 m为进级单位，不足0.2 m的尾数，足0.1 m时进级，不足者舍去。例如，实际长度为5.01～5.09 m时，检尺长记为5.0 m；实际长度为5.10～5.19 m时，检尺长记为5.2 m。检尺径是原木两端靠近端面5 cm处量的去皮直径，取平均值后按1 cm进级，不足1 cm的尾数四舍五入。

（2）砂拉越州原木检量标准

检尺长和检尺径计量单位以国际单位计（米制），检尺长以米计，检尺径以厘米计，材积以立方米计。检尺径以0.2 m为进级单位，不足0.2 m的舍去。例如，实际长度为5.01～5.19 m时，检尺长记为5.0 m；实际长度为5.21～5.39 m时，检尺长记为5.2 m。检尺径是原木实际长度1/2处量的去皮直径（或取离中央等距的两侧处去皮直径的平均值），按1 cm进级，不足1 cm的尾数舍去。

2. 菲律宾原木检量

检尺长和检尺径计量单位以国际单位计（米制），检尺长以米计，检尺径以厘米计，材积以立方米计。检尺长以0.2 m为进级单位，不足0.2 m的尾数舍去，并允许有不大于10 cm的后备长度。检尺径取大头、小头的长径和短径（无需相互垂直）的平均值，按1 cm进级，不足1 cm

的尾数舍去。

3. 印度尼西亚原木检量

检尺长和检尺径计量单位以国际单位计（米制），检尺长以米计，检尺径以厘米计，材积以立方米计。检尺长以0.1 m为进级单位，不足0.1 m的尾数舍去，并应有10～19 cm的锯截长度。例如，原木长度为5.20～5.29 m时，原木检尺长为5.10 m。检尺径取大头、小头的相互垂直的长径和短径的平均值，按1 cm进级，不足1 cm的尾数舍去。检量的原木大头直径、小头直径及其平均值均以厘米计，不足者舍去。

4. 非洲、南美洲等热带地区国家原木检量

检尺长和检尺径计量单位以国际单位计（米制），检尺长以米计，检尺径以厘米计，材积以立方米计。检尺长以0.1 m为进级单位，不足0.1 m的尾数舍去。例如，原木长度为5.20～5.29 m 时，原木检尺长记为5.20 m。检尺径取大头、小头的相互垂直的长径和短径的平均值，按

1 cm进级，不足1 cm的尾数舍去。

（二）材积计算公式

材积计算公式为：

$V=(\pi/4)\times D^2L\div 10000\approx 0.00007854D^2L$

式中：π——圆周率；V——原木材积（单位为m^3）；D——检尺径（单位为cm）；L——检尺长（单位为m）。

（三）材积数字保留位数

马来西亚砂拉越州材积计算结果保留四位小数；马来西亚沙巴州、菲律宾、印度尼西亚的材积计算结果均保留两位小数；非洲、南美洲等热带地区国家的材积计算结果保留三位小数。

（四）材积表

东南亚、非洲、南美洲原木材积见表5。

表5　东南亚、非洲、南美洲原木材积（检尺长1.5～20.0 m，检尺径10～199 cm）

检尺径/cm	检尺长/m								
	1.5	1.6	1.7	1.8	1.9	2.0	2.1	2.2	2.3
	材积/m³								
10	0.0118	0.0126	0.0134	0.0141	0.0149	0.0157	0.0165	0.0173	0.0181
11	0.0143	0.0152	0.0162	0.0171	0.0181	0.0190	0.0200	0.0209	0.0219
12	0.0170	0.0181	0.0192	0.0204	0.0215	0.0226	0.0238	0.0249	0.0260
13	0.0199	0.0212	0.0226	0.0239	0.0252	0.0265	0.0279	0.0292	0.0305
14	0.0231	0.0246	0.0262	0.0277	0.0292	0.0308	0.0323	0.0339	0.0354
15	0.0265	0.0283	0.0300	0.0318	0.0336	0.0353	0.0371	0.0389	0.0406
16	0.0302	0.0322	0.0342	0.0362	0.0382	0.0402	0.0422	0.0442	0.0462
17	0.0340	0.0363	0.0386	0.0409	0.0431	0.0454	0.0477	0.0499	0.0522
18	0.0382	0.0407	0.0433	0.0458	0.0483	0.0509	0.0534	0.0560	0.0585
19	0.0425	0.0454	0.0482	0.0510	0.0539	0.0567	0.0595	0.0624	0.0652

续表5

检尺径/cm	检尺长/m								
	1.5	1.6	1.7	1.8	1.9	2.0	2.1	2.2	2.3
	材积/m^3								
20	0.0471	0.0503	0.0534	0.0565	0.0597	0.0628	0.0660	0.0691	0.0723
21	0.0520	0.0554	0.0589	0.0623	0.0658	0.0693	0.0727	0.0762	0.0797
22	0.0570	0.0608	0.0646	0.0684	0.0722	0.0760	0.0798	0.0836	0.0874
23	0.0623	0.0665	0.0706	0.0748	0.0789	0.0831	0.0873	0.0914	0.0956
24	0.0679	0.0724	0.0769	0.0814	0.0860	0.0905	0.0950	0.0995	0.1040
25	0.0736	0.0785	0.0834	0.0884	0.0933	0.0982	0.1031	0.1080	0.1129
26	0.0796	0.0849	0.0903	0.0956	0.1009	0.1062	0.1115	0.1168	0.1221
27	0.0859	0.0916	0.0973	0.1031	0.1088	0.1145	0.1202	0.1260	0.1317
28	0.0924	0.0985	0.1047	0.1108	0.1170	0.1232	0.1293	0.1355	0.1416
29	0.0991	0.1057	0.1123	0.1189	0.1255	0.1321	0.1387	0.1453	0.1519
30	0.1060	0.1131	0.1202	0.1272	0.1343	0.1414	0.1484	0.1555	0.1626
31	0.1132	0.1208	0.1283	0.1359	0.1434	0.1510	0.1585	0.1660	0.1736
32	0.1206	0.1287	0.1367	0.1448	0.1528	0.1608	0.1689	0.1769	0.1850
33	0.1283	0.1368	0.1454	0.1540	0.1625	0.1711	0.1796	0.1882	0.1967
34	0.1362	0.1453	0.1543	0.1634	0.1725	0.1816	0.1907	0.1997	0.2088
35	0.1443	0.1539	0.1636	0.1732	0.1828	0.1924	0.2020	0.2117	0.2213
36	0.1527	0.1629	0.1730	0.1832	0.1934	0.2036	0.2138	0.2239	0.2341

续表5

检尺径/cm	检尺长/m								
	1.5	1.6	1.7	1.8	1.9	2.0	2.1	2.2	2.3
	材积/m^3								
37	0.1613	0.1720	0.1828	0.1935	0.2043	0.2150	0.2258	0.2365	0.2473
38	0.1701	0.1815	0.1928	0.2041	0.2155	0.2268	0.2382	0.2495	0.2608
39	0.1792	0.1911	0.2031	0.2150	0.2270	0.2389	0.2509	0.2628	0.2748
40	0.1885	0.2011	0.2136	0.2262	0.2388	0.2513	0.2639	0.2765	0.2890
41	0.1980	0.2112	0.2244	0.2376	0.2508	0.2641	0.2773	0.2905	0.3037
42	0.2078	0.2217	0.2355	0.2494	0.2632	0.2771	0.2909	0.3048	0.3187
43	0.2178	0.2324	0.2469	0.2614	0.2759	0.2904	0.3050	0.3195	0.3340
44	0.2281	0.2433	0.2585	0.2737	0.2889	0.3041	0.3193	0.3345	0.3497
45	0.2386	0.2545	0.2704	0.2863	0.3022	0.3181	0.3340	0.3499	0.3658
46	0.2493	0.2659	0.2825	0.2991	0.3158	0.3324	0.3490	0.3656	0.3822
47	0.2602	0.2776	0.2949	0.3123	0.3296	0.3470	0.3643	0.3817	0.3990
48	0.2714	0.2895	0.3076	0.3257	0.3438	0.3619	0.3800	0.3981	0.4162
49	0.2829	0.3017	0.3206	0.3394	0.3583	0.3771	0.3960	0.4149	0.4337
50	0.2945	0.3142	0.3338	0.3534	0.3731	0.3927	0.4123	0.4320	0.4516
51	0.3064	0.3269	0.3473	0.3677	0.3881	0.4086	0.4290	0.4494	0.4698
52	0.3186	0.3398	0.3610	0.3823	0.4035	0.4247	0.4460	0.4672	0.4885
53	0.3309	0.3530	0.3751	0.3971	0.4192	0.4412	0.4633	0.4854	0.5074

续表5

检尺径/cm	检尺长/m								
	1.5	1.6	1.7	1.8	1.9	2.0	2.1	2.2	2.3
	材积/m^3								
54	0.3435	0.3664	0.3893	0.4122	0.4351	0.4580	0.4809	0.5038	0.5268
55	0.3564	0.3801	0.4039	0.4277	0.4514	0.4752	0.4989	0.5227	0.5464
56	0.3695	0.3941	0.4187	0.4433	0.4680	0.4926	0.5172	0.5419	0.5665
57	0.3828	0.4083	0.4338	0.4593	0.4848	0.5104	0.5359	0.5614	0.5869
58	0.3963	0.4227	0.4492	0.4756	0.5020	0.5284	0.5548	0.5813	0.6077
59	0.4101	0.4374	0.4648	0.4921	0.5195	0.5468	0.5741	0.6015	0.6288
60	0.4241	0.4524	0.4807	0.5089	0.5372	0.5655	0.5938	0.6220	0.6503
61	0.4384	0.4676	0.4968	0.5260	0.5553	0.5845	0.6137	0.6429	0.6722
62	0.4529	0.4831	0.5132	0.5434	0.5736	0.6038	0.6340	0.6642	0.6944
63	0.4676	0.4988	0.5299	0.5611	0.5923	0.6235	0.6546	0.6858	0.7170
64	0.4825	0.5147	0.5469	0.5791	0.6112	0.6434	0.6756	0.7077	0.7399
65	0.4977	0.5309	0.5641	0.5973	0.6305	0.6637	0.6968	0.7300	0.7632
66	0.5132	0.5474	0.5816	0.6158	0.6500	0.6842	0.7185	0.7527	0.7869
67	0.5288	0.5641	0.5994	0.6346	0.6699	0.7051	0.7404	0.7756	0.8109
68	0.5448	0.5811	0.6174	0.6537	0.6900	0.7263	0.7627	0.7990	0.8353
69	0.5609	0.5983	0.6357	0.6731	0.7105	0.7479	0.7853	0.8226	0.8600
70	0.5773	0.6158	0.6542	0.6927	0.7312	0.7697	0.8082	0.8467	0.8851

续表5

检尺径/cm	检尺长/m								
	1.5	1.6	1.7	1.8	1.9	2.0	2.1	2.2	2.3
	材积/m^3								
71	0.5939	0.6335	0.6731	0.7127	0.7522	0.7918	0.8314	0.8710	0.9106
72	0.6107	0.6514	0.6922	0.7329	0.7736	0.8143	0.8550	0.8957	0.9364
73	0.6278	0.6697	0.7115	0.7534	0.7952	0.8371	0.8789	0.9208	0.9626
74	0.6451	0.6881	0.7311	0.7742	0.8172	0.8602	0.9032	0.9462	0.9892
75	0.6627	0.7069	0.7510	0.7952	0.8394	0.8836	0.9278	0.9719	1.0161
76	0.6805	0.7258	0.7712	0.8166	0.8619	0.9073	0.9527	0.9980	1.0434
77	0.6985	0.7451	0.7916	0.8382	0.8848	0.9313	0.9779	1.0245	1.0710
78	0.7168	0.7645	0.8123	0.8601	0.9079	0.9557	1.0035	1.0512	1.0990
79	0.7353	0.7843	0.8333	0.8823	0.9313	0.9803	1.0294	1.0784	1.1274
80	0.7540	0.8042	0.8545	0.9048	0.9550	1.0053	1.0556	1.1058	1.1561
81	0.7730	0.8245	0.8760	0.9275	0.9791	1.0306	1.0821	1.1337	1.1852
82	0.7922	0.8450	0.8978	0.9506	1.0034	1.0562	1.1090	1.1618	1.2146
83	0.8116	0.8657	0.9198	0.9739	1.0280	1.0821	1.1362	1.1903	1.2444
84	0.8313	0.8867	0.9421	0.9975	1.0529	1.1084	1.1638	1.2192	1.2746
85	0.8512	0.9079	0.9647	1.0214	1.0782	1.1349	1.1916	1.2484	1.3051
86	0.8713	0.9294	0.9875	1.0456	1.1037	1.1618	1.2199	1.2779	1.3360
87	0.8917	0.9512	1.0106	1.0700	1.1295	1.1889	1.2484	1.3078	1.3673

续表5

检尺径/cm	检尺长/m								
	1.5	1.6	1.7	1.8	1.9	2.0	2.1	2.2	2.3
	材积/m³								
88	0.9123	0.9731	1.0340	1.0948	1.1556	1.2164	1.2772	1.3381	1.3989
89	0.9332	0.9954	1.0576	1.1198	1.1820	1.2442	1.3064	1.3687	1.4309
90	0.9543	1.0179	1.0815	1.1451	1.2087	1.2723	1.3360	1.3996	1.4632
91	0.9756	1.0406	1.1057	1.1707	1.2357	1.3008	1.3658	1.4309	1.4959
92	0.9971	1.0636	1.1301	1.1966	1.2630	1.3295	1.3960	1.4625	1.5290
93	1.0189	1.0869	1.1548	1.2227	1.2907	1.3586	1.4265	1.4944	1.5624
94	1.0410	1.1104	1.1798	1.2492	1.3186	1.3880	1.4574	1.5268	1.5962
95	1.0632	1.1341	1.2050	1.2759	1.3468	1.4176	1.4885	1.5594	1.6303
96	1.0857	1.1581	1.2305	1.3029	1.3753	1.4476	1.5200	1.5924	1.6648
97	1.1085	1.1824	1.2563	1.3302	1.4041	1.4780	1.5519	1.6258	1.6997
98	1.1314	1.2069	1.2823	1.3577	1.4332	1.5086	1.5840	1.6595	1.7349
99	1.1547	1.2316	1.3086	1.3856	1.4626	1.5395	1.6165	1.6935	1.7705
100	1.1781	1.2566	1.3352	1.4137	1.4923	1.5708	1.6493	1.7279	1.8064
101	1.2018	1.2819	1.3620	1.4421	1.5223	1.6024	1.6825	1.7626	1.8427
102	1.2257	1.3074	1.3891	1.4708	1.5525	1.6343	1.7160	1.7977	1.8794
103	1.2498	1.3332	1.4165	1.4998	1.5831	1.6665	1.7498	1.8331	1.9164
104	1.2742	1.3592	1.4441	1.5291	1.6140	1.6990	1.7839	1.8689	1.9538

续表5

检尺径/cm	检尺长/m								
	1.5	1.6	1.7	1.8	1.9	2.0	2.1	2.2	2.3
	材积/m^3								
105	1.2989	1.3854	1.4720	1.5586	1.6452	1.7318	1.8184	1.9050	1.9916
106	1.3237	1.4120	1.5002	1.5885	1.6767	1.7650	1.8532	1.9414	2.0297
107	1.3488	1.4387	1.5286	1.6186	1.7085	1.7984	1.8883	1.9782	2.0682
108	1.3741	1.4657	1.5574	1.6490	1.7406	1.8322	1.9238	2.0154	2.1070
109	1.3997	1.4930	1.5863	1.6796	1.7730	1.8663	1.9596	2.0529	2.1462
110	1.4255	1.5205	1.6156	1.7106	1.8056	1.9007	1.9957	2.0907	2.1858
111	1.4515	1.5483	1.6451	1.7418	1.8386	1.9354	2.0322	2.1289	2.2257
112	1.4778	1.5763	1.6748	1.7734	1.8719	1.9704	2.0689	2.1675	2.2660
113	1.5043	1.6046	1.7049	1.8052	1.9055	2.0058	2.1060	2.2063	2.3066
114	1.5311	1.6331	1.7352	1.8373	1.9393	2.0414	2.1435	2.2456	2.3476
115	1.5580	1.6619	1.7658	1.8696	1.9735	2.0774	2.1813	2.2851	2.3890
116	1.5853	1.6909	1.7966	1.9023	2.0080	2.1137	2.2194	2.3250	2.4307
117	1.6127	1.7202	1.8277	1.9352	2.0428	2.1503	2.2578	2.3653	2.4728
118	1.6404	1.7497	1.8591	1.9685	2.0778	2.1872	2.2965	2.4059	2.5153
119	1.6683	1.7795	1.8907	2.0020	2.1132	2.2244	2.3356	2.4469	2.5581
120	1.6965	1.8096	1.9227	2.0358	2.1489	2.2620	2.3750	2.4881	2.6012
121	1.7249	1.8398	1.9548	2.0698	2.1848	2.2998	2.4148	2.5298	2.6448

续表5

检尺径/cm	检尺长/m								
	1.5	1.6	1.7	1.8	1.9	2.0	2.1	2.2	2.3
	材积/m³								
122	1.7535	1.8704	1.9873	2.1042	2.2211	2.3380	2.4549	2.5718	2.6887
123	1.7823	1.9012	2.0200	2.1388	2.2576	2.3765	2.4953	2.6141	2.7329
124	1.8114	1.9322	2.0530	2.1737	2.2945	2.4153	2.5360	2.6568	2.7776
125	1.8408	1.9635	2.0862	2.2089	2.3317	2.4544	2.5771	2.6998	2.8225
126	1.8704	1.9950	2.1197	2.2444	2.3691	2.4938	2.6185	2.7432	2.8679
127	1.9002	2.0268	2.1535	2.2802	2.4069	2.5335	2.6602	2.7869	2.9136
128	1.9302	2.0589	2.1876	2.3162	2.4449	2.5736	2.7023	2.8310	2.9596
129	1.9605	2.0912	2.2219	2.3526	2.4833	2.6140	2.7447	2.8754	3.0061
130	1.9910	2.1237	2.2565	2.3892	2.5219	2.6547	2.7874	2.9201	3.0528
131	2.0217	2.1565	2.2913	2.4261	2.5609	2.6956	2.8304	2.9652	3.1000
132	2.0527	2.1896	2.3264	2.4633	2.6001	2.7370	2.8738	3.0107	3.1475
133	2.0839	2.2229	2.3618	2.5007	2.6397	2.7786	2.9175	3.0564	3.1954
134	2.1154	2.2564	2.3974	2.5385	2.6795	2.8205	2.9616	3.1026	3.2436
135	2.1471	2.2902	2.4334	2.5765	2.7196	2.8628	3.0059	3.1491	3.2922
136	2.1790	2.3243	2.4695	2.6148	2.7601	2.9054	3.0506	3.1959	3.3412
137	2.2112	2.3586	2.5060	2.6534	2.8008	2.9482	3.0956	3.2431	3.3905
138	2.2436	2.3931	2.5427	2.6923	2.8419	2.9914	3.1410	3.2906	3.4401

续表5

检尺径/cm	检尺长/m								
	1.5	1.6	1.7	1.8	1.9	2.0	2.1	2.2	2.3
	材积/m^3								
139	2.2762	2.4280	2.5797	2.7314	2.8832	3.0349	3.1867	3.3384	3.4902
140	2.3091	2.4630	2.6170	2.7709	2.9248	3.0788	3.2327	3.3866	3.5406
141	2.3422	2.4983	2.6545	2.8106	2.9668	3.1229	3.2791	3.4352	3.5913
142	2.3755	2.5339	2.6923	2.8506	3.0090	3.1674	3.3257	3.4841	3.6425
143	2.4091	2.5697	2.7303	2.8909	3.0515	3.2121	3.3727	3.5333	3.6939
144	2.4429	2.6058	2.7686	2.9315	3.0944	3.2572	3.4201	3.5829	3.7458
145	2.4770	2.6421	2.8072	2.9723	3.1375	3.3026	3.4677	3.6329	3.7980
146	2.5112	2.6787	2.8461	3.0135	3.1809	3.3483	3.5157	3.6831	3.8506
147	2.5458	2.7155	2.8852	3.0549	3.2246	3.3943	3.5641	3.7338	3.9035
148	2.5805	2.7525	2.9246	3.0966	3.2686	3.4407	3.6127	3.7847	3.9568
149	2.6155	2.7899	2.9642	3.1386	3.3130	3.4873	3.6617	3.8361	4.0104
150	2.6507	2.8274	3.0042	3.1809	3.3576	3.5343	3.7110	3.8877	4.0644
151	2.6862	2.8653	3.0443	3.2234	3.4025	3.5816	3.7607	3.9397	4.1188
152	2.7219	2.9033	3.0848	3.2663	3.4477	3.6292	3.8106	3.9921	4.1736
153	2.7578	2.9417	3.1255	3.3094	3.4932	3.6771	3.8609	4.0448	4.2286
154	2.7940	2.9802	3.1665	3.3528	3.5390	3.7253	3.9116	4.0978	4.2841
155	2.8304	3.0191	3.2078	3.3965	3.5852	3.7738	3.9625	4.1512	4.3399

续表5

检尺径/cm	检尺长/m								
	1.5	1.6	1.7	1.8	1.9	2.0	2.1	2.2	2.3
	材积/m^3								
156	2.8670	3.0582	3.2493	3.4404	3.6316	3.8227	4.0138	4.2050	4.3961
157	2.9039	3.0975	3.2911	3.4847	3.6783	3.8719	4.0655	4.2591	4.4526
158	2.9410	3.1371	3.3331	3.5292	3.7253	3.9213	4.1174	4.3135	4.5095
159	2.9784	3.1769	3.3755	3.5740	3.7726	3.9711	4.1697	4.3683	4.5668
160	3.0159	3.2170	3.4181	3.6191	3.8202	4.0212	4.2223	4.4234	4.6244
161	3.0538	3.2573	3.4609	3.6645	3.8681	4.0717	4.2753	4.4788	4.6824
162	3.0918	3.2979	3.5040	3.7102	3.9163	4.1224	4.3285	4.5346	4.7408
163	3.1301	3.3388	3.5474	3.7561	3.9648	4.1735	4.3821	4.5908	4.7995
164	3.1686	3.3799	3.5911	3.8023	4.0136	4.2248	4.4361	4.6473	4.8585
165	3.2074	3.4212	3.6350	3.8489	4.0627	4.2765	4.4903	4.7042	4.9180
166	3.2464	3.4628	3.6792	3.8956	4.1121	4.3285	4.5449	4.7613	4.9778
167	3.2856	3.5046	3.7237	3.9427	4.1618	4.3808	4.5998	4.8189	5.0379
168	3.3251	3.5467	3.7684	3.9901	4.2118	4.4334	4.6551	4.8768	5.0984
169	3.3648	3.5891	3.8134	4.0377	4.2620	4.4864	4.7107	4.9350	5.1593
170	3.4047	3.6317	3.8587	4.0857	4.3126	4.5396	4.7666	4.9936	5.2206
171	3.4449	3.6745	3.9042	4.1339	4.3635	4.5932	4.8228	5.0525	5.2822
172	3.4853	3.7176	3.9500	4.1823	4.4147	4.6471	4.8794	5.1118	5.3441

续表5

检尺径/cm	检尺长/m								
	1.5	1.6	1.7	1.8	1.9	2.0	2.1	2.2	2.3
	材积/m³								
173	3.5259	3.7610	3.9961	4.2311	4.4662	4.7012	4.9363	5.1714	5.4064
174	3.5668	3.8046	4.0424	4.2802	4.5180	4.7558	4.9935	5.2313	5.4691
175	3.6079	3.8485	4.0890	4.3295	4.5700	4.8106	5.0511	5.2916	5.5322
176	3.6493	3.8926	4.1359	4.3791	4.6224	4.8657	5.1090	5.3523	5.5956
177	3.6909	3.9369	4.1830	4.4290	4.6751	4.9212	5.1672	5.4133	5.6593
178	3.7327	3.9815	4.2304	4.4792	4.7281	4.9769	5.2258	5.4746	5.7235
179	3.7748	4.0264	4.2781	4.5297	4.7814	5.0330	5.2847	5.5363	5.7880
180	3.8170	4.0715	4.3260	4.5805	4.8349	5.0894	5.3439	5.5983	5.8528
181	3.8596	4.1169	4.3742	4.6315	4.8888	5.1461	5.4034	5.6607	5.9180
182	3.9023	4.1625	4.4227	4.6828	4.9430	5.2031	5.4633	5.7234	5.9836
183	3.9453	4.2084	4.4714	4.7344	4.9974	5.2605	5.5235	5.7865	6.0495
184	3.9886	4.2545	4.5204	4.7863	5.0522	5.3181	5.5840	5.8499	6.1158
185	4.0320	4.3009	4.5697	4.8385	5.1073	5.3761	5.6449	5.9137	6.1825
186	4.0758	4.3475	4.6192	4.8909	5.1626	5.4343	5.7061	5.9778	6.2495
187	4.1197	4.3943	4.6690	4.9436	5.2183	5.4929	5.7676	6.0422	6.3169
188	4.1639	4.4415	4.7191	4.9967	5.2742	5.5518	5.8294	6.1070	6.3846
189	4.2083	4.4888	4.7694	5.0499	5.3305	5.6111	5.8916	6.1722	6.4527

续表5

检尺径/cm	检尺长/m								
	1.5	1.6	1.7	1.8	1.9	2.0	2.1	2.2	2.3
	材积/m^3								
190	4.2529	4.5365	4.8200	5.1035	5.3871	5.6706	5.9541	6.2376	6.5212
191	4.2978	4.5843	4.8709	5.1574	5.4439	5.7304	6.0170	6.3035	6.5900
192	4.3429	4.6325	4.9220	5.2115	5.5011	5.7906	6.0801	6.3697	6.6592
193	4.3883	4.6809	4.9734	5.2660	5.5585	5.8511	6.1436	6.4362	6.7287
194	4.4339	4.7295	5.0251	5.3207	5.6163	5.9119	6.2075	6.5030	6.7986
195	4.4797	4.7784	5.0770	5.3757	5.6743	5.9730	6.2716	6.5703	6.8689
196	4.5258	4.8275	5.1292	5.4309	5.7327	6.0344	6.3361	6.6378	6.9395
197	4.5721	4.8769	5.1817	5.4865	5.7913	6.0961	6.4009	6.7057	7.0105
198	4.6186	4.9265	5.2344	5.5423	5.8503	6.1582	6.4661	6.7740	7.0819
199	4.6654	4.9764	5.2874	5.5985	5.9095	6.2205	6.5316	6.8426	7.1536

续表5

检尺径/cm	检尺长/m								
	2.4	2.5	2.6	2.7	2.8	2.9	3.0	3.1	3.2
	材积/m³								
10	0.0188	0.0196	0.0204	0.0212	0.0220	0.0228	0.0236	0.0243	0.0251
11	0.0228	0.0238	0.0247	0.0257	0.0266	0.0276	0.0285	0.0295	0.0304
12	0.0271	0.0283	0.0294	0.0305	0.0317	0.0328	0.0339	0.0351	0.0362
13	0.0319	0.0332	0.0345	0.0358	0.0372	0.0385	0.0398	0.0411	0.0425
14	0.0369	0.0385	0.0400	0.0416	0.0431	0.0446	0.0462	0.0477	0.0493
15	0.0424	0.0442	0.0459	0.0477	0.0495	0.0512	0.0530	0.0548	0.0565
16	0.0483	0.0503	0.0523	0.0543	0.0563	0.0583	0.0603	0.0623	0.0643
17	0.0545	0.0567	0.0590	0.0613	0.0636	0.0658	0.0681	0.0704	0.0726
18	0.0611	0.0636	0.0662	0.0687	0.0713	0.0738	0.0763	0.0789	0.0814
19	0.0680	0.0709	0.0737	0.0766	0.0794	0.0822	0.0851	0.0879	0.0907
20	0.0754	0.0785	0.0817	0.0848	0.0880	0.0911	0.0942	0.0974	0.1005
21	0.0831	0.0866	0.0901	0.0935	0.0970	0.1004	0.1039	0.1074	0.1108
22	0.0912	0.0950	0.0988	0.1026	0.1064	0.1102	0.1140	0.1178	0.1216
23	0.0997	0.1039	0.1080	0.1122	0.1163	0.1205	0.1246	0.1288	0.1330
24	0.1086	0.1131	0.1176	0.1221	0.1267	0.1312	0.1357	0.1402	0.1448
25	0.1178	0.1227	0.1276	0.1325	0.1374	0.1424	0.1473	0.1522	0.1571
26	0.1274	0.1327	0.1380	0.1434	0.1487	0.1540	0.1593	0.1646	0.1699

续表5

检尺径/cm	检尺长/m								
	2.4	2.5	2.6	2.7	2.8	2.9	3.0	3.1	3.2
	材积/m^3								
27	0.1374	0.1431	0.1489	0.1546	0.1603	0.1660	0.1718	0.1775	0.1832
28	0.1478	0.1539	0.1601	0.1663	0.1724	0.1786	0.1847	0.1909	0.1970
29	0.1585	0.1651	0.1717	0.1783	0.1849	0.1916	0.1982	0.2048	0.2114
30	0.1696	0.1767	0.1838	0.1909	0.1979	0.2050	0.2121	0.2191	0.2262
31	0.1811	0.1887	0.1962	0.2038	0.2113	0.2189	0.2264	0.2340	0.2415
32	0.1930	0.2011	0.2091	0.2171	0.2252	0.2332	0.2413	0.2493	0.2574
33	0.2053	0.2138	0.2224	0.2309	0.2395	0.2480	0.2566	0.2651	0.2737
34	0.2179	0.2270	0.2361	0.2451	0.2542	0.2633	0.2724	0.2815	0.2905
35	0.2309	0.2405	0.2501	0.2598	0.2694	0.2790	0.2886	0.2983	0.3079
36	0.2443	0.2545	0.2646	0.2748	0.2850	0.2952	0.3054	0.3155	0.3257
37	0.2581	0.2688	0.2796	0.2903	0.3011	0.3118	0.3226	0.3333	0.3441
38	0.2722	0.2835	0.2949	0.3062	0.3176	0.3289	0.3402	0.3516	0.3629
39	0.2867	0.2986	0.3106	0.3225	0.3345	0.3464	0.3584	0.3703	0.3823
40	0.3016	0.3142	0.3267	0.3393	0.3519	0.3644	0.3770	0.3896	0.4021
41	0.3169	0.3301	0.3433	0.3565	0.3697	0.3829	0.3961	0.4093	0.4225
42	0.3325	0.3464	0.3602	0.3741	0.3879	0.4018	0.4156	0.4295	0.4433
43	0.3485	0.3631	0.3776	0.3921	0.4066	0.4211	0.4357	0.4502	0.4647

续表5

检尺径/cm	检尺长/m								
	2.4	2.5	2.6	2.7	2.8	2.9	3.0	3.1	3.2
	材积/m^3								
44	0.3649	0.3801	0.3953	0.4105	0.4257	0.4410	0.4562	0.4714	0.4866
45	0.3817	0.3976	0.4135	0.4294	0.4453	0.4612	0.4771	0.4930	0.5089
46	0.3989	0.4155	0.4321	0.4487	0.4653	0.4820	0.4986	0.5152	0.5318
47	0.4164	0.4337	0.4511	0.4684	0.4858	0.5031	0.5205	0.5378	0.5552
48	0.4343	0.4524	0.4705	0.4886	0.5067	0.5248	0.5429	0.5610	0.5791
49	0.4526	0.4714	0.4903	0.5092	0.5280	0.5469	0.5657	0.5846	0.6034
50	0.4712	0.4909	0.5105	0.5301	0.5498	0.5694	0.5891	0.6087	0.6283
51	0.4903	0.5107	0.5311	0.5516	0.5720	0.5924	0.6128	0.6333	0.6537
52	0.5097	0.5309	0.5522	0.5734	0.5946	0.6159	0.6371	0.6584	0.6796
53	0.5295	0.5515	0.5736	0.5957	0.6177	0.6398	0.6619	0.6839	0.7060
54	0.5497	0.5726	0.5955	0.6184	0.6413	0.6642	0.6871	0.7100	0.7329
55	0.5702	0.5940	0.6177	0.6415	0.6652	0.6890	0.7128	0.7365	0.7603
56	0.5911	0.6158	0.6404	0.6650	0.6896	0.7143	0.7389	0.7635	0.7882
57	0.6124	0.6379	0.6635	0.6890	0.7145	0.7400	0.7655	0.7910	0.8166
58	0.6341	0.6605	0.6869	0.7134	0.7398	0.7662	0.7926	0.8190	0.8455
59	0.6562	0.6835	0.7108	0.7382	0.7655	0.7929	0.8202	0.8475	0.8749
60	0.6786	0.7069	0.7351	0.7634	0.7917	0.8200	0.8482	0.8765	0.9048

续表5

检尺径/cm	检尺长/m								
	2.4	2.5	2.6	2.7	2.8	2.9	3.0	3.1	3.2
	材积/m^3								
61	0.7014	0.7306	0.7598	0.7891	0.8183	0.8475	0.8767	0.9060	0.9352
62	0.7246	0.7548	0.7850	0.8152	0.8453	0.8755	0.9057	0.9359	0.9661
63	0.7481	0.7793	0.8105	0.8417	0.8728	0.9040	0.9352	0.9663	0.9975
64	0.7721	0.8042	0.8364	0.8686	0.9008	0.9329	0.9651	0.9973	1.0294
65	0.7964	0.8296	0.8628	0.8959	0.9291	0.9623	0.9955	1.0287	1.0619
66	0.8211	0.8553	0.8895	0.9237	0.9579	0.9921	1.0264	1.0606	1.0948
67	0.8462	0.8814	0.9167	0.9519	0.9872	1.0224	1.0577	1.0930	1.1282
68	0.8716	0.9079	0.9442	0.9806	1.0169	1.0532	1.0895	1.1258	1.1621
69	0.8974	0.9348	0.9722	1.0096	1.0470	1.0844	1.1218	1.1592	1.1966
70	0.9236	0.9621	1.0006	1.0391	1.0776	1.1161	1.1545	1.1930	1.2315
71	0.9502	0.9898	1.0294	1.0690	1.1086	1.1482	1.1878	1.2274	1.2669
72	0.9772	1.0179	1.0586	1.0993	1.1400	1.1807	1.2215	1.2622	1.3029
73	1.0045	1.0463	1.0882	1.1301	1.1719	1.2138	1.2556	1.2975	1.3393
74	1.0322	1.0752	1.1182	1.1612	1.2042	1.2472	1.2903	1.3333	1.3763
75	1.0603	1.1045	1.1486	1.1928	1.2370	1.2812	1.3254	1.3695	1.4137
76	1.0888	1.1341	1.1795	1.2248	1.2702	1.3156	1.3609	1.4063	1.4517
77	1.1176	1.1642	1.2107	1.2573	1.3039	1.3504	1.3970	1.4436	1.4901

续表5

检尺径/cm	检尺长/m								
	2.4	2.5	2.6	2.7	2.8	2.9	3.0	3.1	3.2
	材积/m^3								
78	1.1468	1.1946	1.2424	1.2902	1.3379	1.3857	1.4335	1.4813	1.5291
79	1.1764	1.2254	1.2744	1.3235	1.3725	1.4215	1.4705	1.5195	1.5685
80	1.2064	1.2566	1.3069	1.3572	1.4074	1.4577	1.5080	1.5582	1.6085
81	1.2367	1.2883	1.3398	1.3913	1.4428	1.4944	1.5459	1.5974	1.6490
82	1.2674	1.3203	1.3731	1.4259	1.4787	1.5315	1.5843	1.6371	1.6899
83	1.2985	1.3527	1.4068	1.4609	1.5150	1.5691	1.6232	1.6773	1.7314
84	1.3300	1.3854	1.4409	1.4963	1.5517	1.6071	1.6625	1.7180	1.7734
85	1.3619	1.4186	1.4754	1.5321	1.5889	1.6456	1.7024	1.7591	1.8158
86	1.3941	1.4522	1.5103	1.5684	1.6265	1.6846	1.7426	1.8007	1.8588
87	1.4267	1.4862	1.5456	1.6051	1.6645	1.7240	1.7834	1.8429	1.9023
88	1.4597	1.5205	1.5814	1.6422	1.7030	1.7638	1.8246	1.8855	1.9463
89	1.4931	1.5553	1.6175	1.6797	1.7419	1.8041	1.8663	1.9286	1.9908
90	1.5268	1.5904	1.6541	1.7177	1.7813	1.8449	1.9085	1.9721	2.0358
91	1.5609	1.6260	1.6910	1.7561	1.8211	1.8861	1.9512	2.0162	2.0812
92	1.5954	1.6619	1.7284	1.7949	1.8613	1.9278	1.9943	2.0608	2.1272
93	1.6303	1.6982	1.7662	1.8341	1.9020	1.9699	2.0379	2.1058	2.1737
94	1.6656	1.7349	1.8043	1.8737	1.9431	2.0125	2.0819	2.1513	2.2207

续表5

检尺径/cm	检尺长/m								
	2.4	2.5	2.6	2.7	2.8	2.9	3.0	3.1	3.2
	材积/m^3								
95	1.7012	1.7721	1.8429	1.9138	1.9847	2.0556	2.1265	2.1974	2.2682
96	1.7372	1.8096	1.8819	1.9543	2.0267	2.0991	2.1715	2.2439	2.3162
97	1.7736	1.8475	1.9214	1.9953	2.0692	2.1431	2.2169	2.2908	2.3647
98	1.8103	1.8857	1.9612	2.0366	2.1120	2.1875	2.2629	2.3383	2.4138
99	1.8474	1.9244	2.0014	2.0784	2.1554	2.2323	2.3093	2.3863	2.4633
100	1.8850	1.9635	2.0420	2.1206	2.1991	2.2777	2.3562	2.4347	2.5133
101	1.9228	2.0030	2.0831	2.1632	2.2433	2.3234	2.4036	2.4837	2.5638
102	1.9611	2.0428	2.1245	2.2063	2.2880	2.3697	2.4514	2.5331	2.6148
103	1.9998	2.0831	2.1664	2.2497	2.3330	2.4164	2.4997	2.5830	2.6663
104	2.0388	2.1237	2.2087	2.2936	2.3786	2.4635	2.5485	2.6334	2.7184
105	2.0782	2.1648	2.2513	2.3379	2.4245	2.5111	2.5977	2.6843	2.7709
106	2.1179	2.2062	2.2944	2.3827	2.4709	2.5592	2.6474	2.7357	2.8239
107	2.1581	2.2480	2.3379	2.4279	2.5178	2.6077	2.6976	2.7875	2.8775
108	2.1986	2.2902	2.3818	2.4734	2.5651	2.6567	2.7483	2.8399	2.9315
109	2.2395	2.3328	2.4261	2.5195	2.6128	2.7061	2.7994	2.8927	2.9860
110	2.2808	2.3758	2.4709	2.5659	2.6609	2.7560	2.8510	2.9460	3.0411
111	2.3225	2.4192	2.5160	2.6128	2.7095	2.8063	2.9031	2.9998	3.0966

续表5

检尺径/cm	检尺长/m								
	2.4	2.5	2.6	2.7	2.8	2.9	3.0	3.1	3.2
	材积/m^3								
112	2.3645	2.4630	2.5615	2.6601	2.7586	2.8571	2.9556	3.0541	3.1527
113	2.4069	2.5072	2.6075	2.7078	2.8081	2.9083	3.0086	3.1089	3.2092
114	2.4497	2.5518	2.6538	2.7559	2.8580	2.9600	3.0621	3.1642	3.2663
115	2.4929	2.5967	2.7006	2.8045	2.9083	3.0122	3.1161	3.2199	3.3238
116	2.5364	2.6421	2.7478	2.8535	2.9591	3.0648	3.1705	3.2762	3.3819
117	2.5803	2.6878	2.7953	2.9029	3.0104	3.1179	3.2254	3.3329	3.4404
118	2.6246	2.7340	2.8433	2.9527	3.0621	3.1714	3.2808	3.3901	3.4995
119	2.6693	2.7805	2.8917	3.0030	3.1142	3.2254	3.3366	3.4478	3.5591
120	2.7143	2.8274	2.9405	3.0536	3.1667	3.2798	3.3929	3.5060	3.6191
121	2.7598	2.8748	2.9898	3.1047	3.2197	3.3347	3.4497	3.5647	3.6797
122	2.8056	2.9225	3.0394	3.1563	3.2732	3.3901	3.5070	3.6239	3.7408
123	2.8518	2.9706	3.0894	3.2082	3.3270	3.4459	3.5647	3.6835	3.8023
124	2.8983	3.0191	3.1398	3.2606	3.3814	3.5021	3.6229	3.7437	3.8644
125	2.9453	3.0680	3.1907	3.3134	3.4361	3.5588	3.6816	3.8043	3.9270
126	2.9926	3.1173	3.2419	3.3666	3.4913	3.6160	3.7407	3.8654	3.9901
127	3.0403	3.1669	3.2936	3.4203	3.5470	3.6736	3.8003	3.9270	4.0537
128	3.0883	3.2170	3.3457	3.4744	3.6030	3.7317	3.8604	3.9891	4.1178

续表5

检尺径/cm	检尺长/m								
	2.4	2.5	2.6	2.7	2.8	2.9	3.0	3.1	3.2
	材积/m³								
129	3.1368	3.2675	3.3982	3.5289	3.6596	3.7903	3.9210	4.0517	4.1823
130	3.1856	3.3183	3.4510	3.5838	3.7165	3.8492	3.9820	4.1147	4.2474
131	3.2348	3.3696	3.5043	3.6391	3.7739	3.9087	4.0435	4.1783	4.3130
132	3.2844	3.4212	3.5581	3.6949	3.8317	3.9686	4.1054	4.2423	4.3791
133	3.3343	3.4732	3.6122	3.7511	3.8900	4.0290	4.1679	4.3068	4.4457
134	3.3846	3.5257	3.6667	3.8077	3.9487	4.0898	4.2308	4.3718	4.5128
135	3.4353	3.5785	3.7216	3.8648	4.0079	4.1510	4.2942	4.4373	4.5805
136	3.4864	3.6317	3.7770	3.9222	4.0675	4.2128	4.3580	4.5033	4.6486
137	3.5379	3.6853	3.8327	3.9801	4.1275	4.2749	4.4224	4.5698	4.7172
138	3.5897	3.7393	3.8889	4.0384	4.1880	4.3376	4.4871	4.6367	4.7863
139	3.6419	3.7937	3.9454	4.0972	4.2489	4.4007	4.5524	4.7042	4.8559
140	3.6945	3.8485	4.0024	4.1563	4.3103	4.4642	4.6182	4.7721	4.9260
141	3.7475	3.9036	4.0598	4.2159	4.3721	4.5282	4.6844	4.8405	4.9967
142	3.8008	3.9592	4.1176	4.2759	4.4343	4.5927	4.7510	4.9094	5.0678
143	3.8546	4.0152	4.1758	4.3364	4.4970	4.6576	4.8182	4.9788	5.1394
144	3.9087	4.0715	4.2344	4.3972	4.5601	4.7230	4.8858	5.0487	5.2115
145	3.9631	4.1283	4.2934	4.4585	4.6236	4.7888	4.9539	5.1190	5.2842

续表5

检尺径/cm	检尺长/m								
	2.4	2.5	2.6	2.7	2.8	2.9	3.0	3.1	3.2
	材积/m³								
146	4.0180	4.1854	4.3528	4.5202	4.6876	4.8551	5.0225	5.1899	5.3573
147	4.0732	4.2429	4.4126	4.5824	4.7521	4.9218	5.0915	5.2612	5.4309
148	4.1288	4.3009	4.4729	4.6449	4.8170	4.9890	5.1610	5.3331	5.5051
149	4.1848	4.3592	4.5335	4.7079	4.8823	5.0566	5.2310	5.4054	5.5797
150	4.2412	4.4179	4.5946	4.7713	4.9480	5.1247	5.3015	5.4782	5.6549
151	4.2979	4.4770	4.6561	4.8351	5.0142	5.1933	5.3724	5.5515	5.7305
152	4.3550	4.5365	4.7179	4.8994	5.0808	5.2623	5.4438	5.6252	5.8067
153	4.4125	4.5964	4.7802	4.9641	5.1479	5.3318	5.5156	5.6995	5.8833
154	4.4704	4.6566	4.8429	5.0292	5.2154	5.4017	5.5880	5.7742	5.9605
155	4.5286	4.7173	4.9060	5.0947	5.2834	5.4721	5.6608	5.8495	6.0382
156	4.5872	4.7784	4.9695	5.1606	5.3518	5.5429	5.7340	5.9252	6.1163
157	4.6462	4.8398	5.0334	5.2270	5.4206	5.6142	5.8078	6.0014	6.1950
158	4.7056	4.9017	5.0977	5.2938	5.4899	5.6860	5.8820	6.0781	6.2742
159	4.7654	4.9639	5.1625	5.3610	5.5596	5.7582	5.9567	6.1553	6.3538
160	4.8255	5.0266	5.2276	5.4287	5.6297	5.8308	6.0319	6.2329	6.4340
161	4.8860	5.0896	5.2932	5.4968	5.7003	5.9039	6.1075	6.3111	6.5147
162	4.9469	5.1530	5.3591	5.5653	5.7714	5.9775	6.1836	6.3897	6.5959

续表5

检尺径/cm	检尺长/m								
	2.4	2.5	2.6	2.7	2.8	2.9	3.0	3.1	3.2
	材积/m^3								
163	5.0082	5.2168	5.4255	5.6342	5.8428	6.0515	6.2602	6.4689	6.6775
164	5.0698	5.2810	5.4923	5.7035	5.9148	6.1260	6.3372	6.5485	6.7597
165	5.1318	5.3456	5.5595	5.7733	5.9871	6.2009	6.4148	6.6286	6.8424
166	5.1942	5.4106	5.6270	5.8435	6.0599	6.2763	6.4927	6.7092	6.9256
167	5.2570	5.4760	5.6950	5.9141	6.1331	6.3522	6.5712	6.7902	7.0093
168	5.3201	5.5418	5.7635	5.9851	6.2068	6.4285	6.6501	6.8718	7.0935
169	5.3836	5.6080	5.8323	6.0566	6.2809	6.5052	6.7295	6.9539	7.1782
170	5.4475	5.6745	5.9015	6.1285	6.3555	6.5824	6.8094	7.0364	7.2634
171	5.5118	5.7415	5.9711	6.2008	6.4304	6.6601	6.8898	7.1194	7.3491
172	5.5765	5.8088	6.0412	6.2735	6.5059	6.7382	6.9706	7.2029	7.4353
173	5.6415	5.8766	6.1116	6.3467	6.5817	6.8168	7.0519	7.2869	7.5220
174	5.7069	5.9447	6.1825	6.4203	6.6581	6.8958	7.1336	7.3714	7.6092
175	5.7727	6.0132	6.2537	6.4943	6.7348	6.9753	7.2159	7.4564	7.6969
176	5.8389	6.0821	6.3254	6.5687	6.8120	7.0553	7.2986	7.5419	7.7851
177	5.9054	6.1514	6.3975	6.6436	6.8896	7.1357	7.3817	7.6278	7.8739
178	5.9723	6.2212	6.4700	6.7188	6.9677	7.2165	7.4654	7.7142	7.9631
179	6.0396	6.2913	6.5429	6.7946	7.0462	7.2979	7.5495	7.8012	8.0528

续表5

检尺径/cm	检尺长/m								
	2.4	2.5	2.6	2.7	2.8	2.9	3.0	3.1	3.2
	材积/m^3								
180	6.1073	6.3617	6.6162	6.8707	7.1251	7.3796	7.6341	7.8886	8.1430
181	6.1753	6.4326	6.6899	6.9472	7.2045	7.4618	7.7191	7.9765	8.2338
182	6.2437	6.5039	6.7641	7.0242	7.2844	7.5445	7.8047	8.0648	8.3250
183	6.3125	6.5756	6.8386	7.1016	7.3646	7.6277	7.8907	8.1537	8.4167
184	6.3817	6.6476	6.9135	7.1794	7.4453	7.7112	7.9772	8.2431	8.5090
185	6.4513	6.7201	6.9889	7.2577	7.5265	7.7953	8.0641	8.3329	8.6017
186	6.5212	6.7929	7.0646	7.3364	7.6081	7.8798	8.1515	8.4232	8.6949
187	6.5915	6.8662	7.1408	7.4155	7.6901	7.9647	8.2394	8.5140	8.7887
188	6.6622	6.9398	7.2174	7.4950	7.7726	8.0502	8.3278	8.6053	8.8829
189	6.7333	7.0138	7.2944	7.5749	7.8555	8.1360	8.4166	8.6971	8.9777
190	6.8047	7.0882	7.3718	7.6553	7.9388	8.2224	8.5059	8.7894	9.0729
191	6.8765	7.1630	7.4496	7.7361	8.0226	8.3091	8.5957	8.8822	9.1687
192	6.9487	7.2382	7.5278	7.8173	8.1068	8.3964	8.6859	8.9754	9.2650
193	7.0213	7.3138	7.6064	7.8989	8.1915	8.4841	8.7766	9.0692	9.3617
194	7.0942	7.3898	7.6854	7.9810	8.2766	8.5722	8.8678	9.1634	9.4590
195	7.1676	7.4662	7.7649	8.0635	8.3622	8.6608	8.9595	9.2581	9.5567
196	7.2413	7.5430	7.8447	8.1464	8.4481	8.7499	9.0516	9.3533	9.6550

续表5

检尺径/cm	检尺长/m								
	2.4	2.5	2.6	2.7	2.8	2.9	3.0	3.1	3.2
	材积/m^3								
197	7.3153	7.6201	7.9250	8.2298	8.5346	8.8394	9.1442	9.4490	9.7538
198	7.3898	7.6977	8.0056	8.3135	8.6214	8.9293	9.2372	9.5452	9.8531
199	7.4646	7.7757	8.0867	8.3977	8.7087	9.0198	9.3308	9.6418	9.9528

续表5

检尺径/cm	检尺长/m								
	3.3	3.4	3.5	3.6	3.7	3.8	3.9	4.0	4.1
	材积/m³								
10	0.0259	0.0267	0.0275	0.0283	0.0291	0.0298	0.0306	0.0314	0.0322
11	0.0314	0.0323	0.0333	0.0342	0.0352	0.0361	0.0371	0.0380	0.0390
12	0.0373	0.0385	0.0396	0.0407	0.0418	0.0430	0.0441	0.0452	0.0464
13	0.0438	0.0451	0.0465	0.0478	0.0491	0.0504	0.0518	0.0531	0.0544
14	0.0508	0.0523	0.0539	0.0554	0.0570	0.0585	0.0600	0.0616	0.0631
15	0.0583	0.0601	0.0619	0.0636	0.0654	0.0672	0.0689	0.0707	0.0725
16	0.0664	0.0684	0.0704	0.0724	0.0744	0.0764	0.0784	0.0804	0.0824
17	0.0749	0.0772	0.0794	0.0817	0.0840	0.0863	0.0885	0.0908	0.0931
18	0.0840	0.0865	0.0891	0.0916	0.0942	0.0967	0.0992	0.1018	0.1043
19	0.0936	0.0964	0.0992	0.1021	0.1049	0.1077	0.1106	0.1134	0.1162
20	0.1037	0.1068	0.1100	0.1131	0.1162	0.1194	0.1225	0.1257	0.1288
21	0.1143	0.1178	0.1212	0.1247	0.1282	0.1316	0.1351	0.1385	0.1420
22	0.1254	0.1292	0.1330	0.1368	0.1406	0.1445	0.1483	0.1521	0.1559
23	0.1371	0.1413	0.1454	0.1496	0.1537	0.1579	0.1620	0.1662	0.1703
24	0.1493	0.1538	0.1583	0.1629	0.1674	0.1719	0.1764	0.1810	0.1855
25	0.1620	0.1669	0.1718	0.1767	0.1816	0.1865	0.1914	0.1964	0.2013
26	0.1752	0.1805	0.1858	0.1911	0.1964	0.2018	0.2071	0.2124	0.2177

续表5

检尺径/cm	检尺长/m								
	3.3	3.4	3.5	3.6	3.7	3.8	3.9	4.0	4.1
	材积/m³								
27	0.1889	0.1947	0.2004	0.2061	0.2118	0.2176	0.2233	0.2290	0.2347
28	0.2032	0.2094	0.2155	0.2217	0.2278	0.2340	0.2401	0.2463	0.2525
29	0.2180	0.2246	0.2312	0.2378	0.2444	0.2510	0.2576	0.2642	0.2708
30	0.2333	0.2403	0.2474	0.2545	0.2615	0.2686	0.2757	0.2827	0.2898
31	0.2491	0.2566	0.2642	0.2717	0.2793	0.2868	0.2944	0.3019	0.3095
32	0.2654	0.2734	0.2815	0.2895	0.2976	0.3056	0.3137	0.3217	0.3297
33	0.2822	0.2908	0.2994	0.3079	0.3165	0.3250	0.3336	0.3421	0.3507
34	0.2996	0.3087	0.3178	0.3269	0.3359	0.3450	0.3541	0.3632	0.3722
35	0.3175	0.3271	0.3367	0.3464	0.3560	0.3656	0.3752	0.3848	0.3945
36	0.3359	0.3461	0.3563	0.3664	0.3766	0.3868	0.3970	0.4072	0.4173
37	0.3548	0.3656	0.3763	0.3871	0.3978	0.4086	0.4193	0.4301	0.4408
38	0.3743	0.3856	0.3969	0.4083	0.4196	0.4310	0.4423	0.4536	0.4650
39	0.3942	0.4062	0.4181	0.4301	0.4420	0.4539	0.4659	0.4778	0.4898
40	0.4147	0.4273	0.4398	0.4524	0.4650	0.4775	0.4901	0.5027	0.5152
41	0.4357	0.4489	0.4621	0.4753	0.4885	0.5017	0.5149	0.5281	0.5413
42	0.4572	0.4711	0.4849	0.4988	0.5126	0.5265	0.5403	0.5542	0.5680
43	0.4792	0.4937	0.5083	0.5228	0.5373	0.5518	0.5664	0.5809	0.5954

续表5

检尺径/cm	检尺长/m								
	3.3	3.4	3.5	3.6	3.7	3.8	3.9	4.0	4.1
	材积/m^3								
44	0.5018	0.5170	0.5322	0.5474	0.5626	0.5778	0.5930	0.6082	0.6234
45	0.5248	0.5407	0.5567	0.5726	0.5885	0.6044	0.6203	0.6362	0.6521
46	0.5484	0.5650	0.5817	0.5983	0.6149	0.6315	0.6481	0.6648	0.6814
47	0.5725	0.5899	0.6072	0.6246	0.6419	0.6593	0.6766	0.6940	0.7113
48	0.5972	0.6153	0.6333	0.6514	0.6695	0.6876	0.7057	0.7238	0.7419
49	0.6223	0.6412	0.6600	0.6789	0.6977	0.7166	0.7354	0.7543	0.7732
50	0.6480	0.6676	0.6872	0.7069	0.7265	0.7461	0.7658	0.7854	0.8050
51	0.6741	0.6946	0.7150	0.7354	0.7558	0.7763	0.7967	0.8171	0.8376
52	0.7008	0.7221	0.7433	0.7645	0.7858	0.8070	0.8283	0.8495	0.8707
53	0.7280	0.7501	0.7722	0.7942	0.8163	0.8384	0.8604	0.8825	0.9045
54	0.7558	0.7787	0.8016	0.8245	0.8474	0.8703	0.8932	0.9161	0.9390
55	0.7840	0.8078	0.8315	0.8553	0.8791	0.9028	0.9266	0.9503	0.9741
56	0.8128	0.8374	0.8621	0.8867	0.9113	0.9359	0.9606	0.9852	1.0098
57	0.8421	0.8676	0.8931	0.9186	0.9442	0.9697	0.9952	1.0207	1.0462
58	0.8719	0.8983	0.9247	0.9512	0.9776	1.0040	1.0304	1.0568	1.0833
59	0.9022	0.9296	0.9569	0.9842	1.0116	1.0389	1.0663	1.0936	1.1209
60	0.9331	0.9613	0.9896	1.0179	1.0462	1.0744	1.1027	1.1310	1.1593

续表5

检尺径/cm	检尺长/m								
	3.3	3.4	3.5	3.6	3.7	3.8	3.9	4.0	4.1
	材积/m^3								
61	0.9644	0.9936	1.0229	1.0521	1.0813	1.1105	1.1398	1.1690	1.1982
62	0.9963	1.0265	1.0567	1.0869	1.1171	1.1472	1.1774	1.2076	1.2378
63	1.0287	1.0599	1.0910	1.1222	1.1534	1.1846	1.2157	1.2469	1.2781
64	1.0616	1.0938	1.1259	1.1581	1.1903	1.2225	1.2546	1.2868	1.3190
65	1.0950	1.1282	1.1614	1.1946	1.2278	1.2610	1.2941	1.3273	1.3605
66	1.1290	1.1632	1.1974	1.2316	1.2658	1.3001	1.3343	1.3685	1.4027
67	1.1635	1.1987	1.2340	1.2692	1.3045	1.3398	1.3750	1.4103	1.4455
68	1.1985	1.2348	1.2711	1.3074	1.3437	1.3800	1.4164	1.4527	1.4890
69	1.2340	1.2714	1.3088	1.3461	1.3835	1.4209	1.4583	1.4957	1.5331
70	1.2700	1.3085	1.3470	1.3854	1.4239	1.4624	1.5009	1.5394	1.5779
71	1.3065	1.3461	1.3857	1.4253	1.4649	1.5045	1.5441	1.5837	1.6233
72	1.3436	1.3843	1.4250	1.4657	1.5065	1.5472	1.5879	1.6286	1.6693
73	1.3812	1.4230	1.4649	1.5067	1.5486	1.5905	1.6323	1.6742	1.7160
74	1.4193	1.4623	1.5053	1.5483	1.5913	1.6343	1.6773	1.7203	1.7633
75	1.4579	1.5021	1.5463	1.5904	1.6346	1.6788	1.7230	1.7672	1.8113
76	1.4970	1.5424	1.5878	1.6331	1.6785	1.7239	1.7692	1.8146	1.8600
77	1.5367	1.5833	1.6298	1.6764	1.7230	1.7695	1.8161	1.8627	1.9092

续表5

检尺径/cm	检尺长/m								
	3.3	3.4	3.5	3.6	3.7	3.8	3.9	4.0	4.1
	材积/m³								
78	1.5769	1.6246	1.6724	1.7202	1.7680	1.8158	1.8636	1.9113	1.9591
79	1.6176	1.6666	1.7156	1.7646	1.8136	1.8626	1.9117	1.9607	2.0097
80	1.6588	1.7090	1.7593	1.8096	1.8598	1.9101	1.9604	2.0106	2.0609
81	1.7005	1.7520	1.8036	1.8551	1.9066	1.9581	2.0097	2.0612	2.1127
82	1.7427	1.7956	1.8484	1.9012	1.9540	2.0068	2.0596	2.1124	2.1652
83	1.7855	1.8396	1.8937	1.9478	2.0019	2.0560	2.1101	2.1642	2.2184
84	1.8288	1.8842	1.9396	1.9950	2.0505	2.1059	2.1613	2.2167	2.2721
85	1.8726	1.9293	1.9861	2.0428	2.0996	2.1563	2.2131	2.2698	2.3266
86	1.9169	1.9750	2.0331	2.0912	2.1493	2.2074	2.2654	2.3235	2.3816
87	1.9617	2.0212	2.0806	2.1401	2.1995	2.2590	2.3184	2.3779	2.4373
88	2.0071	2.0679	2.1287	2.1896	2.2504	2.3112	2.3720	2.4329	2.4937
89	2.0530	2.1152	2.1774	2.2396	2.3018	2.3640	2.4262	2.4885	2.5507
90	2.0994	2.1630	2.2266	2.2902	2.3538	2.4175	2.4811	2.5447	2.6083
91	2.1463	2.2113	2.2764	2.3414	2.4064	2.4715	2.5365	2.6016	2.6666
92	2.1937	2.2602	2.3267	2.3931	2.4596	2.5261	2.5926	2.6591	2.7255
93	2.2417	2.3096	2.3775	2.4455	2.5134	2.5813	2.6492	2.7172	2.7851
94	2.2901	2.3595	2.4289	2.4983	2.5677	2.6371	2.7065	2.7759	2.8453

续表5

检尺径/cm	检尺长/m								
	3.3	3.4	3.5	3.6	3.7	3.8	3.9	4.0	4.1
	材积/m^3								
95	2.3391	2.4100	2.4809	2.5518	2.6226	2.6935	2.7644	2.8353	2.9062
96	2.3886	2.4610	2.5334	2.6058	2.6782	2.7505	2.8229	2.8953	2.9677
97	2.4386	2.5125	2.5864	2.6603	2.7342	2.8081	2.8820	2.9559	3.0298
98	2.4892	2.5646	2.6400	2.7155	2.7909	2.8663	2.9418	3.0172	3.0926
99	2.5402	2.6172	2.6942	2.7712	2.8482	2.9251	3.0021	3.0791	3.1561
100	2.5918	2.6704	2.7489	2.8274	2.9060	2.9845	3.0631	3.1416	3.2201
101	2.6439	2.7240	2.8042	2.8843	2.9644	3.0445	3.1246	3.2047	3.2849
102	2.6965	2.7782	2.8600	2.9417	3.0234	3.1051	3.1868	3.2685	3.3502
103	2.7497	2.8330	2.9163	2.9996	3.0830	3.1663	3.2496	3.3329	3.4162
104	2.8033	2.8883	2.9732	3.0582	3.1431	3.2281	3.3130	3.3980	3.4829
105	2.8575	2.9441	3.0307	3.1173	3.2038	3.2904	3.3770	3.4636	3.5502
106	2.9122	3.0004	3.0887	3.1769	3.2652	3.3534	3.4417	3.5299	3.6181
107	2.9674	3.0573	3.1472	3.2371	3.3271	3.4170	3.5069	3.5968	3.6867
108	3.0231	3.1147	3.2063	3.2979	3.3895	3.4811	3.5728	3.6644	3.7560
109	3.0793	3.1727	3.2660	3.3593	3.4526	3.5459	3.6392	3.7325	3.8258
110	3.1361	3.2311	3.3262	3.4212	3.5162	3.6113	3.7063	3.8013	3.8964
111	3.1934	3.2902	3.3869	3.4837	3.5805	3.6772	3.7740	3.8708	3.9675

续表5

检尺径/cm	检尺长/m								
	3.3	3.4	3.5	3.6	3.7	3.8	3.9	4.0	4.1
	材积/m³								
112	3.2512	3.3497	3.4482	3.5467	3.6453	3.7438	3.8423	3.9408	4.0393
113	3.3095	3.4098	3.5101	3.6104	3.7106	3.8109	3.9112	4.0115	4.1118
114	3.3683	3.4704	3.5725	3.6745	3.7766	3.8787	3.9808	4.0828	4.1849
115	3.4277	3.5316	3.6354	3.7393	3.8432	3.9470	4.0509	4.1548	4.2586
116	3.4876	3.5932	3.6989	3.8046	3.9103	4.0160	4.1217	4.2273	4.3330
117	3.5479	3.6555	3.7630	3.8705	3.9780	4.0855	4.1930	4.3005	4.4080
118	3.6089	3.7182	3.8276	3.9369	4.0463	4.1556	4.2650	4.3744	4.4837
119	3.6703	3.7815	3.8927	4.0039	4.1152	4.2264	4.3376	4.4488	4.5600
120	3.7322	3.8453	3.9584	4.0715	4.1846	4.2977	4.4108	4.5239	4.6370
121	3.7947	3.9097	4.0247	4.1397	4.2546	4.3696	4.4846	4.5996	4.7146
122	3.8577	3.9746	4.0915	4.2084	4.3253	4.4422	4.5591	4.6760	4.7929
123	3.9212	4.0400	4.1588	4.2776	4.3965	4.5153	4.6341	4.7529	4.8717
124	3.9852	4.1059	4.2267	4.3475	4.4682	4.5890	4.7098	4.8305	4.9513
125	4.0497	4.1724	4.2952	4.4179	4.5406	4.6633	4.7860	4.9088	5.0315
126	4.1148	4.2395	4.3642	4.4888	4.6135	4.7382	4.8629	4.9876	5.1123
127	4.1803	4.3070	4.4337	4.5604	4.6871	4.8137	4.9404	5.0671	5.1938
128	4.2464	4.3751	4.5038	4.6325	4.7612	4.8898	5.0185	5.1472	5.2759

续表5

检尺径/cm	检尺长/m								
	3.3	3.4	3.5	3.6	3.7	3.8	3.9	4.0	4.1
	材积/m^3								
129	4.3130	4.4437	4.5744	4.7051	4.8358	4.9665	5.0972	5.2279	5.3586
130	4.3802	4.5129	4.6456	4.7784	4.9111	5.0438	5.1766	5.3093	5.4420
131	4.4478	4.5826	4.7174	4.8522	4.9870	5.1217	5.2565	5.3913	5.5261
132	4.5160	4.6528	4.7897	4.9265	5.0634	5.2002	5.3371	5.4739	5.6108
133	4.5847	4.7236	4.8625	5.0015	5.1404	5.2793	5.4182	5.5572	5.6961
134	4.6539	4.7949	4.9359	5.0770	5.2180	5.3590	5.5000	5.6411	5.7821
135	4.7236	4.8667	5.0099	5.1530	5.2961	5.4393	5.5824	5.7256	5.8687
136	4.7938	4.9391	5.0844	5.2296	5.3749	5.5202	5.6654	5.8107	5.9560
137	4.8646	5.0120	5.1594	5.3068	5.4542	5.6016	5.7491	5.8965	6.0439
138	4.9359	5.0854	5.2350	5.3846	5.5341	5.6837	5.8333	5.9829	6.1324
139	5.0077	5.1594	5.3111	5.4629	5.6146	5.7664	5.9181	6.0699	6.2216
140	5.0800	5.2339	5.3878	5.5418	5.6957	5.8497	6.0036	6.1575	6.3115
141	5.1528	5.3089	5.4651	5.6212	5.7774	5.9335	6.0897	6.2458	6.4020
142	5.2261	5.3845	5.5429	5.7013	5.8596	6.0180	6.1764	6.3347	6.4931
143	5.3000	5.4606	5.6212	5.7818	5.9424	6.1030	6.2637	6.4243	6.5849
144	5.3744	5.5373	5.7001	5.8630	6.0258	6.1887	6.3516	6.5144	6.6773
145	5.4493	5.6144	5.7796	5.9447	6.1098	6.2750	6.4401	6.6052	6.7703

续表5

检尺径/cm	检尺长/m								
	3.3	3.4	3.5	3.6	3.7	3.8	3.9	4.0	4.1
	材积/m^3								
146	5.5247	5.6921	5.8596	6.0270	6.1944	6.3618	6.5292	6.6966	6.8641
147	5.6007	5.7704	5.9401	6.1098	6.2795	6.4492	6.6190	6.7887	6.9584
148	5.6771	5.8492	6.0212	6.1932	6.3653	6.5373	6.7093	6.8814	7.0534
149	5.7541	5.9285	6.1028	6.2772	6.4516	6.6259	6.8003	6.9747	7.1490
150	5.8316	6.0083	6.1850	6.3617	6.5385	6.7152	6.8919	7.0686	7.2453
151	5.9096	6.0887	6.2678	6.4468	6.6259	6.8050	6.9841	7.1632	7.3422
152	5.9881	6.1696	6.3511	6.5325	6.7140	6.8954	7.0769	7.2584	7.4398
153	6.0672	6.2510	6.4349	6.6188	6.8026	6.9865	7.1703	7.3542	7.5380
154	6.1468	6.3330	6.5193	6.7056	6.8918	7.0781	7.2644	7.4506	7.6369
155	6.2268	6.4155	6.6042	6.7929	6.9816	7.1703	7.3590	7.5477	7.7364
156	6.3075	6.4986	6.6897	6.8809	7.0720	7.2631	7.4543	7.6454	7.8365
157	6.3886	6.5822	6.7758	6.9694	7.1630	7.3565	7.5501	7.7437	7.9373
158	6.4702	6.6663	6.8624	7.0584	7.2545	7.4506	7.6466	7.8427	8.0388
159	6.5524	6.7509	6.9495	7.1481	7.3466	7.5452	7.7437	7.9423	8.1408
160	6.6351	6.8361	7.0372	7.2382	7.4393	7.6404	7.8414	8.0425	8.2436
161	6.7183	6.9218	7.1254	7.3290	7.5326	7.7362	7.9398	8.1433	8.3469
162	6.8020	7.0081	7.2142	7.4203	7.6265	7.8326	8.0387	8.2448	8.4509

续表5

检尺径/cm	检尺长/m								
	3.3	3.4	3.5	3.6	3.7	3.8	3.9	4.0	4.1
	材积/m^3								
163	6.8862	7.0949	7.3036	7.5122	7.7209	7.9296	8.1382	8.3469	8.5556
164	6.9710	7.1822	7.3934	7.6047	7.8159	8.0272	8.2384	8.4496	8.6609
165	7.0562	7.2701	7.4839	7.6977	7.9115	8.1254	8.3392	8.5530	8.7668
166	7.1420	7.3584	7.5749	7.7913	8.0077	8.2241	8.4406	8.6570	8.8734
167	7.2283	7.4474	7.6664	7.8854	8.1045	8.3235	8.5426	8.7616	8.9806
168	7.3152	7.5368	7.7585	7.9802	8.2018	8.4235	8.6452	8.8669	9.0885
169	7.4025	7.6268	7.8511	8.0755	8.2998	8.5241	8.7484	8.9727	9.1970
170	7.4904	7.7173	7.9443	8.1713	8.3983	8.6253	8.8522	9.0792	9.3062
171	7.5787	7.8084	8.0381	8.2677	8.4974	8.7270	8.9567	9.1864	9.4160
172	7.6676	7.9000	8.1323	8.3647	8.5971	8.8294	9.0618	9.2941	9.5265
173	7.7571	7.9921	8.2272	8.4622	8.6973	8.9324	9.1674	9.4025	9.6376
174	7.8470	8.0848	8.3226	8.5604	8.7981	9.0359	9.2737	9.5115	9.7493
175	7.9374	8.1780	8.4185	8.6590	8.8996	9.1401	9.3806	9.6212	9.8617
176	8.0284	8.2717	8.5150	8.7583	9.0016	9.2448	9.4881	9.7314	9.9747
177	8.1199	8.3660	8.6120	8.8581	9.1041	9.3502	9.5963	9.8423	10.0884
178	8.2119	8.4608	8.7096	8.9585	9.2073	9.4562	9.7050	9.9538	10.2027
179	8.3045	8.5561	8.8078	9.0594	9.3111	9.5627	9.8144	10.0660	10.3177

续表5

检尺径/cm	检尺长/m								
	3.3	3.4	3.5	3.6	3.7	3.8	3.9	4.0	4.1
	材积/m^3								
180	8.3975	8.6520	8.9064	9.1609	9.4154	9.6698	9.9243	10.1788	10.4333
181	8.4911	8.7484	9.0057	9.2630	9.5203	9.7776	10.0349	10.2922	10.5495
182	8.5851	8.8453	9.1055	9.3656	9.6258	9.8859	10.1461	10.4062	10.6664
183	8.6797	8.9428	9.2058	9.4688	9.7318	9.9949	10.2579	10.5209	10.7839
184	8.7749	9.0408	9.3067	9.5726	9.8385	10.1044	10.3703	10.6362	10.9021
185	8.8705	9.1393	9.4081	9.6769	9.9457	10.2145	10.4833	10.7521	11.0209
186	8.9667	9.2384	9.5101	9.7818	10.0535	10.3252	10.5970	10.8687	11.1404
187	9.0633	9.3380	9.6126	9.8873	10.1619	10.4366	10.7112	10.9859	11.2605
188	9.1605	9.4381	9.7157	9.9933	10.2709	10.5485	10.8261	11.1037	11.3813
189	9.2582	9.5388	9.8193	10.0999	10.3805	10.6610	10.9416	11.2221	11.5027
190	9.3565	9.6400	9.9235	10.2071	10.4906	10.7741	11.0576	11.3412	11.6247
191	9.4552	9.7417	10.0283	10.3148	10.6013	10.8878	11.1743	11.4609	11.7474
192	9.5545	9.8440	10.1335	10.4231	10.7126	11.0021	11.2917	11.5812	11.8707
193	9.6543	9.9468	10.2394	10.5319	10.8245	11.1170	11.4096	11.7021	11.9947
194	9.7546	10.0502	10.3458	10.6414	10.9369	11.2325	11.5281	11.8237	12.1193
195	9.8554	10.1540	10.4527	10.7513	11.0500	11.3486	11.6473	11.9459	12.2446
196	9.9567	10.2585	10.5602	10.8619	11.1636	11.4653	11.7671	12.0688	12.3705

续表5

检尺径/cm	检尺长/m								
	3.3	3.4	3.5	3.6	3.7	3.8	3.9	4.0	4.1
	材积/m^3								
197	10.0586	10.3634	10.6682	10.9730	11.2778	11.5826	11.8874	12.1922	12.4970
198	10.1610	10.4689	10.7768	11.0847	11.3926	11.7005	12.0084	12.3163	12.6242
199	10.2639	10.5749	10.8859	11.1969	11.5080	11.8190	12.1300	12.4411	12.7521

续表5

检尺径/cm	检尺长/m								
	4.2	4.3	4.4	4.5	4.6	4.7	4.8	4.9	5.0
	材积/m^3								
10	0.0330	0.0338	0.0346	0.0353	0.0361	0.0369	0.0377	0.0385	0.0393
11	0.0399	0.0409	0.0418	0.0428	0.0437	0.0447	0.0456	0.0466	0.0475
12	0.0475	0.0486	0.0498	0.0509	0.0520	0.0532	0.0543	0.0554	0.0565
13	0.0557	0.0571	0.0584	0.0597	0.0611	0.0624	0.0637	0.0650	0.0664
14	0.0647	0.0662	0.0677	0.0693	0.0708	0.0724	0.0739	0.0754	0.0770
15	0.0742	0.0760	0.0778	0.0795	0.0813	0.0831	0.0848	0.0866	0.0884
16	0.0844	0.0865	0.0885	0.0905	0.0925	0.0945	0.0965	0.0985	0.1005
17	0.0953	0.0976	0.0999	0.1021	0.1044	0.1067	0.1090	0.1112	0.1135
18	0.1069	0.1094	0.1120	0.1145	0.1171	0.1196	0.1221	0.1247	0.1272
19	0.1191	0.1219	0.1248	0.1276	0.1304	0.1333	0.1361	0.1389	0.1418
20	0.1319	0.1351	0.1382	0.1414	0.1445	0.1477	0.1508	0.1539	0.1571
21	0.1455	0.1489	0.1524	0.1559	0.1593	0.1628	0.1663	0.1697	0.1732
22	0.1597	0.1635	0.1673	0.1711	0.1749	0.1787	0.1825	0.1863	0.1901
23	0.1745	0.1787	0.1828	0.1870	0.1911	0.1953	0.1994	0.2036	0.2077
24	0.1900	0.1945	0.1991	0.2036	0.2081	0.2126	0.2171	0.2217	0.2262
25	0.2062	0.2111	0.2160	0.2209	0.2258	0.2307	0.2356	0.2405	0.2454
26	0.2230	0.2283	0.2336	0.2389	0.2442	0.2495	0.2548	0.2602	0.2655

续表5

检尺径/cm	检尺长/m								
	4.2	4.3	4.4	4.5	4.6	4.7	4.8	4.9	5.0
	材积/m^3								
27	0.2405	0.2462	0.2519	0.2577	0.2634	0.2691	0.2748	0.2806	0.2863
28	0.2586	0.2648	0.2709	0.2771	0.2832	0.2894	0.2956	0.3017	0.3079
29	0.2774	0.2840	0.2906	0.2972	0.3038	0.3104	0.3171	0.3237	0.3303
30	0.2969	0.3039	0.3110	0.3181	0.3252	0.3322	0.3393	0.3464	0.3534
31	0.3170	0.3246	0.3321	0.3396	0.3472	0.3547	0.3623	0.3698	0.3774
32	0.3378	0.3458	0.3539	0.3619	0.3700	0.3780	0.3860	0.3941	0.4021
33	0.3592	0.3678	0.3763	0.3849	0.3934	0.4020	0.4105	0.4191	0.4277
34	0.3813	0.3904	0.3995	0.4086	0.4176	0.4267	0.4358	0.4449	0.4540
35	0.4041	0.4137	0.4233	0.4330	0.4426	0.4522	0.4618	0.4714	0.4811
36	0.4275	0.4377	0.4479	0.4580	0.4682	0.4784	0.4886	0.4988	0.5089
37	0.4516	0.4623	0.4731	0.4838	0.4946	0.5053	0.5161	0.5269	0.5376
38	0.4763	0.4877	0.4990	0.5104	0.5217	0.5330	0.5444	0.5557	0.5671
39	0.5017	0.5137	0.5256	0.5376	0.5495	0.5615	0.5734	0.5854	0.5973
40	0.5278	0.5404	0.5529	0.5655	0.5781	0.5906	0.6032	0.6158	0.6283
41	0.5545	0.5677	0.5809	0.5941	0.6073	0.6205	0.6337	0.6469	0.6601
42	0.5819	0.5957	0.6096	0.6235	0.6373	0.6512	0.6650	0.6789	0.6927
43	0.6099	0.6244	0.6390	0.6535	0.6680	0.6825	0.6971	0.7116	0.7261

续表5

检尺径/cm	检尺长/m								
	4.2	4.3	4.4	4.5	4.6	4.7	4.8	4.9	5.0
	材积/m³								
44	0.6386	0.6538	0.6690	0.6842	0.6994	0.7147	0.7299	0.7451	0.7603
45	0.6680	0.6839	0.6998	0.7157	0.7316	0.7475	0.7634	0.7793	0.7952
46	0.6980	0.7146	0.7312	0.7479	0.7645	0.7811	0.7977	0.8143	0.8310
47	0.7287	0.7460	0.7634	0.7807	0.7981	0.8154	0.8328	0.8501	0.8675
48	0.7600	0.7781	0.7962	0.8143	0.8324	0.8505	0.8686	0.8867	0.9048
49	0.7920	0.8109	0.8297	0.8486	0.8674	0.8863	0.9052	0.9240	0.9429
50	0.8247	0.8443	0.8639	0.8836	0.9032	0.9228	0.9425	0.9621	0.9817
51	0.8580	0.8784	0.8988	0.9193	0.9397	0.9601	0.9806	1.0010	1.0214
52	0.8920	0.9132	0.9344	0.9557	0.9769	0.9981	1.0194	1.0406	1.0619
53	0.9266	0.9487	0.9707	0.9928	1.0148	1.0369	1.0590	1.0810	1.1031
54	0.9619	0.9848	1.0077	1.0306	1.0535	1.0764	1.0993	1.1222	1.1451
55	0.9979	1.0216	1.0454	1.0691	1.0929	1.1166	1.1404	1.1642	1.1879
56	1.0345	1.0591	1.0837	1.1084	1.1330	1.1576	1.1822	1.2069	1.2315
57	1.0717	1.0973	1.1228	1.1483	1.1738	1.1993	1.2248	1.2504	1.2759
58	1.1097	1.1361	1.1625	1.1889	1.2154	1.2418	1.2682	1.2946	1.3210
59	1.1483	1.1756	1.2030	1.2303	1.2576	1.2850	1.3123	1.3396	1.3670
60	1.1875	1.2158	1.2441	1.2723	1.3006	1.3289	1.3572	1.3854	1.4137

续表5

检尺径/cm	检尺长/m								
	4.2	4.3	4.4	4.5	4.6	4.7	4.8	4.9	5.0
	材积/m³								
61	1.2274	1.2567	1.2859	1.3151	1.3443	1.3736	1.4028	1.4320	1.4612
62	1.2680	1.2982	1.3284	1.3586	1.3888	1.4190	1.4492	1.4793	1.5095
63	1.3092	1.3404	1.3716	1.4028	1.4339	1.4651	1.4963	1.5275	1.5586
64	1.3511	1.3833	1.4155	1.4476	1.4798	1.5120	1.5442	1.5763	1.6085
65	1.3937	1.4269	1.4601	1.4932	1.5264	1.5596	1.5928	1.6260	1.6592
66	1.4369	1.4711	1.5053	1.5395	1.5738	1.6080	1.6422	1.6764	1.7106
67	1.4808	1.5160	1.5513	1.5865	1.6218	1.6571	1.6923	1.7276	1.7628
68	1.5253	1.5616	1.5979	1.6343	1.6706	1.7069	1.7432	1.7795	1.8158
69	1.5705	1.6079	1.6453	1.6827	1.7201	1.7575	1.7949	1.8323	1.8696
70	1.6164	1.6548	1.6933	1.7318	1.7703	1.8088	1.8473	1.8857	1.9242
71	1.6629	1.7025	1.7420	1.7816	1.8212	1.8608	1.9004	1.9400	1.9796
72	1.7100	1.7508	1.7915	1.8322	1.8729	1.9136	1.9543	1.9950	2.0358
73	1.7579	1.7997	1.8416	1.8834	1.9253	1.9671	2.0090	2.0508	2.0927
74	1.8064	1.8494	1.8924	1.9354	1.9784	2.0214	2.0644	2.1074	2.1504
75	1.8555	1.8997	1.9439	1.9880	2.0322	2.0764	2.1206	2.1648	2.2089
76	1.9053	1.9507	1.9960	2.0414	2.0868	2.1321	2.1775	2.2229	2.2682
77	1.9558	2.0024	2.0489	2.0955	2.1421	2.1886	2.2352	2.2818	2.3283

续表5

检尺径/cm	检尺长/m								
	4.2	4.3	4.4	4.5	4.6	4.7	4.8	4.9	5.0
	材积/m³								
78	2.0069	2.0547	2.1025	2.1503	2.1981	2.2458	2.2936	2.3414	2.3892
79	2.0587	2.1077	2.1567	2.2058	2.2548	2.3038	2.3528	2.4018	2.4508
80	2.1112	2.1614	2.2117	2.2620	2.3122	2.3625	2.4127	2.4630	2.5133
81	2.1643	2.2158	2.2673	2.3189	2.3704	2.4219	2.4734	2.5250	2.5765
82	2.2180	2.2708	2.3237	2.3765	2.4293	2.4821	2.5349	2.5877	2.6405
83	2.2725	2.3266	2.3807	2.4348	2.4889	2.5430	2.5971	2.6512	2.7053
84	2.3275	2.3830	2.4384	2.4938	2.5492	2.6046	2.6601	2.7155	2.7709
85	2.3833	2.4400	2.4968	2.5535	2.6103	2.6670	2.7238	2.7805	2.8373
86	2.4397	2.4978	2.5559	2.6140	2.6721	2.7301	2.7882	2.8463	2.9044
87	2.4968	2.5562	2.6157	2.6751	2.7346	2.7940	2.8535	2.9129	2.9723
88	2.5545	2.6153	2.6761	2.7370	2.7978	2.8586	2.9194	2.9802	3.0411
89	2.6129	2.6751	2.7373	2.7995	2.8617	2.9239	2.9862	3.0484	3.1106
90	2.6719	2.7355	2.7992	2.8628	2.9264	2.9900	3.0536	3.1173	3.1809
91	2.7316	2.7967	2.8617	2.9268	2.9918	3.0568	3.1219	3.1869	3.2519
92	2.7920	2.8585	2.9250	2.9914	3.0579	3.1244	3.1909	3.2573	3.3238
93	2.8530	2.9210	2.9889	3.0568	3.1247	3.1927	3.2606	3.3285	3.3965
94	2.9147	2.9841	3.0535	3.1229	3.1923	3.2617	3.3311	3.4005	3.4699

续表5

检尺径/cm	检尺长/m								
	4.2	4.3	4.4	4.5	4.6	4.7	4.8	4.9	5.0
	材积/m^3								
95	2.9771	3.0479	3.1188	3.1897	3.2606	3.3315	3.4024	3.4732	3.5441
96	3.0401	3.1124	3.1848	3.2572	3.3296	3.4020	3.4744	3.5467	3.6191
97	3.1037	3.1776	3.2515	3.3254	3.3993	3.4732	3.5471	3.6210	3.6949
98	3.1681	3.2435	3.3189	3.3943	3.4698	3.5452	3.6206	3.6961	3.7715
99	3.2330	3.3100	3.3870	3.4640	3.5409	3.6179	3.6949	3.7719	3.8489
100	3.2987	3.3772	3.4558	3.5343	3.6128	3.6914	3.7699	3.8485	3.9270
101	3.3650	3.4451	3.5252	3.6053	3.6855	3.7656	3.8457	3.9258	4.0059
102	3.4319	3.5137	3.5954	3.6771	3.7588	3.8405	3.9222	4.0039	4.0857
103	3.4996	3.5829	3.6662	3.7495	3.8329	3.9162	3.9995	4.0828	4.1662
104	3.5679	3.6528	3.7378	3.8227	3.9076	3.9926	4.0775	4.1625	4.2474
105	3.6368	3.7234	3.8100	3.8966	3.9832	4.0697	4.1563	4.2429	4.3295
106	3.7064	3.7946	3.8829	3.9711	4.0594	4.1476	4.2359	4.3241	4.4124
107	3.7767	3.8666	3.9565	4.0464	4.1363	4.2263	4.3162	4.4061	4.4960
108	3.8476	3.9392	4.0308	4.1224	4.2140	4.3056	4.3972	4.4888	4.5805
109	3.9192	4.0125	4.1058	4.1991	4.2924	4.3857	4.4790	4.5724	4.6657
110	3.9914	4.0864	4.1815	4.2765	4.3715	4.4666	4.5616	4.6566	4.7517
111	4.0643	4.1611	4.2578	4.3546	4.4514	4.5481	4.6449	4.7417	4.8385

续表5

检尺径/cm	检尺长/m								
	4.2	4.3	4.4	4.5	4.6	4.7	4.8	4.9	5.0
	材积/m³								
112	4.1379	4.2364	4.3349	4.4334	4.5319	4.6305	4.7290	4.8275	4.9260
113	4.2121	4.3124	4.4127	4.5129	4.6132	4.7135	4.8138	4.9141	5.0144
114	4.2870	4.3890	4.4911	4.5932	4.6952	4.7973	4.8994	5.0015	5.1035
115	4.3625	4.4664	4.5702	4.6741	4.7780	4.8819	4.9857	5.0896	5.1935
116	4.4387	4.5444	4.6501	4.7558	4.8614	4.9671	5.0728	5.1785	5.2842
117	4.5156	4.6231	4.7306	4.8381	4.9456	5.0531	5.1606	5.2682	5.3757
118	4.5931	4.7024	4.8118	4.9212	5.0305	5.1399	5.2492	5.3586	5.4680
119	4.6713	4.7825	4.8937	5.0049	5.1161	5.2274	5.3386	5.4498	5.5610
120	4.7501	4.8632	4.9763	5.0894	5.2025	5.3156	5.4287	5.5418	5.6549
121	4.8296	4.9446	5.0596	5.1746	5.2896	5.4045	5.5195	5.6345	5.7495
122	4.9098	5.0267	5.1436	5.2605	5.3774	5.4942	5.6111	5.7280	5.8449
123	4.9906	5.1094	5.2282	5.3470	5.4659	5.5847	5.7035	5.8223	5.9412
124	5.0721	5.1928	5.3136	5.4343	5.5551	5.6759	5.7966	5.9174	6.0382
125	5.1542	5.2769	5.3996	5.5223	5.6451	5.7678	5.8905	6.0132	6.1359
126	5.2370	5.3617	5.4864	5.6111	5.7357	5.8604	5.9851	6.1098	6.2345
127	5.3204	5.4471	5.5738	5.7005	5.8271	5.9538	6.0805	6.2072	6.3339
128	5.4046	5.5332	5.6619	5.7906	5.9193	6.0480	6.1766	6.3053	6.4340

续表5

检尺径/cm	检尺长/m								
	4.2	4.3	4.4	4.5	4.6	4.7	4.8	4.9	5.0
	材积/m³								
129	5.4893	5.6200	5.7507	5.8814	6.0121	6.1428	6.2735	6.4042	6.5349
130	5.5748	5.7075	5.8402	5.9730	6.1057	6.2384	6.3712	6.5039	6.6366
131	5.6609	5.7956	5.9304	6.0652	6.2000	6.3348	6.4696	6.6043	6.7391
132	5.7476	5.8845	6.0213	6.1582	6.2950	6.4319	6.5687	6.7056	6.8424
133	5.8350	5.9740	6.1129	6.2518	6.3908	6.5297	6.6686	6.8075	6.9465
134	5.9231	6.0641	6.2052	6.3462	6.4872	6.6282	6.7693	6.9103	7.0513
135	6.0118	6.1550	6.2981	6.4413	6.5844	6.7275	6.8707	7.0138	7.1570
136	6.1012	6.2465	6.3918	6.5370	6.6823	6.8276	6.9728	7.1181	7.2634
137	6.1913	6.3387	6.4861	6.6335	6.7809	6.9284	7.0758	7.2232	7.3706
138	6.2820	6.4316	6.5811	6.7307	6.8803	7.0299	7.1794	7.3290	7.4786
139	6.3734	6.5251	6.6769	6.8286	6.9804	7.1321	7.2839	7.4356	7.5874
140	6.4654	6.6194	6.7733	6.9272	7.0812	7.2351	7.3890	7.5430	7.6969
141	6.5581	6.7143	6.8704	7.0265	7.1827	7.3388	7.4950	7.6511	7.8073
142	6.6515	6.8098	6.9682	7.1266	7.2849	7.4433	7.6017	7.7600	7.9184
143	6.7455	6.9061	7.0667	7.2273	7.3879	7.5485	7.7091	7.8697	8.0303
144	6.8401	7.0030	7.1659	7.3287	7.4916	7.6544	7.8173	7.9802	8.1430
145	6.9355	7.1006	7.2657	7.4309	7.5960	7.7611	7.9263	8.0914	8.2565

续表5

检尺径/cm	检尺长/m								
	4.2	4.3	4.4	4.5	4.6	4.7	4.8	4.9	5.0
	材积/m³								
146	7.0315	7.1989	7.3663	7.5337	7.7011	7.8685	8.0360	8.2034	8.3708
147	7.1281	7.2978	7.4676	7.6373	7.8070	7.9767	8.1464	8.3161	8.4859
148	7.2254	7.3975	7.5695	7.7415	7.9136	8.0856	8.2576	8.4297	8.6017
149	7.3234	7.4978	7.6721	7.8465	8.0209	8.1952	8.3696	8.5440	8.7183
150	7.4220	7.5987	7.7755	7.9522	8.1289	8.3056	8.4823	8.6590	8.8357
151	7.5213	7.7004	7.8795	8.0586	8.2376	8.4167	8.5958	8.7749	8.9540
152	7.6213	7.8027	7.9842	8.1656	8.3471	8.5286	8.7100	8.8915	9.0729
153	7.7219	7.9057	8.0896	8.2734	8.4573	8.6412	8.8250	9.0089	9.1927
154	7.8231	8.0094	8.1957	8.3819	8.5682	8.7545	8.9407	9.1270	9.3133
155	7.9251	8.1138	8.3025	8.4912	8.6798	8.8685	9.0572	9.2459	9.4346
156	8.0277	8.2188	8.4099	8.6011	8.7922	8.9833	9.1745	9.3656	9.5567
157	8.1309	8.3245	8.5181	8.7117	8.9053	9.0989	9.2925	9.4861	9.6797
158	8.2348	8.4309	8.6270	8.8230	9.0191	9.2152	9.4112	9.6073	9.8034
159	8.3394	8.5379	8.7365	8.9351	9.1336	9.3322	9.5307	9.7293	9.9278
160	8.4446	8.6457	8.8467	9.0478	9.2489	9.4499	9.6510	9.8521	10.0531
161	8.5505	8.7541	8.9577	9.1613	9.3648	9.5684	9.7720	9.9756	10.1792
162	8.6571	8.8632	9.0693	9.2754	9.4815	9.6877	9.8938	10.0999	10.3060

续表5

检尺径/cm	检尺长/m								
	4.2	4.3	4.4	4.5	4.6	4.7	4.8	4.9	5.0
	材积/m^3								
163	8.7643	8.9729	9.1816	9.3903	9.5990	9.8076	10.0163	10.2250	10.4336
164	8.8721	9.0834	9.2946	9.5059	9.7171	9.9283	10.1396	10.3508	10.5621
165	8.9807	9.1945	9.4083	9.6221	9.8360	10.0498	10.2636	10.4774	10.6913
166	9.0898	9.3063	9.5227	9.7391	9.9555	10.1720	10.3884	10.6048	10.8212
167	9.1997	9.4187	9.6378	9.8568	10.0758	10.2949	10.5139	10.7330	10.9520
168	9.3102	9.5319	9.7535	9.9752	10.1969	10.4186	10.6402	10.8619	11.0836
169	9.4214	9.6457	9.8700	10.0943	10.3186	10.5430	10.7673	10.9916	11.2159
170	9.5332	9.7602	9.9871	10.2141	10.4411	10.6681	10.8951	11.1220	11.3490
171	9.6457	9.8753	10.1050	10.3346	10.5643	10.7940	11.0236	11.2533	11.4829
172	9.7588	9.9912	10.2235	10.4559	10.6882	10.9206	11.1529	11.3853	11.6176
173	9.8726	10.1077	10.3427	10.5778	10.8129	11.0479	11.2830	11.5181	11.7531
174	9.9871	10.2249	10.4627	10.7004	10.9382	11.1760	11.4138	11.6516	11.8894
175	10.1022	10.3427	10.5833	10.8238	11.0643	11.3049	11.5454	11.7859	12.0264
176	10.2180	10.4613	10.7046	10.9478	11.1911	11.4344	11.6777	11.9210	12.1643
177	10.3344	10.5805	10.8266	11.0726	11.3187	11.5647	11.8108	12.0568	12.3029
178	10.4515	10.7004	10.9492	11.1981	11.4469	11.6958	11.9446	12.1935	12.4423
179	10.5693	10.8210	11.0726	11.3243	11.5759	11.8276	12.0792	12.3309	12.5825

续表5

检尺径/cm	检尺长/m								
	4.2	4.3	4.4	4.5	4.6	4.7	4.8	4.9	5.0
	材积/m^3								
180	10.6877	10.9422	11.1967	11.4511	11.7056	11.9601	12.2145	12.4690	12.7235
181	10.8068	11.0641	11.3214	11.5787	11.8360	12.0933	12.3506	12.6079	12.8652
182	10.9265	11.1867	11.4469	11.7070	11.9672	12.2273	12.4875	12.7476	13.0078
183	11.0469	11.3100	11.5730	11.8360	12.0990	12.3621	12.6251	12.8881	13.1511
184	11.1680	11.4339	11.6998	11.9657	12.2316	12.4975	12.7634	13.0293	13.2953
185	11.2897	11.5585	11.8273	12.0961	12.3649	12.6337	12.9026	13.1714	13.4402
186	11.4121	11.6838	11.9555	12.2273	12.4990	12.7707	13.0424	13.3141	13.5858
187	11.5352	11.8098	12.0844	12.3591	12.6337	12.9084	13.1830	13.4577	13.7323
188	11.6589	11.9364	12.2140	12.4916	12.7692	13.0468	13.3244	13.6020	13.8796
189	11.7832	12.0638	12.3443	12.6249	12.9054	13.1860	13.4665	13.7471	14.0276
190	11.9082	12.1918	12.4753	12.7588	13.0424	13.3259	13.6094	13.8929	14.1765
191	12.0339	12.3204	12.6070	12.8935	13.1800	13.4665	13.7530	14.0396	14.3261
192	12.1603	12.4498	12.7393	13.0288	13.3184	13.6079	13.8974	14.1870	14.4765
193	12.2873	12.5798	12.8724	13.1649	13.4575	13.7500	14.0426	14.3351	14.6277
194	12.4149	12.7105	13.0061	13.3017	13.5973	13.8929	14.1885	14.4841	14.7797
195	12.5432	12.8419	13.1405	13.4392	13.7378	14.0365	14.3351	14.6338	14.9324
196	12.6722	12.9739	13.2756	13.5774	13.8791	14.1808	14.4825	14.7842	15.0860

续表5

检尺径/cm	检尺长/m								
	4.2	4.3	4.4	4.5	4.6	4.7	4.8	4.9	5.0
	材积/m^3								
197	12.8018	13.1067	13.4115	13.7163	14.0211	14.3259	14.6307	14.9355	15.2403
198	12.9321	13.2401	13.5480	13.8559	14.1638	14.4717	14.7796	15.0875	15.3954
199	13.0631	13.3741	13.6852	13.9962	14.3072	14.6182	14.9293	15.2403	15.5513

续表5

检尺径/cm	检尺长/m								
	5.1	5.2	5.3	5.4	5.5	5.6	5.7	5.8	5.9
	材积/m^3								
10	0.0401	0.0408	0.0416	0.0424	0.0432	0.0440	0.0448	0.0456	0.0463
11	0.0485	0.0494	0.0504	0.0513	0.0523	0.0532	0.0542	0.0551	0.0561
12	0.0577	0.0588	0.0599	0.0611	0.0622	0.0633	0.0645	0.0656	0.0667
13	0.0677	0.0690	0.0703	0.0717	0.0730	0.0743	0.0757	0.0770	0.0783
14	0.0785	0.0800	0.0816	0.0831	0.0847	0.0862	0.0877	0.0893	0.0908
15	0.0901	0.0919	0.0937	0.0954	0.0972	0.0990	0.1007	0.1025	0.1043
16	0.1025	0.1046	0.1066	0.1086	0.1106	0.1126	0.1146	0.1166	0.1186
17	0.1158	0.1180	0.1203	0.1226	0.1248	0.1271	0.1294	0.1316	0.1339
18	0.1298	0.1323	0.1349	0.1374	0.1400	0.1425	0.1450	0.1476	0.1501
19	0.1446	0.1474	0.1503	0.1531	0.1559	0.1588	0.1616	0.1644	0.1673
20	0.1602	0.1634	0.1665	0.1696	0.1728	0.1759	0.1791	0.1822	0.1854
21	0.1766	0.1801	0.1836	0.1870	0.1905	0.1940	0.1974	0.2009	0.2044
22	0.1939	0.1977	0.2015	0.2053	0.2091	0.2129	0.2167	0.2205	0.2243
23	0.2119	0.2160	0.2202	0.2244	0.2285	0.2327	0.2368	0.2410	0.2451
24	0.2307	0.2352	0.2398	0.2443	0.2488	0.2533	0.2579	0.2624	0.2669
25	0.2503	0.2553	0.2602	0.2651	0.2700	0.2749	0.2798	0.2847	0.2896
26	0.2708	0.2761	0.2814	0.2867	0.2920	0.2973	0.3026	0.3079	0.3132

续表5

检尺径/cm	检尺长/m								
	5.1	5.2	5.3	5.4	5.5	5.6	5.7	5.8	5.9
	材积/m^3								
27	0.2920	0.2977	0.3035	0.3092	0.3149	0.3206	0.3264	0.3321	0.3378
28	0.3140	0.3202	0.3263	0.3325	0.3387	0.3448	0.3510	0.3571	0.3633
29	0.3369	0.3435	0.3501	0.3567	0.3633	0.3699	0.3765	0.3831	0.3897
30	0.3605	0.3676	0.3746	0.3817	0.3888	0.3958	0.4029	0.4100	0.4170
31	0.3849	0.3925	0.4000	0.4076	0.4151	0.4227	0.4302	0.4378	0.4453
32	0.4102	0.4182	0.4263	0.4343	0.4423	0.4504	0.4584	0.4665	0.4745
33	0.4362	0.4448	0.4533	0.4619	0.4704	0.4790	0.4875	0.4961	0.5046
34	0.4630	0.4721	0.4812	0.4903	0.4994	0.5084	0.5175	0.5266	0.5357
35	0.4907	0.5003	0.5099	0.5195	0.5292	0.5388	0.5484	0.5580	0.5676
36	0.5191	0.5293	0.5395	0.5497	0.5598	0.5700	0.5802	0.5904	0.6005
37	0.5484	0.5591	0.5699	0.5806	0.5914	0.6021	0.6129	0.6236	0.6344
38	0.5784	0.5897	0.6011	0.6124	0.6238	0.6351	0.6464	0.6578	0.6691
39	0.6092	0.6212	0.6331	0.6451	0.6570	0.6690	0.6809	0.6929	0.7048
40	0.6409	0.6535	0.6660	0.6786	0.6912	0.7037	0.7163	0.7289	0.7414
41	0.6733	0.6865	0.6997	0.7129	0.7261	0.7393	0.7525	0.7657	0.7790
42	0.7066	0.7204	0.7343	0.7481	0.7620	0.7758	0.7897	0.8036	0.8174
43	0.7406	0.7551	0.7697	0.7842	0.7987	0.8132	0.8278	0.8423	0.8568

续表5

检尺径/cm	检尺长/m								
	5.1	5.2	5.3	5.4	5.5	5.6	5.7	5.8	5.9
	材积/m^3								
44	0.7755	0.7907	0.8059	0.8211	0.8363	0.8515	0.8667	0.8819	0.8971
45	0.8111	0.8270	0.8429	0.8588	0.8747	0.8906	0.9065	0.9225	0.9384
46	0.8476	0.8642	0.8808	0.8974	0.9140	0.9307	0.9473	0.9639	0.9805
47	0.8848	0.9022	0.9195	0.9369	0.9542	0.9716	0.9889	1.0063	1.0236
48	0.9229	0.9410	0.9591	0.9772	0.9953	1.0134	1.0315	1.0495	1.0676
49	0.9617	0.9806	0.9994	1.0183	1.0372	1.0560	1.0749	1.0937	1.1126
50	1.0014	1.0210	1.0407	1.0603	1.0799	1.0996	1.1192	1.1388	1.1585
51	1.0418	1.0623	1.0827	1.1031	1.1236	1.1440	1.1644	1.1848	1.2053
52	1.0831	1.1043	1.1256	1.1468	1.1680	1.1893	1.2105	1.2318	1.2530
53	1.1252	1.1472	1.1693	1.1913	1.2134	1.2355	1.2575	1.2796	1.3017
54	1.1680	1.1909	1.2138	1.2367	1.2596	1.2825	1.3054	1.3283	1.3512
55	1.2117	1.2354	1.2592	1.2830	1.3067	1.3305	1.3542	1.3780	1.4017
56	1.2561	1.2808	1.3054	1.3300	1.3547	1.3793	1.4039	1.4285	1.4532
57	1.3014	1.3269	1.3524	1.3780	1.4035	1.4290	1.4545	1.4800	1.5055
58	1.3475	1.3739	1.4003	1.4267	1.4531	1.4796	1.5060	1.5324	1.5588
59	1.3943	1.4217	1.4490	1.4763	1.5037	1.5310	1.5584	1.5857	1.6130
60	1.4420	1.4703	1.4985	1.5268	1.5551	1.5834	1.6116	1.6399	1.6682

续表5

检尺径/cm	检尺长/m								
	5.1	5.2	5.3	5.4	5.5	5.6	5.7	5.8	5.9
	材积/m³								
61	1.4905	1.5197	1.5489	1.5781	1.6074	1.6366	1.6658	1.6950	1.7243
62	1.5397	1.5699	1.6001	1.6303	1.6605	1.6907	1.7209	1.7511	1.7813
63	1.5898	1.6210	1.6521	1.6833	1.7145	1.7457	1.7768	1.8080	1.8392
64	1.6407	1.6728	1.7050	1.7372	1.7693	1.8015	1.8337	1.8659	1.8980
65	1.6923	1.7255	1.7587	1.7919	1.8251	1.8583	1.8914	1.9246	1.9578
66	1.7448	1.7790	1.8132	1.8474	1.8817	1.9159	1.9501	1.9843	2.0185
67	1.7981	1.8333	1.8686	1.9039	1.9391	1.9744	2.0096	2.0449	2.0801
68	1.8522	1.8885	1.9248	1.9611	1.9974	2.0337	2.0701	2.1064	2.1427
69	1.9070	1.9444	1.9818	2.0192	2.0566	2.0940	2.1314	2.1688	2.2062
70	1.9627	2.0012	2.0397	2.0782	2.1167	2.1551	2.1936	2.2321	2.2706
71	2.0192	2.0588	2.0984	2.1380	2.1776	2.2172	2.2567	2.2963	2.3359
72	2.0765	2.1172	2.1579	2.1986	2.2393	2.2800	2.3208	2.3615	2.4022
73	2.1346	2.1764	2.2183	2.2601	2.3020	2.3438	2.3857	2.4275	2.4694
74	2.1934	2.2364	2.2795	2.3225	2.3655	2.4085	2.4515	2.4945	2.5375
75	2.2531	2.2973	2.3415	2.3857	2.4298	2.4740	2.5182	2.5624	2.6065
76	2.3136	2.3590	2.4043	2.4497	2.4951	2.5404	2.5858	2.6312	2.6765
77	2.3749	2.4215	2.4680	2.5146	2.5612	2.6077	2.6543	2.7008	2.7474

续表5

检尺径/cm	检尺长/m								
	5.1	5.2	5.3	5.4	5.5	5.6	5.7	5.8	5.9
	材积/m³								
78	2.4370	2.4848	2.5325	2.5803	2.6281	2.6759	2.7237	2.7715	2.8192
79	2.4999	2.5489	2.5979	2.6469	2.6959	2.7449	2.7940	2.8430	2.8920
80	2.5635	2.6138	2.6641	2.7143	2.7646	2.8149	2.8651	2.9154	2.9657
81	2.6280	2.6796	2.7311	2.7826	2.8342	2.8857	2.9372	2.9887	3.0403
82	2.6933	2.7461	2.7989	2.8518	2.9046	2.9574	3.0102	3.0630	3.1158
83	2.7594	2.8135	2.8676	2.9217	2.9758	3.0299	3.0841	3.1382	3.1923
84	2.8263	2.8817	2.9371	2.9926	3.0480	3.1034	3.1588	3.2142	3.2697
85	2.8940	2.9507	3.0075	3.0642	3.1210	3.1777	3.2345	3.2912	3.3480
86	2.9625	3.0206	3.0787	3.1368	3.1949	3.2529	3.3110	3.3691	3.4272
87	3.0318	3.0912	3.1507	3.2101	3.2696	3.3290	3.3885	3.4479	3.5074
88	3.1019	3.1627	3.2235	3.2844	3.3452	3.4060	3.4668	3.5276	3.5885
89	3.1728	3.2350	3.2972	3.3594	3.4216	3.4838	3.5461	3.6083	3.6705
90	3.2445	3.3081	3.3717	3.4353	3.4990	3.5626	3.6262	3.6898	3.7534
91	3.3170	3.3820	3.4471	3.5121	3.5771	3.6422	3.7072	3.7723	3.8373
92	3.3903	3.4568	3.5232	3.5897	3.6562	3.7227	3.7891	3.8556	3.9221
93	3.4644	3.5323	3.6003	3.6682	3.7361	3.8040	3.8720	3.9399	4.0078
94	3.5393	3.6087	3.6781	3.7475	3.8169	3.8863	3.9557	4.0251	4.0945

续表5

检尺径/cm	检尺长/m								
	5.1	5.2	5.3	5.4	5.5	5.6	5.7	5.8	5.9
	材积/m^3								
95	3.6150	3.6859	3.7568	3.8276	3.8985	3.9694	4.0403	4.1112	4.1821
96	3.6915	3.7639	3.8363	3.9087	3.9810	4.0534	4.1258	4.1982	4.2706
97	3.7688	3.8427	3.9166	3.9905	4.0644	4.1383	4.2122	4.2861	4.3600
98	3.8469	3.9224	3.9978	4.0732	4.1486	4.2241	4.2995	4.3749	4.4504
99	3.9258	4.0028	4.0798	4.1568	4.2337	4.3107	4.3877	4.4647	4.5416
100	4.0055	4.0841	4.1626	4.2412	4.3197	4.3982	4.4768	4.5553	4.6339
101	4.0861	4.1662	4.2463	4.3264	4.4065	4.4866	4.5668	4.6469	4.7270
102	4.1674	4.2491	4.3308	4.4125	4.4942	4.5759	4.6576	4.7394	4.8211
103	4.2495	4.3328	4.4161	4.4994	4.5828	4.6661	4.7494	4.8327	4.9161
104	4.3324	4.4173	4.5023	4.5872	4.6722	4.7571	4.8421	4.9270	5.0120
105	4.4161	4.5027	4.5893	4.6759	4.7625	4.8491	4.9356	5.0222	5.1088
106	4.5006	4.5889	4.6771	4.7654	4.8536	4.9419	5.0301	5.1184	5.2066
107	4.5859	4.6759	4.7658	4.8557	4.9456	5.0355	5.1255	5.2154	5.3053
108	4.6721	4.7637	4.8553	4.9469	5.0385	5.1301	5.2217	5.3133	5.4049
109	4.7590	4.8523	4.9456	5.0389	5.1322	5.2255	5.3189	5.4122	5.5055
110	4.8467	4.9417	5.0368	5.1318	5.2268	5.3219	5.4169	5.5119	5.6070
111	4.9352	5.0320	5.1288	5.2255	5.3223	5.4191	5.5158	5.6126	5.7094

续表5

检尺径/cm	检尺长/m								
	5.1	5.2	5.3	5.4	5.5	5.6	5.7	5.8	5.9
	材积/m^3								
112	5.0245	5.1231	5.2216	5.3201	5.4186	5.5172	5.6157	5.7142	5.8127
113	5.1147	5.2150	5.3152	5.4155	5.5158	5.6161	5.7164	5.8167	5.9170
114	5.2056	5.3077	5.4097	5.5118	5.6139	5.7160	5.8180	5.9201	6.0222
115	5.2973	5.4012	5.5051	5.6089	5.7128	5.8167	5.9205	6.0244	6.1283
116	5.3899	5.4955	5.6012	5.7069	5.8126	5.9183	6.0240	6.1296	6.2353
117	5.4832	5.5907	5.6982	5.8057	5.9132	6.0208	6.1283	6.2358	6.3433
118	5.5773	5.6867	5.7960	5.9054	6.0148	6.1241	6.2335	6.3428	6.4522
119	5.6722	5.7835	5.8947	6.0059	6.1171	6.2283	6.3396	6.4508	6.5620
120	5.7680	5.8811	5.9942	6.1073	6.2204	6.3335	6.4466	6.5597	6.6728
121	5.8645	5.9795	6.0945	6.2095	6.3245	6.4395	6.5545	6.6694	6.7844
122	5.9618	6.0787	6.1956	6.3125	6.4294	6.5463	6.6632	6.7801	6.8970
123	6.0600	6.1788	6.2976	6.4165	6.5353	6.6541	6.7729	6.8917	7.0106
124	6.1589	6.2797	6.4004	6.5212	6.6420	6.7627	6.8835	7.0043	7.1250
125	6.2587	6.3814	6.5041	6.6268	6.7495	6.8722	6.9950	7.1177	7.2404
126	6.3592	6.4839	6.6086	6.7333	6.8580	6.9826	7.1073	7.2320	7.3567
127	6.4605	6.5872	6.7139	6.8406	6.9672	7.0939	7.2206	7.3473	7.4740
128	6.5627	6.6914	6.8200	6.9487	7.0774	7.2061	7.3348	7.4634	7.5921

续表5

检尺径/cm	检尺长/m								
	5.1	5.2	5.3	5.4	5.5	5.6	5.7	5.8	5.9
	材积/m³								
129	6.6656	6.7963	6.9270	7.0577	7.1884	7.3191	7.4498	7.5805	7.7112
130	6.7694	6.9021	7.0348	7.1676	7.3003	7.4330	7.5658	7.6985	7.8312
131	6.8739	7.0087	7.1435	7.2783	7.4130	7.5478	7.6826	7.8174	7.9522
132	6.9793	7.1161	7.2529	7.3898	7.5266	7.6635	7.8003	7.9372	8.0740
133	7.0854	7.2243	7.3633	7.5022	7.6411	7.7800	7.9190	8.0579	8.1968
134	7.1923	7.3334	7.4744	7.6154	7.7565	7.8975	8.0385	8.1795	8.3206
135	7.3001	7.4432	7.5864	7.7295	7.8727	8.0158	8.1589	8.3021	8.4452
136	7.4086	7.5539	7.6992	7.8444	7.9897	8.1350	8.2803	8.4255	8.5708
137	7.5180	7.6654	7.8128	7.9602	8.1076	8.2551	8.4025	8.5499	8.6973
138	7.6282	7.7777	7.9273	8.0769	8.2264	8.3760	8.5256	8.6752	8.8247
139	7.7391	7.8909	8.0426	8.1943	8.3461	8.4978	8.6496	8.8013	8.9531
140	7.8509	8.0048	8.1587	8.3127	8.4666	8.6206	8.7745	8.9284	9.0824
141	7.9634	8.1196	8.2757	8.4319	8.5880	8.7441	8.9003	9.0564	9.2126
142	8.0768	8.2351	8.3935	8.5519	8.7102	8.8686	9.0270	9.1853	9.3437
143	8.1909	8.3515	8.5121	8.6727	8.8334	8.9940	9.1546	9.3152	9.4758
144	8.3059	8.4687	8.6316	8.7945	8.9573	9.1202	9.2831	9.4459	9.6088
145	8.4216	8.5868	8.7519	8.9170	9.0822	9.2473	9.4124	9.5776	9.7427

续表5

检尺径/cm	检尺长/m								
	5.1	5.2	5.3	5.4	5.5	5.6	5.7	5.8	5.9
	材积/m^3								
146	8.5382	8.7056	8.8730	9.0405	9.2079	9.3753	9.5427	9.7101	9.8775
147	8.6556	8.8253	8.9950	9.1647	9.3344	9.5042	9.6739	9.8436	10.0133
148	8.7737	8.9458	9.1178	9.2898	9.4619	9.6339	9.8059	9.9780	10.1500
149	8.8927	9.0671	9.2414	9.4158	9.5902	9.7645	9.9389	10.1133	10.2876
150	9.0125	9.1892	9.3659	9.5426	9.7193	9.8960	10.0728	10.2495	10.4262
151	9.1330	9.3121	9.4912	9.6703	9.8493	10.0284	10.2075	10.3866	10.5657
152	9.2544	9.4359	9.6173	9.7988	9.9802	10.1617	10.3432	10.5246	10.7061
153	9.3766	9.5604	9.7443	9.9281	10.1120	10.2958	10.4797	10.6635	10.8474
154	9.4995	9.6858	9.8721	10.0583	10.2446	10.4309	10.6171	10.8034	10.9897
155	9.6233	9.8120	10.0007	10.1894	10.3781	10.5668	10.7555	10.9442	11.1328
156	9.7479	9.9390	10.1302	10.3213	10.5124	10.7036	10.8947	11.0858	11.2770
157	9.8733	10.0668	10.2604	10.4540	10.6476	10.8412	11.0348	11.2284	11.4220
158	9.9994	10.1955	10.3916	10.5876	10.7837	10.9798	11.1758	11.3719	11.5680
159	10.1264	10.3250	10.5235	10.7221	10.9206	11.1192	11.3177	11.5163	11.7149
160	10.2542	10.4552	10.6563	10.8574	11.0584	11.2595	11.4606	11.6616	11.8627
161	10.3828	10.5863	10.7899	10.9935	11.1971	11.4007	11.6043	11.8078	12.0114
162	10.5121	10.7183	10.9244	11.1305	11.3366	11.5427	11.7489	11.9550	12.1611

续表5

检尺径/cm	检尺长/m								
	5.1	5.2	5.3	5.4	5.5	5.6	5.7	5.8	5.9
	材积/m³								
163	10.6423	10.8510	11.0597	11.2683	11.4770	11.6857	11.8944	12.1030	12.3117
164	10.7733	10.9845	11.1958	11.4070	11.6183	11.8295	12.0407	12.2520	12.4632
165	10.9051	11.1189	11.3327	11.5466	11.7604	11.9742	12.1880	12.4019	12.6157
166	11.0377	11.2541	11.4705	11.6869	11.9034	12.1198	12.3362	12.5526	12.7691
167	11.1711	11.3901	11.6091	11.8282	12.0472	12.2663	12.4853	12.7043	12.9234
168	11.3052	11.5269	11.7486	11.9702	12.1919	12.4136	12.6353	12.8569	13.0786
169	11.4402	11.6645	11.8889	12.1132	12.3375	12.5618	12.7861	13.0104	13.2348
170	11.5760	11.8030	12.0300	12.2570	12.4839	12.7109	12.9379	13.1649	13.3919
171	11.7126	11.9423	12.1719	12.4016	12.6312	12.8609	13.0906	13.3202	13.5499
172	11.8500	12.0823	12.3147	12.5470	12.7794	13.0118	13.2441	13.4765	13.7088
173	11.9882	12.2232	12.4583	12.6934	12.9284	13.1635	13.3986	13.6336	13.8687
174	12.1272	12.3650	12.6027	12.8405	13.0783	13.3161	13.5539	13.7917	14.0295
175	12.2670	12.5075	12.7480	12.9886	13.2291	13.4696	13.7101	13.9507	14.1912
176	12.4076	12.6508	12.8941	13.1374	13.3807	13.6240	13.8673	14.1106	14.3538
177	12.5490	12.7950	13.0411	13.2871	13.5332	13.7792	14.0253	14.2714	14.5174
178	12.6912	12.9400	13.1888	13.4377	13.6865	13.9354	14.1842	14.4331	14.6819
179	12.8342	13.0858	13.3375	13.5891	13.8408	14.0924	14.3441	14.5957	14.8474

续表5

检尺径/cm	检尺长/m								
	5.1	5.2	5.3	5.4	5.5	5.6	5.7	5.8	5.9
	材积/m^3								
180	12.9779	13.2324	13.4869	13.7414	13.9958	14.2503	14.5048	14.7592	15.0137
181	13.1225	13.3799	13.6372	13.8945	14.1518	14.4091	14.6664	14.9237	15.1810
182	13.2680	13.5281	13.7883	14.0484	14.3086	14.5687	14.8289	15.0890	15.3492
183	13.4142	13.6772	13.9402	14.2032	14.4662	14.7293	14.9923	15.2553	15.5183
184	13.5612	13.8271	14.0930	14.3589	14.6248	14.8907	15.1566	15.4225	15.6884
185	13.7090	13.9778	14.2466	14.5154	14.7842	15.0530	15.3218	15.5906	15.8594
186	13.8576	14.1293	14.4010	14.6727	14.9444	15.2162	15.4879	15.7596	16.0313
187	14.0070	14.2816	14.5563	14.8309	15.1056	15.3802	15.6549	15.9295	16.2041
188	14.1572	14.4348	14.7124	14.9900	15.2675	15.5451	15.8227	16.1003	16.3779
189	14.3082	14.5887	14.8693	15.1498	15.4304	15.7110	15.9915	16.2721	16.5526
190	14.4600	14.7435	15.0271	15.3106	15.5941	15.8776	16.1612	16.4447	16.7282
191	14.6126	14.8991	15.1857	15.4722	15.7587	16.0452	16.3317	16.6183	16.9048
192	14.7660	15.0556	15.3451	15.6346	15.9241	16.2137	16.5032	16.7927	17.0823
193	14.9202	15.2128	15.5053	15.7979	16.0905	16.3830	16.6756	16.9681	17.2607
194	15.0753	15.3708	15.6664	15.9620	16.2576	16.5532	16.8488	17.1444	17.4400
195	15.2311	15.5297	15.8284	16.1270	16.4257	16.7243	17.0230	17.3216	17.6203
196	15.3877	15.6894	15.9911	16.2928	16.5946	16.8963	17.1980	17.4997	17.8014

续表5

检尺径/cm	检尺长/m								
	5.1	5.2	5.3	5.4	5.5	5.6	5.7	5.8	5.9
	材积/m^3								
197	15.5451	15.8499	16.1547	16.4595	16.7643	17.0691	17.3739	17.6787	17.9835
198	15.7033	16.0112	16.3191	16.6270	16.9350	17.2429	17.5508	17.8587	18.1666
199	15.8623	16.1734	16.4844	16.7954	17.1064	17.4175	17.7285	18.0395	18.3505

续表5

检尺径/cm	检尺长/m								
	6.0	6.1	6.2	6.3	6.4	6.5	6.6	6.7	6.8
	材积/m^3								
10	0.0471	0.0479	0.0487	0.0495	0.0503	0.0511	0.0518	0.0526	0.0534
11	0.0570	0.0580	0.0589	0.0599	0.0608	0.0618	0.0627	0.0637	0.0646
12	0.0679	0.0690	0.0701	0.0713	0.0724	0.0735	0.0746	0.0758	0.0769
13	0.0796	0.0810	0.0823	0.0836	0.0849	0.0863	0.0876	0.0889	0.0903
14	0.0924	0.0939	0.0954	0.0970	0.0985	0.1001	0.1016	0.1031	0.1047
15	0.1060	0.1078	0.1096	0.1113	0.1131	0.1149	0.1166	0.1184	0.1202
16	0.1206	0.1226	0.1247	0.1267	0.1287	0.1307	0.1327	0.1347	0.1367
17	0.1362	0.1385	0.1407	0.1430	0.1453	0.1475	0.1498	0.1521	0.1543
18	0.1527	0.1552	0.1578	0.1603	0.1629	0.1654	0.1679	0.1705	0.1730
19	0.1701	0.1730	0.1758	0.1786	0.1815	0.1843	0.1871	0.1900	0.1928
20	0.1885	0.1916	0.1948	0.1979	0.2011	0.2042	0.2073	0.2105	0.2136
21	0.2078	0.2113	0.2147	0.2182	0.2217	0.2251	0.2286	0.2321	0.2355
22	0.2281	0.2319	0.2357	0.2395	0.2433	0.2471	0.2509	0.2547	0.2585
23	0.2493	0.2534	0.2576	0.2618	0.2659	0.2701	0.2742	0.2784	0.2825
24	0.2714	0.2760	0.2805	0.2850	0.2895	0.2941	0.2986	0.3031	0.3076
25	0.2945	0.2994	0.3043	0.3093	0.3142	0.3191	0.3240	0.3289	0.3338
26	0.3186	0.3239	0.3292	0.3345	0.3398	0.3451	0.3504	0.3557	0.3610

续表5

检尺径/cm	检尺长/m								
	6.0	6.1	6.2	6.3	6.4	6.5	6.6	6.7	6.8
	材积/m^3								
27	0.3435	0.3493	0.3550	0.3607	0.3664	0.3722	0.3779	0.3836	0.3893
28	0.3695	0.3756	0.3818	0.3879	0.3941	0.4002	0.4064	0.4126	0.4187
29	0.3963	0.4029	0.4095	0.4161	0.4227	0.4293	0.4359	0.4425	0.4492
30	0.4241	0.4312	0.4383	0.4453	0.4524	0.4595	0.4665	0.4736	0.4807
31	0.4529	0.4604	0.4680	0.4755	0.4831	0.4906	0.4981	0.5057	0.5132
32	0.4825	0.4906	0.4986	0.5067	0.5147	0.5228	0.5308	0.5388	0.5469
33	0.5132	0.5217	0.5303	0.5388	0.5474	0.5559	0.5645	0.5731	0.5816
34	0.5448	0.5538	0.5629	0.5720	0.5811	0.5901	0.5992	0.6083	0.6174
35	0.5773	0.5869	0.5965	0.6061	0.6158	0.6254	0.6350	0.6446	0.6542
36	0.6107	0.6209	0.6311	0.6413	0.6514	0.6616	0.6718	0.6820	0.6922
37	0.6451	0.6559	0.6666	0.6774	0.6881	0.6989	0.7096	0.7204	0.7311
38	0.6805	0.6918	0.7032	0.7145	0.7258	0.7372	0.7485	0.7599	0.7712
39	0.7168	0.7287	0.7406	0.7526	0.7645	0.7765	0.7884	0.8004	0.8123
40	0.7540	0.7666	0.7791	0.7917	0.8042	0.8168	0.8294	0.8419	0.8545
41	0.7922	0.8054	0.8186	0.8318	0.8450	0.8582	0.8714	0.8846	0.8978
42	0.8313	0.8451	0.8590	0.8728	0.8867	0.9005	0.9144	0.9282	0.9421
43	0.8713	0.8858	0.9004	0.9149	0.9294	0.9439	0.9585	0.9730	0.9875

续表5

检尺径/cm	检尺长/m								
	6.0	6.1	6.2	6.3	6.4	6.5	6.6	6.7	6.8
	材积/m^3								
44	0.9123	0.9275	0.9427	0.9579	0.9731	0.9883	1.0036	1.0188	1.0340
45	0.9543	0.9702	0.9861	1.0020	1.0179	1.0338	1.0497	1.0656	1.0815
46	0.9971	1.0138	1.0304	1.0470	1.0636	1.0802	1.0969	1.1135	1.1301
47	1.0410	1.0583	1.0757	1.0930	1.1104	1.1277	1.1451	1.1624	1.1798
48	1.0857	1.1038	1.1219	1.1400	1.1581	1.1762	1.1943	1.2124	1.2305
49	1.1314	1.1503	1.1692	1.1880	1.2069	1.2257	1.2446	1.2634	1.2823
50	1.1781	1.1977	1.2174	1.2370	1.2566	1.2763	1.2959	1.3155	1.3352
51	1.2257	1.2461	1.2666	1.2870	1.3074	1.3278	1.3483	1.3687	1.3891
52	1.2742	1.2955	1.3167	1.3379	1.3592	1.3804	1.4017	1.4229	1.4441
53	1.3237	1.3458	1.3678	1.3899	1.4120	1.4340	1.4561	1.4781	1.5002
54	1.3741	1.3970	1.4199	1.4428	1.4657	1.4886	1.5115	1.5345	1.5574
55	1.4255	1.4493	1.4730	1.4968	1.5205	1.5443	1.5681	1.5918	1.6156
56	1.4778	1.5024	1.5271	1.5517	1.5763	1.6010	1.6256	1.6502	1.6748
57	1.5311	1.5566	1.5821	1.6076	1.6331	1.6586	1.6842	1.7097	1.7352
58	1.5853	1.6117	1.6381	1.6645	1.6909	1.7174	1.7438	1.7702	1.7966
59	1.6404	1.6677	1.6951	1.7224	1.7497	1.7771	1.8044	1.8318	1.8591
60	1.6965	1.7247	1.7530	1.7813	1.8096	1.8378	1.8661	1.8944	1.9227

续表5

检尺径/cm	检尺长/m								
	6.0	6.1	6.2	6.3	6.4	6.5	6.6	6.7	6.8
	材积/m^3								
61	1.7535	1.7827	1.8119	1.8412	1.8704	1.8996	1.9288	1.9581	1.9873
62	1.8114	1.8416	1.8718	1.9020	1.9322	1.9624	1.9926	2.0228	2.0530
63	1.8704	1.9015	1.9327	1.9639	1.9950	2.0262	2.0574	2.0886	2.1197
64	1.9302	1.9624	1.9945	2.0267	2.0589	2.0910	2.1232	2.1554	2.1876
65	1.9910	2.0242	2.0574	2.0905	2.1237	2.1569	2.1901	2.2233	2.2565
66	2.0527	2.0869	2.1211	2.1554	2.1896	2.2238	2.2580	2.2922	2.3264
67	2.1154	2.1507	2.1859	2.2212	2.2564	2.2917	2.3269	2.3622	2.3974
68	2.1790	2.2153	2.2516	2.2880	2.3243	2.3606	2.3969	2.4332	2.4695
69	2.2436	2.2810	2.3184	2.3558	2.3931	2.4305	2.4679	2.5053	2.5427
70	2.3091	2.3476	2.3860	2.4245	2.4630	2.5015	2.5400	2.5785	2.6170
71	2.3755	2.4151	2.4547	2.4943	2.5339	2.5735	2.6131	2.6527	2.6923
72	2.4429	2.4836	2.5243	2.5651	2.6058	2.6465	2.6872	2.7279	2.7686
73	2.5112	2.5531	2.5949	2.6368	2.6787	2.7205	2.7624	2.8042	2.8461
74	2.5805	2.6235	2.6665	2.7095	2.7525	2.7956	2.8386	2.8816	2.9246
75	2.6507	2.6949	2.7391	2.7833	2.8274	2.8716	2.9158	2.9600	3.0042
76	2.7219	2.7672	2.8126	2.8580	2.9033	2.9487	2.9941	3.0394	3.0848
77	2.7940	2.8405	2.8871	2.9337	2.9802	3.0268	3.0734	3.1199	3.1665

续表5

检尺径/cm	检尺长/m								
	6.0	6.1	6.2	6.3	6.4	6.5	6.6	6.7	6.8
	材积/m^3								
78	2.8670	2.9148	2.9626	3.0104	3.0582	3.1059	3.1537	3.2015	3.2493
79	2.9410	2.9900	3.0390	3.0881	3.1371	3.1861	3.2351	3.2841	3.3331
80	3.0159	3.0662	3.1165	3.1667	3.2170	3.2673	3.3175	3.3678	3.4181
81	3.0918	3.1433	3.1949	3.2464	3.2979	3.3495	3.4010	3.4525	3.5040
82	3.1686	3.2214	3.2742	3.3270	3.3799	3.4327	3.4855	3.5383	3.5911
83	3.2464	3.3005	3.3546	3.4087	3.4628	3.5169	3.5710	3.6251	3.6792
84	3.3251	3.3805	3.4359	3.4913	3.5467	3.6022	3.6576	3.7130	3.7684
85	3.4047	3.4615	3.5182	3.5749	3.6317	3.6884	3.7452	3.8019	3.8587
86	3.4853	3.5434	3.6015	3.6596	3.7176	3.7757	3.8338	3.8919	3.9500
87	3.5668	3.6263	3.6857	3.7452	3.8046	3.8641	3.9235	3.9829	4.0424
88	3.6493	3.7101	3.7709	3.8317	3.8926	3.9534	4.0142	4.0750	4.1359
89	3.7327	3.7949	3.8571	3.9193	3.9815	4.0437	4.1060	4.1682	4.2304
90	3.8170	3.8807	3.9443	4.0079	4.0715	4.1351	4.1987	4.2624	4.3260
91	3.9023	3.9674	4.0324	4.0975	4.1625	4.2275	4.2926	4.3576	4.4227
92	3.9886	4.0551	4.1215	4.1880	4.2545	4.3210	4.3874	4.4539	4.5204
93	4.0758	4.1437	4.2116	4.2795	4.3475	4.4154	4.4833	4.5513	4.6192
94	4.1639	4.2333	4.3027	4.3721	4.4415	4.5109	4.5803	4.6497	4.7191

续表5

检尺径/cm	检尺长/m								
	6.0	6.1	6.2	6.3	6.4	6.5	6.6	6.7	6.8
	材积/m³								
95	4.2529	4.3238	4.3947	4.4656	4.5365	4.6074	4.6782	4.7491	4.8200
96	4.3429	4.4153	4.4877	4.5601	4.6325	4.7049	4.7772	4.8496	4.9220
97	4.4339	4.5078	4.5817	4.6556	4.7295	4.8034	4.8773	4.9512	5.0251
98	4.5258	4.6012	4.6766	4.7521	4.8275	4.9029	4.9784	5.0538	5.1292
99	4.6186	4.6956	4.7726	4.8496	4.9265	5.0035	5.0805	5.1575	5.2344
100	4.7124	4.7909	4.8695	4.9480	5.0266	5.1051	5.1836	5.2622	5.3407
101	4.8071	4.8872	4.9674	5.0475	5.1276	5.2077	5.2878	5.3679	5.4481
102	4.9028	4.9845	5.0662	5.1479	5.2296	5.3113	5.3931	5.4748	5.5565
103	4.9994	5.0827	5.1660	5.2494	5.3327	5.4160	5.4993	5.5826	5.6660
104	5.0969	5.1819	5.2668	5.3518	5.4367	5.5217	5.6066	5.6916	5.7765
105	5.1954	5.2820	5.3686	5.4552	5.5418	5.6284	5.7150	5.8016	5.8881
106	5.2949	5.3831	5.4713	5.5596	5.6478	5.7361	5.8243	5.9126	6.0008
107	5.3952	5.4851	5.5751	5.6650	5.7549	5.8448	5.9347	6.0247	6.1146
108	5.4965	5.5882	5.6798	5.7714	5.8630	5.9546	6.0462	6.1378	6.2294
109	5.5988	5.6921	5.7854	5.8787	5.9721	6.0654	6.1587	6.2520	6.3453
110	5.7020	5.7970	5.8921	5.9871	6.0821	6.1772	6.2722	6.3672	6.4623
111	5.8061	5.9029	5.9997	6.0965	6.1932	6.2900	6.3868	6.4835	6.5803

续表5

检尺径/cm	检尺长/m								
	6.0	6.1	6.2	6.3	6.4	6.5	6.6	6.7	6.8
	材积/m^3								
112	5.9112	6.0098	6.1083	6.2068	6.3053	6.4038	6.5024	6.6009	6.6994
113	6.0173	6.1176	6.2178	6.3181	6.4184	6.5187	6.6190	6.7193	6.8196
114	6.1242	6.2263	6.3284	6.4304	6.5325	6.6346	6.7367	6.8387	6.9408
115	6.2321	6.3360	6.4399	6.5438	6.6476	6.7515	6.8554	6.9592	7.0631
116	6.3410	6.4467	6.5524	6.6581	6.7637	6.8694	6.9751	7.0808	7.1865
117	6.4508	6.5583	6.6658	6.7733	6.8809	6.9884	7.0959	7.2034	7.3109
118	6.5615	6.6709	6.7803	6.8896	6.9990	7.1083	7.2177	7.3271	7.4364
119	6.6732	6.7845	6.8957	7.0069	7.1181	7.2293	7.3406	7.4518	7.5630
120	6.7859	6.8990	7.0121	7.1251	7.2382	7.3513	7.4644	7.5775	7.6906
121	6.8994	7.0144	7.1294	7.2444	7.3594	7.4744	7.5894	7.7044	7.8193
122	7.0139	7.1308	7.2477	7.3646	7.4815	7.5984	7.7153	7.8322	7.9491
123	7.1294	7.2482	7.3670	7.4859	7.6047	7.7235	7.8423	7.9612	8.0800
124	7.2458	7.3665	7.4873	7.6081	7.7288	7.8496	7.9704	8.0911	8.2119
125	7.3631	7.4858	7.6086	7.7313	7.8540	7.9767	8.0994	8.2222	8.3449
126	7.4814	7.6061	7.7308	7.8555	7.9802	8.1049	8.2295	8.3542	8.4789
127	7.6006	7.7273	7.8540	7.9807	8.1073	8.2340	8.3607	8.4874	8.6140
128	7.7208	7.8495	7.9782	8.1068	8.2355	8.3642	8.4929	8.6216	8.7502

续表5

检尺径/cm	检尺长/m								
	6.0	6.1	6.2	6.3	6.4	6.5	6.6	6.7	6.8
	材积/m³								
129	7.8419	7.9726	8.1033	8.2340	8.3647	8.4954	8.6261	8.7568	8.8875
130	7.9640	8.0967	8.2294	8.3622	8.4949	8.6276	8.7604	8.8931	9.0258
131	8.0869	8.2217	8.3565	8.4913	8.6261	8.7609	8.8956	9.0304	9.1652
132	8.2109	8.3477	8.4846	8.6214	8.7583	8.8951	9.0320	9.1688	9.3057
133	8.3358	8.4747	8.6136	8.7526	8.8915	9.0304	9.1693	9.3083	9.4472
134	8.4616	8.6026	8.7436	8.8847	9.0257	9.1667	9.3077	9.4488	9.5898
135	8.5883	8.7315	8.8746	9.0178	9.1609	9.3040	9.4472	9.5903	9.7335
136	8.7161	8.8613	9.0066	9.1519	9.2971	9.4424	9.5877	9.7329	9.8782
137	8.8447	8.9921	9.1395	9.2869	9.4344	9.5818	9.7292	9.8766	10.0240
138	8.9743	9.1239	9.2734	9.4230	9.5726	9.7222	9.8717	10.0213	10.1709
139	9.1048	9.2566	9.4083	9.5601	9.7118	9.8636	10.0153	10.1671	10.3188
140	9.2363	9.3902	9.5442	9.6981	9.8521	10.0060	10.1599	10.3139	10.4678
141	9.3687	9.5249	9.6810	9.8372	9.9933	10.1494	10.3056	10.4617	10.6179
142	9.5021	9.6605	9.8188	9.9772	10.1356	10.2939	10.4523	10.6107	10.7690
143	9.6364	9.7970	9.9576	10.1182	10.2788	10.4394	10.6000	10.7606	10.9212
144	9.7716	9.9345	10.0974	10.2602	10.4231	10.5859	10.7488	10.9117	11.0745
145	9.9078	10.0730	10.2381	10.4032	10.5683	10.7335	10.8986	11.0637	11.2289

续表5

检尺径/cm	检尺长/m								
	6.0	6.1	6.2	6.3	6.4	6.5	6.6	6.7	6.8
	材积/m³								
146	10.0450	10.2124	10.3798	10.5472	10.7146	10.8820	11.0494	11.2169	11.3843
147	10.1830	10.3527	10.5225	10.6922	10.8619	11.0316	11.2013	11.3710	11.5408
148	10.3220	10.4941	10.6661	10.8381	11.0102	11.1822	11.3542	11.5263	11.6983
149	10.4620	10.6364	10.8107	10.9851	11.1595	11.3338	11.5082	11.6826	11.8569
150	10.6029	10.7796	10.9563	11.1330	11.3098	11.4865	11.6632	11.8399	12.0166
151	10.7447	10.9238	11.1029	11.2820	11.4611	11.6401	11.8192	11.9983	12.1774
152	10.8875	11.0690	11.2504	11.4319	11.6134	11.7948	11.9763	12.1577	12.3392
153	11.0313	11.2151	11.3990	11.5828	11.7667	11.9505	12.1344	12.3182	12.5021
154	11.1759	11.3622	11.5485	11.7347	11.9210	12.1073	12.2935	12.4798	12.6661
155	11.3215	11.5102	11.6989	11.8876	12.0763	12.2650	12.4537	12.6424	12.8311
156	11.4681	11.6592	11.8504	12.0415	12.2326	12.4238	12.6149	12.8060	12.9972
157	11.6156	11.8092	12.0028	12.1964	12.3900	12.5836	12.7772	12.9707	13.1643
158	11.7640	11.9601	12.1562	12.3522	12.5483	12.7444	12.9404	13.1365	13.3326
159	11.9134	12.1120	12.3105	12.5091	12.7076	12.9062	13.1048	13.3033	13.5019
160	12.0637	12.2648	12.4659	12.6669	12.8680	13.0691	13.2701	13.4712	13.6722
161	12.2150	12.4186	12.6222	12.8258	13.0293	13.2329	13.4365	13.6401	13.8437
162	12.3672	12.5733	12.7795	12.9856	13.1917	13.3978	13.6039	13.8101	14.0162

续表5

检尺径/cm	检尺长/m								
	6.0	6.1	6.2	6.3	6.4	6.5	6.6	6.7	6.8
	材积/m^3								
163	12.5204	12.7290	12.9377	13.1464	13.3551	13.5637	13.7724	13.9811	14.1898
164	12.6745	12.8857	13.0970	13.3082	13.5194	13.7307	13.9419	14.1532	14.3644
165	12.8295	13.0433	13.2572	13.4710	13.6848	13.8986	14.1125	14.3263	14.5401
166	12.9855	13.2019	13.4183	13.6348	13.8512	14.0676	14.2840	14.5005	14.7169
167	13.1424	13.3615	13.5805	13.7995	14.0186	14.2376	14.4567	14.6757	14.8947
168	13.3003	13.5219	13.7436	13.9653	14.1870	14.4086	14.6303	14.8520	15.0736
169	13.4591	13.6834	13.9077	14.1320	14.3564	14.5807	14.8050	15.0293	15.2536
170	13.6188	13.8458	14.0728	14.2998	14.5268	14.7537	14.9807	15.2077	15.4347
171	13.7795	14.0092	14.2388	14.4685	14.6982	14.9278	15.1575	15.3871	15.6168
172	13.9412	14.1735	14.4059	14.6382	14.8706	15.1029	15.3353	15.5676	15.8000
173	14.1037	14.3388	14.5739	14.8089	15.0440	15.2791	15.5141	15.7492	15.9842
174	14.2673	14.5050	14.7428	14.9806	15.2184	15.4562	15.6940	15.9318	16.1696
175	14.4317	14.6723	14.9128	15.1533	15.3938	15.6344	15.8749	16.1154	16.3560
176	14.5971	14.8404	15.0837	15.3270	15.5703	15.8136	16.0568	16.3001	16.5434
177	14.7635	15.0095	15.2556	15.5017	15.7477	15.9938	16.2398	16.4859	16.7319
178	14.9308	15.1796	15.4285	15.6773	15.9262	16.1750	16.4238	16.6727	16.9215
179	15.0990	15.3507	15.6023	15.8540	16.1056	16.3573	16.6089	16.8606	17.1122

续表5

检尺径/cm	检尺长/m								
	6.0	6.1	6.2	6.3	6.4	6.5	6.6	6.7	6.8
	材积/m³								
180	15.2682	15.5226	15.7771	16.0316	16.2861	16.5405	16.7950	17.0495	17.3039
181	15.4383	15.6956	15.9529	16.2102	16.4675	16.7248	16.9821	17.2394	17.4967
182	15.6094	15.8695	16.1297	16.3898	16.6500	16.9101	17.1703	17.4304	17.6906
183	15.7814	16.0444	16.3074	16.5704	16.8334	17.0965	17.3595	17.6225	17.8855
184	15.9543	16.2202	16.4861	16.7520	17.0179	17.2838	17.5497	17.8156	18.0815
185	16.1282	16.3970	16.6658	16.9346	17.2034	17.4722	17.7410	18.0098	18.2786
186	16.3030	16.5747	16.8465	17.1182	17.3899	17.6616	17.9333	18.2050	18.4768
187	16.4788	16.7534	17.0281	17.3027	17.5774	17.8520	18.1267	18.4013	18.6760
188	16.6555	16.9331	17.2107	17.4883	17.7659	18.0435	18.3211	18.5986	18.8762
189	16.8332	17.1137	17.3943	17.6748	17.9554	18.2359	18.5165	18.7970	19.0776
190	17.0118	17.2953	17.5788	17.8624	18.1459	18.4294	18.7129	18.9965	19.2800
191	17.1913	17.4778	17.7643	18.0509	18.3374	18.6239	18.9104	19.1970	19.4835
192	17.3718	17.6613	17.9509	18.2404	18.5299	18.8194	19.1090	19.3985	19.6880
193	17.5532	17.8458	18.1383	18.4309	18.7234	19.0160	19.3085	19.6011	19.8936
194	17.7356	18.0312	18.3268	18.6224	18.9180	19.2136	19.5091	19.8047	20.1003
195	17.9189	18.2175	18.5162	18.8148	19.1135	19.4121	19.7108	20.0094	20.3081
196	18.1032	18.4049	18.7066	19.0083	19.3100	19.6118	19.9135	20.2152	20.5169

续表5

检尺径/cm	检尺长/m								
	6.0	6.1	6.2	6.3	6.4	6.5	6.6	6.7	6.8
	材积/m^3								
197	18.2884	18.5932	18.8980	19.2028	19.5076	19.8124	20.1172	20.4220	20.7268
198	18.4745	18.7824	19.0903	19.3982	19.7061	20.0140	20.3219	20.6299	20.9378
199	18.6616	18.9726	19.2836	19.5947	19.9057	20.2167	20.5277	20.8388	21.1498

续表5

检尺径/cm	检尺长/m								
	6.9	7.0	7.1	7.2	7.3	7.4	7.5	7.6	7.7
	材积/m^3								
10	0.0542	0.0550	0.0558	0.0565	0.0573	0.0581	0.0589	0.0597	0.0605
11	0.0656	0.0665	0.0675	0.0684	0.0694	0.0703	0.0713	0.0722	0.0732
12	0.0780	0.0792	0.0803	0.0814	0.0826	0.0837	0.0848	0.0860	0.0871
13	0.0916	0.0929	0.0942	0.0956	0.0969	0.0982	0.0995	0.1009	0.1022
14	0.1062	0.1078	0.1093	0.1108	0.1124	0.1139	0.1155	0.1170	0.1185
15	0.1219	0.1237	0.1255	0.1272	0.1290	0.1308	0.1325	0.1343	0.1361
16	0.1387	0.1407	0.1428	0.1448	0.1468	0.1488	0.1508	0.1528	0.1548
17	0.1566	0.1589	0.1612	0.1634	0.1657	0.1680	0.1702	0.1725	0.1748
18	0.1756	0.1781	0.1807	0.1832	0.1858	0.1883	0.1909	0.1934	0.1959
19	0.1956	0.1985	0.2013	0.2041	0.2070	0.2098	0.2126	0.2155	0.2183
20	0.2168	0.2199	0.2231	0.2262	0.2293	0.2325	0.2356	0.2388	0.2419
21	0.2390	0.2425	0.2459	0.2494	0.2528	0.2563	0.2598	0.2632	0.2667
22	0.2623	0.2661	0.2699	0.2737	0.2775	0.2813	0.2851	0.2889	0.2927
23	0.2867	0.2908	0.2950	0.2991	0.3033	0.3075	0.3116	0.3158	0.3199
24	0.3121	0.3167	0.3212	0.3257	0.3302	0.3348	0.3393	0.3438	0.3483
25	0.3387	0.3436	0.3485	0.3534	0.3583	0.3632	0.3682	0.3731	0.3780
26	0.3663	0.3717	0.3770	0.3823	0.3876	0.3929	0.3982	0.4035	0.4088

续表5

检尺径/cm	检尺长/m								
	6.9	7.0	7.1	7.2	7.3	7.4	7.5	7.6	7.7
	材积/m^3								
27	0.3951	0.4008	0.4065	0.4122	0.4180	0.4237	0.4294	0.4351	0.4409
28	0.4249	0.4310	0.4372	0.4433	0.4495	0.4557	0.4618	0.4680	0.4741
29	0.4558	0.4624	0.4690	0.4756	0.4822	0.4888	0.4954	0.5020	0.5086
30	0.4877	0.4948	0.5019	0.5089	0.5160	0.5231	0.5301	0.5372	0.5443
31	0.5208	0.5283	0.5359	0.5434	0.5510	0.5585	0.5661	0.5736	0.5812
32	0.5549	0.5630	0.5710	0.5791	0.5871	0.5951	0.6032	0.6112	0.6193
33	0.5902	0.5987	0.6073	0.6158	0.6244	0.6329	0.6415	0.6500	0.6586
34	0.6265	0.6355	0.6446	0.6537	0.6628	0.6719	0.6809	0.6900	0.6991
35	0.6639	0.6735	0.6831	0.6927	0.7023	0.7120	0.7216	0.7312	0.7408
36	0.7023	0.7125	0.7227	0.7329	0.7431	0.7532	0.7634	0.7736	0.7838
37	0.7419	0.7526	0.7634	0.7742	0.7849	0.7957	0.8064	0.8172	0.8279
38	0.7825	0.7939	0.8052	0.8166	0.8279	0.8392	0.8506	0.8619	0.8733
39	0.8243	0.8362	0.8482	0.8601	0.8721	0.8840	0.8959	0.9079	0.9198
40	0.8671	0.8796	0.8922	0.9048	0.9173	0.9299	0.9425	0.9550	0.9676
41	0.9110	0.9242	0.9374	0.9506	0.9638	0.9770	0.9902	1.0034	1.0166
42	0.9560	0.9698	0.9837	0.9975	1.0114	1.0252	1.0391	1.0529	1.0668
43	1.0020	1.0165	1.0311	1.0456	1.0601	1.0746	1.0892	1.1037	1.1182

续表5

检尺径/cm	检尺长/m								
	6.9	7.0	7.1	7.2	7.3	7.4	7.5	7.6	7.7
	材积/m³								
44	1.0492	1.0644	1.0796	1.0948	1.1100	1.1252	1.1404	1.1556	1.1708
45	1.0974	1.1133	1.1292	1.1451	1.1610	1.1769	1.1928	1.2087	1.2246
46	1.1467	1.1633	1.1800	1.1966	1.2132	1.2298	1.2464	1.2630	1.2797
47	1.1971	1.2145	1.2318	1.2492	1.2665	1.2839	1.3012	1.3186	1.3359
48	1.2486	1.2667	1.2848	1.3029	1.3210	1.3391	1.3572	1.3753	1.3934
49	1.3012	1.3200	1.3389	1.3577	1.3766	1.3955	1.4143	1.4332	1.4520
50	1.3548	1.3745	1.3941	1.4137	1.4334	1.4530	1.4726	1.4923	1.5119
51	1.4095	1.4300	1.4504	1.4708	1.4913	1.5117	1.5321	1.5525	1.5730
52	1.4654	1.4866	1.5078	1.5291	1.5503	1.5716	1.5928	1.6140	1.6353
53	1.5223	1.5443	1.5664	1.5885	1.6105	1.6326	1.6546	1.6767	1.6988
54	1.5803	1.6032	1.6261	1.6490	1.6719	1.6948	1.7177	1.7406	1.7635
55	1.6393	1.6631	1.6868	1.7106	1.7344	1.7581	1.7819	1.8056	1.8294
56	1.6995	1.7241	1.7487	1.7734	1.7980	1.8226	1.8473	1.8719	1.8965
57	1.7607	1.7862	1.8118	1.8373	1.8628	1.8883	1.9138	1.9393	1.9649
58	1.8230	1.8495	1.8759	1.9023	1.9287	1.9551	1.9816	2.0080	2.0344
59	1.8864	1.9138	1.9411	1.9685	1.9958	2.0231	2.0505	2.0778	2.1052
60	1.9509	1.9792	2.0075	2.0358	2.0640	2.0923	2.1206	2.1489	2.1771

续表5

检尺径/cm	检尺长/m								
	8.7	8.8	8.9	9.0	9.1	9.2	9.3	9.4	9.5
	材积/m^3								
129	11.3708	11.5015	11.6322	11.7629	11.8936	12.0243	12.1550	12.2857	12.4163
130	11.5477	11.6805	11.8132	11.9459	12.0787	12.2114	12.3441	12.4769	12.6096
131	11.7261	11.8609	11.9956	12.1304	12.2652	12.4000	12.5348	12.6696	12.8043
132	11.9058	12.0426	12.1795	12.3163	12.4532	12.5900	12.7269	12.8637	13.0006
133	12.0869	12.2258	12.3647	12.5036	12.6426	12.7815	12.9204	13.0594	13.1983
134	12.2693	12.4103	12.5514	12.6924	12.8334	12.9744	13.1155	13.2565	13.3975
135	12.4531	12.5962	12.7394	12.8825	13.0257	13.1688	13.3119	13.4551	13.5982
136	12.6383	12.7835	12.9288	13.0741	13.2194	13.3646	13.5099	13.6552	13.8004
137	12.8248	12.9722	13.1196	13.2671	13.4145	13.5619	13.7093	13.8567	14.0041
138	13.0127	13.1623	13.3119	13.4614	13.6110	13.7606	13.9102	14.0597	14.2093
139	13.2020	13.3537	13.5055	13.6572	13.8090	13.9607	14.1125	14.2642	14.4160
140	13.3926	13.5466	13.7005	13.8545	14.0084	14.1623	14.3163	14.4702	14.6241
141	13.5846	13.7408	13.8969	14.0531	14.2092	14.3654	14.5215	14.6777	14.8338
142	13.7780	13.9364	14.0948	14.2531	14.4115	14.5699	14.7282	14.8866	15.0450
143	13.9728	14.1334	14.2940	14.4546	14.6152	14.7758	14.9364	15.0970	15.2576
144	14.1689	14.3317	14.4946	14.6574	14.8203	14.9832	15.1460	15.3089	15.4718
145	14.3663	14.5315	14.6966	14.8617	15.0269	15.1920	15.3571	15.5223	15.6874

续表5

检尺径/cm	检尺长/m								
	8.7	8.8	8.9	9.0	9.1	9.2	9.3	9.4	9.5
	材积/m^3								
146	14.5652	14.7326	14.9000	15.0674	15.2348	15.4023	15.5697	15.7371	15.9045
147	14.7654	14.9351	15.1048	15.2745	15.4443	15.6140	15.7837	15.9534	16.1231
148	14.9670	15.1390	15.3110	15.4831	15.6551	15.8271	15.9992	16.1712	16.3432
149	15.1699	15.3443	15.5186	15.6930	15.8674	16.0417	16.2161	16.3905	16.5648
150	15.3742	15.5509	15.7276	15.9044	16.0811	16.2578	16.4345	16.6112	16.7879
151	15.5799	15.7590	15.9380	16.1171	16.2962	16.4753	16.6544	16.8334	17.0125
152	15.7869	15.9684	16.1498	16.3313	16.5128	16.6942	16.8757	17.0571	17.2386
153	15.9953	16.1792	16.3630	16.5469	16.7307	16.9146	17.0984	17.2823	17.4662
154	16.2051	16.3914	16.5776	16.7639	16.9502	17.1364	17.3227	17.5090	17.6952
155	16.4162	16.6049	16.7936	16.9823	17.1710	17.3597	17.5484	17.7371	17.9258
156	16.6287	16.8199	17.0110	17.2021	17.3933	17.5844	17.7755	17.9667	18.1578
157	16.8426	17.0362	17.2298	17.4234	17.6170	17.8106	18.0042	18.1978	18.3914
158	17.0579	17.2539	17.4500	17.6461	17.8421	18.0382	18.2343	18.4303	18.6264
159	17.2745	17.4730	17.6716	17.8701	18.0687	18.2672	18.4658	18.6644	18.8629
160	17.4924	17.6935	17.8946	18.0956	18.2967	18.4977	18.6988	18.8999	19.1009
161	17.7118	17.9154	18.1189	18.3225	18.5261	18.7297	18.9333	19.1369	19.3404
162	17.9325	18.1386	18.3447	18.5508	18.7570	18.9631	19.1692	19.3753	19.5814

续表5

检尺径/cm	检尺长/m								
	6.9	7.0	7.1	7.2	7.3	7.4	7.5	7.6	7.7
	材积/m³								
61	2.0165	2.0457	2.0750	2.1042	2.1334	2.1626	2.1919	2.2211	2.2503
62	2.0832	2.1134	2.1435	2.1737	2.2039	2.2341	2.2643	2.2945	2.3247
63	2.1509	2.1821	2.2132	2.2444	2.2756	2.3068	2.3379	2.3691	2.4003
64	2.2197	2.2519	2.2841	2.3162	2.3484	2.3806	2.4127	2.4449	2.4771
65	2.2896	2.3228	2.3560	2.3892	2.4224	2.4556	2.4887	2.5219	2.5551
66	2.3606	2.3948	2.4291	2.4633	2.4975	2.5317	2.5659	2.6001	2.6343
67	2.4327	2.4680	2.5032	2.5385	2.5737	2.6090	2.6442	2.6795	2.7148
68	2.5059	2.5422	2.5785	2.6148	2.6511	2.6875	2.7238	2.7601	2.7964
69	2.5801	2.6175	2.6549	2.6923	2.7297	2.7671	2.8045	2.8419	2.8793
70	2.6554	2.6939	2.7324	2.7709	2.8094	2.8479	2.8863	2.9248	2.9633
71	2.7318	2.7714	2.8110	2.8506	2.8902	2.9298	2.9694	3.0090	3.0486
72	2.8093	2.8501	2.8908	2.9315	2.9722	3.0129	3.0536	3.0944	3.1351
73	2.8879	2.9298	2.9716	3.0135	3.0553	3.0972	3.1390	3.1809	3.2228
74	2.9676	3.0106	3.0536	3.0966	3.1396	3.1826	3.2256	3.2686	3.3117
75	3.0483	3.0925	3.1367	3.1809	3.2250	3.2692	3.3134	3.3576	3.4018
76	3.1302	3.1755	3.2209	3.2663	3.3116	3.3570	3.4024	3.4477	3.4931
77	3.2131	3.2596	3.3062	3.3528	3.3993	3.4459	3.4925	3.5390	3.5856

续表5

检尺径/cm	检尺长/m								
	6.9	7.0	7.1	7.2	7.3	7.4	7.5	7.6	7.7
	材积/m³								
78	3.2971	3.3449	3.3926	3.4404	3.4882	3.5360	3.5838	3.6316	3.6793
79	3.3822	3.4312	3.4802	3.5292	3.5782	3.6272	3.6763	3.7253	3.7743
80	3.4683	3.5186	3.5689	3.6191	3.6694	3.7197	3.7699	3.8202	3.8705
81	3.5556	3.6071	3.6586	3.7102	3.7617	3.8132	3.8648	3.9163	3.9678
82	3.6439	3.6967	3.7495	3.8023	3.8552	3.9080	3.9608	4.0136	4.0664
83	3.7333	3.7874	3.8415	3.8956	3.9498	4.0039	4.0580	4.1121	4.1662
84	3.8238	3.8792	3.9347	3.9901	4.0455	4.1009	4.1563	4.2118	4.2672
85	3.9154	3.9722	4.0289	4.0857	4.1424	4.1991	4.2559	4.3126	4.3694
86	4.0081	4.0662	4.1243	4.1823	4.2404	4.2985	4.3566	4.4147	4.4728
87	4.1018	4.1613	4.2207	4.2802	4.3396	4.3991	4.4585	4.5180	4.5774
88	4.1967	4.2575	4.3183	4.3791	4.4400	4.5008	4.5616	4.6224	4.6832
89	4.2926	4.3548	4.4170	4.4792	4.5414	4.6037	4.6659	4.7281	4.7903
90	4.3896	4.4532	4.5168	4.5805	4.6441	4.7077	4.7713	4.8349	4.8985
91	4.4877	4.5527	4.6178	4.6828	4.7478	4.8129	4.8779	4.9430	5.0080
92	4.5869	4.6533	4.7198	4.7863	4.8528	4.9192	4.9857	5.0522	5.1187
93	4.6871	4.7550	4.8230	4.8909	4.9588	5.0268	5.0947	5.1626	5.2306
94	4.7885	4.8579	4.9273	4.9967	5.0660	5.1354	5.2048	5.2742	5.3436

续表5

检尺径/cm	检尺长/m								
	6.9	7.0	7.1	7.2	7.3	7.4	7.5	7.6	7.7
	材积/m^3								
95	4.8909	4.9618	5.0326	5.1035	5.1744	5.2453	5.3162	5.3871	5.4579
96	4.9944	5.0668	5.1392	5.2115	5.2839	5.3563	5.4287	5.5011	5.5734
97	5.0990	5.1729	5.2468	5.3207	5.3946	5.4685	5.5424	5.6163	5.6902
98	5.2047	5.2801	5.3555	5.4309	5.5064	5.5818	5.6572	5.7327	5.8081
99	5.3114	5.3884	5.4654	5.5423	5.6193	5.6963	5.7733	5.8503	5.9272
100	5.4193	5.4978	5.5763	5.6549	5.7334	5.8120	5.8905	5.9690	6.0476
101	5.5282	5.6083	5.6884	5.7685	5.8487	5.9288	6.0089	6.0890	6.1691
102	5.6382	5.7199	5.8016	5.8833	5.9651	6.0468	6.1285	6.2102	6.2919
103	5.7493	5.8326	5.9159	5.9993	6.0826	6.1659	6.2492	6.3326	6.4159
104	5.8615	5.9464	6.0314	6.1163	6.2013	6.2862	6.3712	6.4561	6.5411
105	5.9747	6.0613	6.1479	6.2345	6.3211	6.4077	6.4943	6.5809	6.6675
106	6.0891	6.1773	6.2656	6.3538	6.4421	6.5303	6.6186	6.7068	6.7951
107	6.2045	6.2944	6.3844	6.4743	6.5642	6.6541	6.7440	6.8340	6.9239
108	6.3210	6.4126	6.5042	6.5959	6.6875	6.7791	6.8707	6.9623	7.0539
109	6.4386	6.5319	6.6252	6.7186	6.8119	6.9052	6.9985	7.0918	7.1851
110	6.5573	6.6523	6.7474	6.8424	6.9374	7.0325	7.1275	7.2225	7.3176
111	6.6771	6.7738	6.8706	6.9674	7.0641	7.1609	7.2577	7.3545	7.4512

续表5

检尺径/cm	检尺长/m								
	6.9	7.0	7.1	7.2	7.3	7.4	7.5	7.6	7.7
	材积/m³								
112	6.7979	6.8964	6.9950	7.0935	7.1920	7.2905	7.3890	7.4876	7.5861
113	6.9199	7.0201	7.1204	7.2207	7.3210	7.4213	7.5216	7.6219	7.7222
114	7.0429	7.1449	7.2470	7.3491	7.4512	7.5532	7.6553	7.7574	7.8594
115	7.1670	7.2708	7.3747	7.4786	7.5824	7.6863	7.7902	7.8941	7.9979
116	7.2922	7.3978	7.5035	7.6092	7.7149	7.8206	7.9263	8.0319	8.1376
117	7.4184	7.5259	7.6335	7.7410	7.8485	7.9560	8.0635	8.1710	8.2785
118	7.5458	7.6551	7.7645	7.8739	7.9832	8.0926	8.2019	8.3113	8.4207
119	7.6742	7.7854	7.8967	8.0079	8.1191	8.2303	8.3415	8.4528	8.5640
120	7.8037	7.9168	8.0299	8.1430	8.2561	8.3692	8.4823	8.5954	8.7085
121	7.9343	8.0493	8.1643	8.2793	8.3943	8.5093	8.6243	8.7393	8.8543
122	8.0660	8.1829	8.2998	8.4167	8.5336	8.6505	8.7674	8.8843	9.0012
123	8.1988	8.3176	8.4364	8.5553	8.6741	8.7929	8.9117	9.0306	9.1494
124	8.3327	8.4534	8.5742	8.6949	8.8157	8.9365	9.0572	9.1780	9.2988
125	8.4676	8.5903	8.7130	8.8357	8.9585	9.0812	9.2039	9.3266	9.4493
126	8.6036	8.7283	8.8530	8.9777	9.1024	9.2271	9.3518	9.4764	9.6011
127	8.7407	8.8674	8.9941	9.1208	9.2474	9.3741	9.5008	9.6275	9.7541
128	8.8789	9.0076	9.1363	9.2650	9.3936	9.5223	9.6510	9.7797	9.9084

续表5

检尺径/cm	检尺长/m								
	6.9	7.0	7.1	7.2	7.3	7.4	7.5	7.6	7.7
	材积/m³								
129	9.0182	9.1489	9.2796	9.4103	9.5410	9.6717	9.8024	9.9331	10.0638
130	9.1585	9.2913	9.4240	9.5567	9.6895	9.8222	9.9549	10.0877	10.2204
131	9.3000	9.4348	9.5696	9.7043	9.8391	9.9739	10.1087	10.2435	10.3783
132	9.4425	9.5794	9.7162	9.8531	9.9899	10.1268	10.2636	10.4005	10.5373
133	9.5861	9.7251	9.8640	10.0029	10.1418	10.2808	10.4197	10.5586	10.6976
134	9.7308	9.8718	10.0129	10.1539	10.2949	10.4360	10.5770	10.7180	10.8590
135	9.8766	10.0197	10.1629	10.3060	10.4492	10.5923	10.7354	10.8786	11.0217
136	10.0235	10.1687	10.3140	10.4593	10.6045	10.7498	10.8951	11.0403	11.1856
137	10.1714	10.3188	10.4662	10.6136	10.7611	10.9085	11.0559	11.2033	11.3507
138	10.3204	10.4700	10.6196	10.7692	10.9187	11.0683	11.2179	11.3674	11.5170
139	10.4706	10.6223	10.7740	10.9258	11.0775	11.2293	11.3810	11.5328	11.6845
140	10.6217	10.7757	10.9296	11.0836	11.2375	11.3914	11.5454	11.6993	11.8533
141	10.7740	10.9302	11.0863	11.2425	11.3986	11.5548	11.7109	11.8670	12.0232
142	10.9274	11.0858	11.2441	11.4025	11.5609	11.7192	11.8776	12.0360	12.1943
143	11.0818	11.2425	11.4031	11.5637	11.7243	11.8849	12.0455	12.2061	12.3667
144	11.2374	11.4002	11.5631	11.7260	11.8888	12.0517	12.2145	12.3774	12.5403
145	11.3940	11.5591	11.7243	11.8894	12.0545	12.2196	12.3848	12.5499	12.7150

续表5

检尺径/cm	检尺长/m								
	6.9	7.0	7.1	7.2	7.3	7.4	7.5	7.6	7.7
	材积/m^3								
146	11.5517	11.7191	11.8865	12.0539	12.2214	12.3888	12.5562	12.7236	12.8910
147	11.7105	11.8802	12.0499	12.2196	12.3893	12.5591	12.7288	12.8985	13.0682
148	11.8703	12.0424	12.2144	12.3864	12.5585	12.7305	12.9026	13.0746	13.2466
149	12.0313	12.2057	12.3800	12.5544	12.7288	12.9031	13.0775	13.2519	13.4262
150	12.1933	12.3701	12.5468	12.7235	12.9002	13.0769	13.2536	13.4303	13.6071
151	12.3565	12.5355	12.7146	12.8937	13.0728	13.2518	13.4309	13.6100	13.7891
152	12.5207	12.7021	12.8836	13.0650	13.2465	13.4280	13.6094	13.7909	13.9723
153	12.6859	12.8698	13.0537	13.2375	13.4214	13.6052	13.7891	13.9729	14.1568
154	12.8523	13.0386	13.2248	13.4111	13.5974	13.7836	13.9699	14.1562	14.3424
155	13.0198	13.2085	13.3972	13.5858	13.7745	13.9632	14.1519	14.3406	14.5293
156	13.1883	13.3794	13.5706	13.7617	13.9529	14.1440	14.3351	14.5263	14.7174
157	13.3579	13.5515	13.7451	13.9387	14.1323	14.3259	14.5195	14.7131	14.9067
158	13.5286	13.7247	13.9208	14.1168	14.3129	14.5090	14.7050	14.9011	15.0972
159	13.7004	13.8990	14.0975	14.2961	14.4947	14.6932	14.8918	15.0903	15.2889
160	13.8733	14.0744	14.2754	14.4765	14.6776	14.8786	15.0797	15.2807	15.4818
161	14.0473	14.2508	14.4544	14.6580	14.8616	15.0652	15.2688	15.4723	15.6759
162	14.2223	14.4284	14.6345	14.8407	15.0468	15.2529	15.4590	15.6651	15.8713

续表5

检尺径/cm	检尺长/m								
	6.9	7.0	7.1	7.2	7.3	7.4	7.5	7.6	7.7
	材积/m^3								
163	14.3984	14.6071	14.8158	15.0245	15.2331	15.4418	15.6505	15.8591	16.0678
164	14.5756	14.7869	14.9981	15.2094	15.4206	15.6318	15.8431	16.0543	16.2656
165	14.7539	14.9678	15.1816	15.3954	15.6092	15.8231	16.0369	16.2507	16.4645
166	14.9333	15.1497	15.3662	15.5826	15.7990	16.0154	16.2319	16.4483	16.6647
167	15.1138	15.3328	15.5519	15.7709	15.9899	16.2090	16.4280	16.6471	16.8661
168	15.2953	15.5170	15.7387	15.9603	16.1820	16.4037	16.6253	16.8470	17.0687
169	15.4779	15.7023	15.9266	16.1509	16.3752	16.5995	16.8239	17.0482	17.2725
170	15.6617	15.8886	16.1156	16.3426	16.5696	16.7966	17.0235	17.2505	17.4775
171	15.8465	16.0761	16.3058	16.5354	16.7651	16.9948	17.2244	17.4541	17.6837
172	16.0323	16.2647	16.4970	16.7294	16.9617	17.1941	17.4265	17.6588	17.8912
173	16.2193	16.4544	16.6894	16.9245	17.1596	17.3946	17.6297	17.8647	18.0998
174	16.4074	16.6451	16.8829	17.1207	17.3585	17.5963	17.8341	18.0719	18.3097
175	16.5965	16.8370	17.0775	17.3181	17.5586	17.7991	18.0397	18.2802	18.5207
176	16.7867	17.0300	17.2733	17.5166	17.7598	18.0031	18.2464	18.4897	18.7330
177	16.9780	17.2241	17.4701	17.7162	17.9622	18.2083	18.4543	18.7004	18.9465
178	17.1704	17.4192	17.6681	17.9169	18.1658	18.4146	18.6635	18.9123	19.1612
179	17.3639	17.6155	17.8672	18.1188	18.3705	18.6221	18.8738	19.1254	19.3771

续表5

检尺径/cm	检尺长/m								
	6.9	7.0	7.1	7.2	7.3	7.4	7.5	7.6	7.7
	材积/m³								
180	17.5584	17.8129	18.0673	18.3218	18.5763	18.8308	19.0852	19.3397	19.5942
181	17.7540	18.0113	18.2686	18.5260	18.7833	19.0406	19.2979	19.5552	19.8125
182	17.9508	18.2109	18.4711	18.7312	18.9914	19.2515	19.5117	19.7718	20.0320
183	18.1486	18.4116	18.6746	18.9376	19.2007	19.4637	19.7267	19.9897	20.2527
184	18.3474	18.6134	18.8793	19.1452	19.4111	19.6770	19.9429	20.2088	20.4747
185	18.5474	18.8162	19.0850	19.3538	19.6226	19.8914	20.1602	20.4290	20.6978
186	18.7485	19.0202	19.2919	19.5636	19.8353	20.1071	20.3788	20.6505	20.9222
187	18.9506	19.2253	19.4999	19.7745	20.0492	20.3238	20.5985	20.8731	21.1478
188	19.1538	19.4314	19.7090	19.9866	20.2642	20.5418	20.8194	21.0970	21.3746
189	19.3581	19.6387	19.9192	20.1998	20.4803	20.7609	21.0415	21.3220	21.6026
190	19.5635	19.8471	20.1306	20.4141	20.6976	20.9812	21.2647	21.5482	21.8318
191	19.7700	20.0565	20.3430	20.6296	20.9161	21.2026	21.4891	21.7757	22.0622
192	19.9776	20.2671	20.5566	20.8461	21.1357	21.4252	21.7147	22.0043	22.2938
193	20.1862	20.4788	20.7713	21.0639	21.3564	21.6490	21.9415	22.2341	22.5266
194	20.3959	20.6915	20.9871	21.2827	21.5783	21.8739	22.1695	22.4651	22.7607
195	20.6067	20.9054	21.2040	21.5027	21.8013	22.1000	22.3986	22.6973	22.9959
196	20.8186	21.1203	21.4221	21.7238	22.0255	22.3272	22.6289	22.9307	23.2324

续表5

检尺径/cm	检尺长/m								
	6.9	7.0	7.1	7.2	7.3	7.4	7.5	7.6	7.7
	材积/m^3								
197	21.0316	21.3364	21.6412	21.9460	22.2508	22.5556	22.8604	23.1652	23.4701
198	21.2457	21.5536	21.8615	22.1694	22.4773	22.7852	23.0931	23.4010	23.7089
199	21.4608	21.7718	22.0829	22.3939	22.7049	23.0159	23.3270	23.6380	23.9490

续表5

检尺径/cm	检尺长/m								
	7.8	7.9	8.0	8.1	8.2	8.3	8.4	8.5	8.6
	材积/m^3								
10	0.0613	0.0620	0.0628	0.0636	0.0644	0.0652	0.0660	0.0668	0.0675
11	0.0741	0.0751	0.0760	0.0770	0.0779	0.0789	0.0798	0.0808	0.0817
12	0.0882	0.0893	0.0905	0.0916	0.0927	0.0939	0.0950	0.0961	0.0973
13	0.1035	0.1049	0.1062	0.1075	0.1088	0.1102	0.1115	0.1128	0.1142
14	0.1201	0.1216	0.1232	0.1247	0.1262	0.1278	0.1293	0.1308	0.1324
15	0.1378	0.1396	0.1414	0.1431	0.1449	0.1467	0.1484	0.1502	0.1520
16	0.1568	0.1588	0.1608	0.1629	0.1649	0.1669	0.1689	0.1709	0.1729
17	0.1770	0.1793	0.1816	0.1839	0.1861	0.1884	0.1907	0.1929	0.1952
18	0.1985	0.2010	0.2036	0.2061	0.2087	0.2112	0.2138	0.2163	0.2188
19	0.2212	0.2240	0.2268	0.2297	0.2325	0.2353	0.2382	0.2410	0.2438
20	0.2450	0.2482	0.2513	0.2545	0.2576	0.2608	0.2639	0.2670	0.2702
21	0.2702	0.2736	0.2771	0.2806	0.2840	0.2875	0.2909	0.2944	0.2979
22	0.2965	0.3003	0.3041	0.3079	0.3117	0.3155	0.3193	0.3231	0.3269
23	0.3241	0.3282	0.3324	0.3365	0.3407	0.3448	0.3490	0.3532	0.3573
24	0.3529	0.3574	0.3619	0.3664	0.3710	0.3755	0.3800	0.3845	0.3891
25	0.3829	0.3878	0.3927	0.3976	0.4025	0.4074	0.4123	0.4172	0.4222
26	0.4141	0.4194	0.4247	0.4301	0.4354	0.4407	0.4460	0.4513	0.4566

续表5

检尺径/cm	检尺长/m								
	7.8	7.9	8.0	8.1	8.2	8.3	8.4	8.5	8.6
	材积/m³								
27	0.4466	0.4523	0.4580	0.4638	0.4695	0.4752	0.4809	0.4867	0.4924
28	0.4803	0.4864	0.4926	0.4988	0.5049	0.5111	0.5172	0.5234	0.5295
29	0.5152	0.5218	0.5284	0.5350	0.5416	0.5482	0.5548	0.5614	0.5680
30	0.5514	0.5584	0.5655	0.5726	0.5796	0.5867	0.5938	0.6008	0.6079
31	0.5887	0.5963	0.6038	0.6114	0.6189	0.6265	0.6340	0.6416	0.6491
32	0.6273	0.6354	0.6434	0.6514	0.6595	0.6675	0.6756	0.6836	0.6917
33	0.6671	0.6757	0.6842	0.6928	0.7013	0.7099	0.7185	0.7270	0.7356
34	0.7082	0.7173	0.7263	0.7354	0.7445	0.7536	0.7627	0.7717	0.7808
35	0.7504	0.7601	0.7697	0.7793	0.7889	0.7986	0.8082	0.8178	0.8274
36	0.7939	0.8041	0.8143	0.8245	0.8347	0.8448	0.8550	0.8652	0.8754
37	0.8387	0.8494	0.8602	0.8709	0.8817	0.8924	0.9032	0.9139	0.9247
38	0.8846	0.8960	0.9073	0.9186	0.9300	0.9413	0.9527	0.9640	0.9753
39	0.9318	0.9437	0.9557	0.9676	0.9796	0.9915	1.0035	1.0154	1.0274
40	0.9802	0.9927	1.0053	1.0179	1.0304	1.0430	1.0556	1.0681	1.0807
41	1.0298	1.0430	1.0562	1.0694	1.0826	1.0958	1.1090	1.1222	1.1354
42	1.0806	1.0945	1.1084	1.1222	1.1361	1.1499	1.1638	1.1776	1.1915
43	1.1327	1.1472	1.1618	1.1763	1.1908	1.2053	1.2199	1.2344	1.2489

续表5

检尺径/cm	检尺长/m								
	7.8	7.9	8.0	8.1	8.2	8.3	8.4	8.5	8.6
	材积/m³								
44	1.1860	1.2012	1.2164	1.2316	1.2468	1.2620	1.2772	1.2925	1.3077
45	1.2405	1.2564	1.2723	1.2883	1.3042	1.3201	1.3360	1.3519	1.3678
46	1.2963	1.3129	1.3295	1.3461	1.3628	1.3794	1.3960	1.4126	1.4292
47	1.3533	1.3706	1.3880	1.4053	1.4227	1.4400	1.4574	1.4747	1.4921
48	1.4115	1.4296	1.4476	1.4657	1.4838	1.5019	1.5200	1.5381	1.5562
49	1.4709	1.4897	1.5086	1.5275	1.5463	1.5652	1.5840	1.6029	1.6217
50	1.5315	1.5512	1.5708	1.5904	1.6101	1.6297	1.6493	1.6690	1.6886
51	1.5934	1.6138	1.6343	1.6547	1.6751	1.6955	1.7160	1.7364	1.7568
52	1.6565	1.6777	1.6990	1.7202	1.7415	1.7627	1.7839	1.8052	1.8264
53	1.7208	1.7429	1.7650	1.7870	1.8091	1.8311	1.8532	1.8753	1.8973
54	1.7864	1.8093	1.8322	1.8551	1.8780	1.9009	1.9238	1.9467	1.9696
55	1.8532	1.8769	1.9007	1.9244	1.9482	1.9719	1.9957	2.0195	2.0432
56	1.9212	1.9458	1.9704	1.9950	2.0197	2.0443	2.0689	2.0936	2.1182
57	1.9904	2.0159	2.0414	2.0669	2.0924	2.1180	2.1435	2.1690	2.1945
58	2.0608	2.0872	2.1137	2.1401	2.1665	2.1929	2.2194	2.2458	2.2722
59	2.1325	2.1598	2.1872	2.2145	2.2419	2.2692	2.2965	2.3239	2.3512
60	2.2054	2.2337	2.2620	2.2902	2.3185	2.3468	2.3750	2.4033	2.4316

续表5

检尺径/cm	检尺长/m								
	7.8	7.9	8.0	8.1	8.2	8.3	8.4	8.5	8.6
	材积/m³								
61	2.2795	2.3088	2.3380	2.3672	2.3964	2.4257	2.4549	2.4841	2.5133
62	2.3549	2.3851	2.4153	2.4455	2.4756	2.5058	2.5360	2.5662	2.5964
63	2.4315	2.4626	2.4938	2.5250	2.5561	2.5873	2.6185	2.6497	2.6808
64	2.5093	2.5414	2.5736	2.6058	2.6379	2.6701	2.7023	2.7344	2.7666
65	2.5883	2.6215	2.6547	2.6878	2.7210	2.7542	2.7874	2.8206	2.8538
66	2.6685	2.7027	2.7370	2.7712	2.8054	2.8396	2.8738	2.9080	2.9422
67	2.7500	2.7853	2.8205	2.8558	2.8910	2.9263	2.9616	2.9968	3.0321
68	2.8327	2.8690	2.9054	2.9417	2.9780	3.0143	3.0506	3.0869	3.1233
69	2.9166	2.9540	2.9914	3.0288	3.0662	3.1036	3.1410	3.1784	3.2158
70	3.0018	3.0403	3.0788	3.1173	3.1557	3.1942	3.2327	3.2712	3.3097
71	3.0882	3.1278	3.1674	3.2070	3.2465	3.2861	3.3257	3.3653	3.4049
72	3.1758	3.2165	3.2572	3.2979	3.3386	3.3794	3.4201	3.4608	3.5015
73	3.2646	3.3065	3.3483	3.3902	3.4320	3.4739	3.5157	3.5576	3.5994
74	3.3547	3.3977	3.4407	3.4837	3.5267	3.5697	3.6127	3.6557	3.6987
75	3.4459	3.4901	3.5343	3.5785	3.6227	3.6668	3.7110	3.7552	3.7994
76	3.5384	3.5838	3.6292	3.6745	3.7199	3.7653	3.8106	3.8560	3.9014
77	3.6322	3.6787	3.7253	3.7719	3.8184	3.8650	3.9116	3.9581	4.0047

续表5

检尺径/cm	检尺长/m								
	7.8	7.9	8.0	8.1	8.2	8.3	8.4	8.5	8.6
	材积/m^3								
78	3.7271	3.7749	3.8227	3.8705	3.9183	3.9661	4.0138	4.0616	4.1094
79	3.8233	3.8723	3.9213	3.9704	4.0194	4.0684	4.1174	4.1664	4.2154
80	3.9207	3.9710	4.0212	4.0715	4.1218	4.1720	4.2223	4.2726	4.3228
81	4.0193	4.0709	4.1224	4.1739	4.2255	4.2770	4.3285	4.3801	4.4316
82	4.1192	4.1720	4.2248	4.2776	4.3304	4.3833	4.4361	4.4889	4.5417
83	4.2203	4.2744	4.3285	4.3826	4.4367	4.4908	4.5449	4.5990	4.6531
84	4.3226	4.3780	4.4334	4.4888	4.5443	4.5997	4.6551	4.7105	4.7659
85	4.4261	4.4829	4.5396	4.5964	4.6531	4.7098	4.7666	4.8233	4.8801
86	4.5309	4.5890	4.6471	4.7051	4.7632	4.8213	4.8794	4.9375	4.9956
87	4.6369	4.6963	4.7558	4.8152	4.8746	4.9341	4.9935	5.0530	5.1124
88	4.7441	4.8049	4.8657	4.9265	4.9874	5.0482	5.1090	5.1698	5.2306
89	4.8525	4.9147	4.9769	5.0391	5.1013	5.1636	5.2258	5.2880	5.3502
90	4.9622	5.0258	5.0894	5.1530	5.2166	5.2802	5.3439	5.4075	5.4711
91	5.0730	5.1381	5.2031	5.2682	5.3332	5.3982	5.4633	5.5283	5.5934
92	5.1851	5.2516	5.3181	5.3846	5.4511	5.5175	5.5840	5.6505	5.7170
93	5.2985	5.3664	5.4343	5.5023	5.5702	5.6381	5.7061	5.7740	5.8419
94	5.4130	5.4824	5.5518	5.6212	5.6906	5.7600	5.8294	5.8988	5.9682

续表5

检尺径/cm	检尺长/m								
	7.8	7.9	8.0	8.1	8.2	8.3	8.4	8.5	8.6
	材积/m^3								
95	5.5288	5.5997	5.6706	5.7415	5.8124	5.8832	5.9541	6.0250	6.0959
96	5.6458	5.7182	5.7906	5.8630	5.9354	6.0077	6.0801	6.1525	6.2249
97	5.7641	5.8380	5.9119	5.9858	6.0597	6.1336	6.2075	6.2814	6.3553
98	5.8835	5.9590	6.0344	6.1098	6.1852	6.2607	6.3361	6.4115	6.4870
99	6.0042	6.0812	6.1582	6.2351	6.3121	6.3891	6.4661	6.5430	6.6200
100	6.1261	6.2047	6.2832	6.3617	6.4403	6.5188	6.5974	6.6759	6.7544
101	6.2493	6.3294	6.4095	6.4896	6.5697	6.6498	6.7300	6.8101	6.8902
102	6.3736	6.4553	6.5370	6.6188	6.7005	6.7822	6.8639	6.9456	7.0273
103	6.4992	6.5825	6.6658	6.7492	6.8325	6.9158	6.9991	7.0825	7.1658
104	6.6260	6.7110	6.7959	6.8809	6.9658	7.0508	7.1357	7.2207	7.3056
105	6.7540	6.8406	6.9272	7.0138	7.1004	7.1870	7.2736	7.3602	7.4468
106	6.8833	6.9716	7.0598	7.1481	7.2363	7.3245	7.4128	7.5010	7.5893
107	7.0138	7.1037	7.1936	7.2836	7.3735	7.4634	7.5533	7.6432	7.7332
108	7.1455	7.2371	7.3287	7.4203	7.5119	7.6036	7.6952	7.7868	7.8784
109	7.2784	7.3718	7.4651	7.5584	7.6517	7.7450	7.8383	7.9316	8.0250
110	7.4126	7.5076	7.6027	7.6977	7.7927	7.8878	7.9828	8.0778	8.1729
111	7.5480	7.6448	7.7415	7.8383	7.9351	8.0318	8.1286	8.2254	8.3221

续表5

检尺径/cm	检尺长/m								
	7.8	7.9	8.0	8.1	8.2	8.3	8.4	8.5	8.6
	材积/m^3								
112	7.6846	7.7831	7.8816	7.9802	8.0787	8.1772	8.2757	8.3742	8.4728
113	7.8224	7.9227	8.0230	8.1233	8.2236	8.3239	8.4242	8.5245	8.6247
114	7.9615	8.0636	8.1656	8.2677	8.3698	8.4719	8.5739	8.6760	8.7781
115	8.1018	8.2057	8.3095	8.4134	8.5173	8.6211	8.7250	8.8289	8.9327
116	8.2433	8.3490	8.4547	8.5604	8.6660	8.7717	8.8774	8.9831	9.0888
117	8.3860	8.4936	8.6011	8.7086	8.8161	8.9236	9.0311	9.1386	9.2462
118	8.5300	8.6394	8.7487	8.8581	8.9674	9.0768	9.1862	9.2955	9.4049
119	8.6752	8.7864	8.8976	9.0089	9.1201	9.2313	9.3425	9.4537	9.5650
120	8.8216	8.9347	9.0478	9.1609	9.2740	9.3871	9.5002	9.6133	9.7264
121	8.9693	9.0842	9.1992	9.3142	9.4292	9.5442	9.6592	9.7742	9.8892
122	9.1181	9.2350	9.3519	9.4688	9.5857	9.7026	9.8195	9.9364	10.0533
123	9.2682	9.3870	9.5059	9.6247	9.7435	9.8623	9.9811	10.1000	10.2188
124	9.4195	9.5403	9.6610	9.7818	9.9026	10.0233	10.1441	10.2649	10.3856
125	9.5721	9.6948	9.8175	9.9402	10.0629	10.1857	10.3084	10.4311	10.5538
126	9.7258	9.8505	9.9752	10.0999	10.2246	10.3493	10.4740	10.5987	10.7233
127	9.8808	10.0075	10.1342	10.2609	10.3875	10.5142	10.6409	10.7676	10.8942
128	10.0370	10.1657	10.2944	10.4231	10.5518	10.6804	10.8091	10.9378	11.0665

续表5

检尺径/cm	检尺长/m								
	7.8	7.9	8.0	8.1	8.2	8.3	8.4	8.5	8.6
	材积/m^3								
129	10.1945	10.3252	10.4559	10.5866	10.7173	10.8480	10.9787	11.1094	11.2401
130	10.3531	10.4859	10.6186	10.7513	10.8841	11.0168	11.1495	11.2823	11.4150
131	10.5130	10.6478	10.7826	10.9174	11.0522	11.1869	11.3217	11.4565	11.5913
132	10.6742	10.8110	10.9478	11.0847	11.2215	11.3584	11.4952	11.6321	11.7689
133	10.8365	10.9754	11.1144	11.2533	11.3922	11.5311	11.6701	11.8090	11.9479
134	11.0001	11.1411	11.2821	11.4231	11.5642	11.7052	11.8462	11.9872	12.1283
135	11.1649	11.3080	11.4511	11.5943	11.7374	11.8805	12.0237	12.1668	12.3100
136	11.3309	11.4761	11.6214	11.7667	11.9119	12.0572	12.2025	12.3477	12.4930
137	11.4981	11.6455	11.7929	11.9403	12.0878	12.2352	12.3826	12.5300	12.6774
138	11.6666	11.8162	11.9657	12.1153	12.2649	12.4144	12.5640	12.7136	12.8632
139	11.8363	11.9880	12.1398	12.2915	12.4433	12.5950	12.7468	12.8985	13.0503
140	12.0072	12.1611	12.3151	12.4690	12.6229	12.7769	12.9308	13.0848	13.2387
141	12.1793	12.3355	12.4916	12.6478	12.8039	12.9601	13.1162	13.2724	13.4285
142	12.3527	12.5111	12.6694	12.8278	12.9862	13.1445	13.3029	13.4613	13.6197
143	12.5273	12.6879	12.8485	13.0091	13.1697	13.3303	13.4909	13.6515	13.8122
144	12.7031	12.8660	13.0288	13.1917	13.3546	13.5174	13.6803	13.8431	14.0060
145	12.8802	13.0453	13.2104	13.3756	13.5407	13.7058	13.8709	14.0361	14.2012

续表5

检尺径/cm	检尺长/m								
	7.8	7.9	8.0	8.1	8.2	8.3	8.4	8.5	8.6
	材积/m^3								
146	13.0584	13.2259	13.3933	13.5607	13.7281	13.8955	14.0629	14.2303	14.3978
147	13.2379	13.4076	13.5774	13.7471	13.9168	14.0865	14.2562	14.4260	14.5957
148	13.4187	13.5907	13.7627	13.9348	14.1068	14.2788	14.4509	14.6229	14.7949
149	13.6006	13.7750	13.9493	14.1237	14.2981	14.4724	14.6468	14.8212	14.9955
150	13.7838	13.9605	14.1372	14.3139	14.4906	14.6673	14.8441	15.0208	15.1975
151	13.9682	14.1472	14.3263	14.5054	14.6845	14.8636	15.0426	15.2217	15.4008
152	14.1538	14.3352	14.5167	14.6982	14.8796	15.0611	15.2425	15.4240	15.6055
153	14.3406	14.5245	14.7083	14.8922	15.0761	15.2599	15.4438	15.6276	15.8115
154	14.5287	14.7150	14.9012	15.0875	15.2738	15.4600	15.6463	15.8326	16.0188
155	14.7180	14.9067	15.0954	15.2841	15.4728	15.6615	15.8502	16.0388	16.2275
156	14.9085	15.0997	15.2908	15.4819	15.6731	15.8642	16.0553	16.2465	16.4376
157	15.1003	15.2939	15.4875	15.6811	15.8746	16.0682	16.2618	16.4554	16.6490
158	15.2932	15.4893	15.6854	15.8814	16.0775	16.2736	16.4696	16.6657	16.8618
159	15.4874	15.6860	15.8846	16.0831	16.2817	16.4802	16.6788	16.8773	17.0759
160	15.6829	15.8839	16.0850	16.2861	16.4871	16.6882	16.8892	17.0903	17.2914
161	15.8795	16.0831	16.2867	16.4903	16.6938	16.8974	17.1010	17.3046	17.5082
162	16.0774	16.2835	16.4896	16.6958	16.9019	17.1080	17.3141	17.5202	17.7264

续表5

检尺径/cm	检尺长/m								
	7.8	7.9	8.0	8.1	8.2	8.3	8.4	8.5	8.6
	材积/m^3								
163	16.2765	16.4852	16.6938	16.9025	17.1112	17.3199	17.5285	17.7372	17.9459
164	16.4768	16.6881	16.8993	17.1105	17.3218	17.5330	17.7443	17.9555	18.1667
165	16.6784	16.8922	17.1060	17.3198	17.5337	17.7475	17.9613	18.1751	18.3890
166	16.8811	17.0976	17.3140	17.5304	17.7468	17.9633	18.1797	18.3961	18.6125
167	17.0851	17.3042	17.5232	17.7423	17.9613	18.1803	18.3994	18.6184	18.8375
168	17.2904	17.5120	17.7337	17.9554	18.1770	18.3987	18.6204	18.8421	19.0637
169	17.4968	17.7211	17.9454	18.1698	18.3941	18.6184	18.8427	19.0670	19.2914
170	17.7045	17.9315	18.1584	18.3854	18.6124	18.8394	19.0664	19.2934	19.5203
171	17.9134	18.1430	18.3727	18.6024	18.8320	19.0617	19.2913	19.5210	19.7507
172	18.1235	18.3559	18.5882	18.8206	19.0529	19.2853	19.5176	19.7500	19.9823
173	18.3349	18.5699	18.8050	19.0401	19.2751	19.5102	19.7452	19.9803	20.2154
174	18.5474	18.7852	19.0230	19.2608	19.4986	19.7364	19.9742	20.2120	20.4497
175	18.7612	19.0018	19.2423	19.4828	19.7234	19.9639	20.2044	20.4449	20.6855
176	18.9763	19.2196	19.4628	19.7061	19.9494	20.1927	20.4360	20.6793	20.9226
177	19.1925	19.4386	19.6846	19.9307	20.1768	20.4228	20.6689	20.9149	21.1610
178	19.4100	19.6588	19.9077	20.1565	20.4054	20.6542	20.9031	21.1519	21.4008
179	19.6287	19.8804	20.1320	20.3837	20.6353	20.8870	21.1386	21.3903	21.6419

续表5

检尺径/cm	检尺长/m								
	7.8	7.9	8.0	8.1	8.2	8.3	8.4	8.5	8.6
	材积/m³								
180	19.8486	20.1031	20.3576	20.6120	20.8665	21.1210	21.3754	21.6299	21.8844
181	20.0698	20.3271	20.5844	20.8417	21.0990	21.3563	21.6136	21.8709	22.1282
182	20.2922	20.5523	20.8125	21.0726	21.3328	21.5929	21.8531	22.1133	22.3734
183	20.5158	20.7788	21.0418	21.3048	21.5679	21.8309	22.0939	22.3569	22.6199
184	20.7406	21.0065	21.2724	21.5383	21.8042	22.0701	22.3360	22.6019	22.8678
185	20.9666	21.2354	21.5043	21.7731	22.0419	22.3107	22.5795	22.8483	23.1171
186	21.1939	21.4656	21.7374	22.0091	22.2808	22.5525	22.8242	23.0959	23.3677
187	21.4224	21.6971	21.9717	22.2464	22.5210	22.7957	23.0703	23.3450	23.6196
188	21.6522	21.9298	22.2073	22.4849	22.7625	23.0401	23.3177	23.5953	23.8729
189	21.8831	22.1637	22.4442	22.7248	23.0053	23.2859	23.5664	23.8470	24.1275
190	22.1153	22.3988	22.6824	22.9659	23.2494	23.5329	23.8165	24.1000	24.3835
191	22.3487	22.6352	22.9217	23.2083	23.4948	23.7813	24.0678	24.3544	24.6409
192	22.5833	22.8729	23.1624	23.4519	23.7414	24.0310	24.3205	24.6100	24.8996
193	22.8192	23.1117	23.4043	23.6968	23.9894	24.2820	24.5745	24.8671	25.1596
194	23.0563	23.3519	23.6475	23.9430	24.2386	24.5342	24.8298	25.1254	25.4210
195	23.2946	23.5932	23.8919	24.1905	24.4892	24.7878	25.0865	25.3851	25.6838
196	23.5341	23.8358	24.1375	24.4393	24.7410	25.0427	25.3444	25.6461	25.9479

续表5

检尺径/cm	检尺长/m								
	7.8	7.9	8.0	8.1	8.2	8.3	8.4	8.5	8.6
	材积/m^3								
197	23.7749	24.0797	24.3845	24.6893	24.9941	25.2989	25.6037	25.9085	26.2133
198	24.0168	24.3247	24.6327	24.9406	25.2485	25.5564	25.8643	26.1722	26.4801
199	24.2600	24.5711	24.8821	25.1931	25.5042	25.8152	26.1262	26.4372	26.7483

续表5

检尺径/cm	检尺长/m								
	8.7	8.8	8.9	9.0	9.1	9.2	9.3	9.4	9.5
	材积/m^3								
10	0.0683	0.0691	0.0699	0.0707	0.0715	0.0723	0.0730	0.0738	0.0746
11	0.0827	0.0836	0.0846	0.0855	0.0865	0.0874	0.0884	0.0893	0.0903
12	0.0984	0.0995	0.1007	0.1018	0.1029	0.1040	0.1052	0.1063	0.1074
13	0.1155	0.1168	0.1181	0.1195	0.1208	0.1221	0.1234	0.1248	0.1261
14	0.1339	0.1355	0.1370	0.1385	0.1401	0.1416	0.1432	0.1447	0.1462
15	0.1537	0.1555	0.1573	0.1590	0.1608	0.1626	0.1643	0.1661	0.1679
16	0.1749	0.1769	0.1789	0.1810	0.1830	0.1850	0.1870	0.1890	0.1910
17	0.1975	0.1997	0.2020	0.2043	0.2066	0.2088	0.2111	0.2134	0.2156
18	0.2214	0.2239	0.2265	0.2290	0.2316	0.2341	0.2367	0.2392	0.2417
19	0.2467	0.2495	0.2523	0.2552	0.2580	0.2608	0.2637	0.2665	0.2694
20	0.2733	0.2765	0.2796	0.2827	0.2859	0.2890	0.2922	0.2953	0.2985
21	0.3013	0.3048	0.3083	0.3117	0.3152	0.3187	0.3221	0.3256	0.3290
22	0.3307	0.3345	0.3383	0.3421	0.3459	0.3497	0.3535	0.3573	0.3611
23	0.3615	0.3656	0.3698	0.3739	0.3781	0.3822	0.3864	0.3905	0.3947
24	0.3936	0.3981	0.4026	0.4072	0.4117	0.4162	0.4207	0.4252	0.4298
25	0.4271	0.4320	0.4369	0.4418	0.4467	0.4516	0.4565	0.4614	0.4663
26	0.4619	0.4672	0.4725	0.4778	0.4831	0.4885	0.4938	0.4991	0.5044

续表5

检尺径/cm	检尺长/m								
	8.7	8.8	8.9	9.0	9.1	9.2	9.3	9.4	9.5
	材积/m³								
27	0.4981	0.5038	0.5096	0.5153	0.5210	0.5268	0.5325	0.5382	0.5439
28	0.5357	0.5419	0.5480	0.5542	0.5603	0.5665	0.5727	0.5788	0.5850
29	0.5747	0.5813	0.5879	0.5945	0.6011	0.6077	0.6143	0.6209	0.6275
30	0.6150	0.6220	0.6291	0.6362	0.6432	0.6503	0.6574	0.6644	0.6715
31	0.6566	0.6642	0.6717	0.6793	0.6868	0.6944	0.7019	0.7095	0.7170
32	0.6997	0.7077	0.7158	0.7238	0.7319	0.7399	0.7480	0.7560	0.7640
33	0.7441	0.7527	0.7612	0.7698	0.7783	0.7869	0.7954	0.8040	0.8125
34	0.7899	0.7990	0.8081	0.8171	0.8262	0.8353	0.8444	0.8534	0.8625
35	0.8370	0.8467	0.8563	0.8659	0.8755	0.8851	0.8948	0.9044	0.9140
36	0.8856	0.8957	0.9059	0.9161	0.9263	0.9364	0.9466	0.9568	0.9670
37	0.9354	0.9462	0.9569	0.9677	0.9784	0.9892	0.9999	1.0107	1.0215
38	0.9867	0.9980	1.0094	1.0207	1.0320	1.0434	1.0547	1.0661	1.0774
39	1.0393	1.0512	1.0632	1.0751	1.0871	1.0990	1.1110	1.1229	1.1349
40	1.0933	1.1058	1.1184	1.1310	1.1435	1.1561	1.1687	1.1812	1.1938
41	1.1486	1.1618	1.1750	1.1882	1.2014	1.2146	1.2278	1.2410	1.2542
42	1.2053	1.2192	1.2330	1.2469	1.2608	1.2746	1.2885	1.3023	1.3162
43	1.2634	1.2779	1.2925	1.3070	1.3215	1.3360	1.3506	1.3651	1.3796

续表5

检尺径/cm	检尺长/m								
	8.7	8.8	8.9	9.0	9.1	9.2	9.3	9.4	9.5
	材积/m³								
44	1.3229	1.3381	1.3533	1.3685	1.3837	1.3989	1.4141	1.4293	1.4445
45	1.3837	1.3996	1.4155	1.4314	1.4473	1.4632	1.4791	1.4950	1.5109
46	1.4459	1.4625	1.4791	1.4957	1.5123	1.5290	1.5456	1.5622	1.5788
47	1.5094	1.5268	1.5441	1.5615	1.5788	1.5962	1.6135	1.6309	1.6482
48	1.5743	1.5924	1.6105	1.6286	1.6467	1.6648	1.6829	1.7010	1.7191
49	1.6406	1.6595	1.6783	1.6972	1.7160	1.7349	1.7537	1.7726	1.7915
50	1.7082	1.7279	1.7475	1.7672	1.7868	1.8064	1.8261	1.8457	1.8653
51	1.7773	1.7977	1.8181	1.8385	1.8590	1.8794	1.8998	1.9203	1.9407
52	1.8476	1.8689	1.8901	1.9113	1.9326	1.9538	1.9751	1.9963	2.0175
53	1.9194	1.9414	1.9635	1.9856	2.0076	2.0297	2.0518	2.0738	2.0959
54	1.9925	2.0154	2.0383	2.0612	2.0841	2.1070	2.1299	2.1528	2.1757
55	2.0670	2.0907	2.1145	2.1383	2.1620	2.1858	2.2095	2.2333	2.2570
56	2.1428	2.1675	2.1921	2.2167	2.2413	2.2660	2.2906	2.3152	2.3399
57	2.2200	2.2456	2.2711	2.2966	2.3221	2.3476	2.3731	2.3987	2.4242
58	2.2986	2.3250	2.3515	2.3779	2.4043	2.4307	2.4571	2.4836	2.5100
59	2.3786	2.4059	2.4332	2.4606	2.4879	2.5153	2.5426	2.5699	2.5973
60	2.4599	2.4881	2.5164	2.5447	2.5730	2.6012	2.6295	2.6578	2.6861

续表5

检尺径/cm	检尺长/m								
	8.7	8.8	8.9	9.0	9.1	9.2	9.3	9.4	9.5
	材积/m³								
61	2.5426	2.5718	2.6010	2.6302	2.6595	2.6887	2.7179	2.7471	2.7763
62	2.6266	2.6568	2.6870	2.7172	2.7474	2.7776	2.8077	2.8379	2.8681
63	2.7120	2.7432	2.7744	2.8055	2.8367	2.8679	2.8990	2.9302	2.9614
64	2.7988	2.8310	2.8631	2.8953	2.9275	2.9596	2.9918	3.0240	3.0561
65	2.8869	2.9201	2.9533	2.9865	3.0197	3.0528	3.0860	3.1192	3.1524
66	2.9764	3.0107	3.0449	3.0791	3.1133	3.1475	3.1817	3.2159	3.2501
67	3.0673	3.1026	3.1378	3.1731	3.2084	3.2436	3.2789	3.3141	3.3494
68	3.1596	3.1959	3.2322	3.2685	3.3048	3.3412	3.3775	3.4138	3.4501
69	3.2532	3.2906	3.3280	3.3654	3.4028	3.4401	3.4775	3.5149	3.5523
70	3.3482	3.3866	3.4251	3.4636	3.5021	3.5406	3.5791	3.6176	3.6560
71	3.4445	3.4841	3.5237	3.5633	3.6029	3.6425	3.6821	3.7216	3.7612
72	3.5422	3.5829	3.6236	3.6644	3.7051	3.7458	3.7865	3.8272	3.8679
73	3.6413	3.6831	3.7250	3.7669	3.8087	3.8506	3.8924	3.9343	3.9761
74	3.7417	3.7847	3.8278	3.8708	3.9138	3.9568	3.9998	4.0428	4.0858
75	3.8436	3.8877	3.9319	3.9761	4.0203	4.0644	4.1086	4.1528	4.1970
76	3.9467	3.9921	4.0375	4.0828	4.1282	4.1736	4.2189	4.2643	4.3096
77	4.0513	4.0978	4.1444	4.1910	4.2375	4.2841	4.3307	4.3772	4.4238

四、东南亚、非洲、南美洲原木材积表

续表5

检尺径/cm	检尺长/m								
	9.6	9.7	9.8	9.9	10.0	10.1	10.2	10.3	10.4
	材积/m³								
44	1.4597	1.4749	1.4901	1.5053	1.5205	1.5357	1.5509	1.5662	1.5814
45	1.5268	1.5427	1.5586	1.5745	1.5904	1.6063	1.6222	1.6381	1.6541
46	1.5954	1.6120	1.6287	1.6453	1.6619	1.6785	1.6951	1.7118	1.7284
47	1.6656	1.6829	1.7002	1.7176	1.7349	1.7523	1.7696	1.7870	1.8043
48	1.7372	1.7553	1.7734	1.7915	1.8096	1.8277	1.8458	1.8638	1.8819
49	1.8103	1.8292	1.8480	1.8669	1.8857	1.9046	1.9235	1.9423	1.9612
50	1.8850	1.9046	1.9242	1.9439	1.9635	1.9831	2.0028	2.0224	2.0420
51	1.9611	1.9815	2.0020	2.0224	2.0428	2.0633	2.0837	2.1041	2.1245
52	2.0388	2.0600	2.0812	2.1025	2.1237	2.1450	2.1662	2.1874	2.2087
53	2.1179	2.1400	2.1621	2.1841	2.2062	2.2283	2.2503	2.2724	2.2944
54	2.1986	2.2215	2.2444	2.2673	2.2902	2.3131	2.3360	2.3589	2.3818
55	2.2808	2.3046	2.3283	2.3521	2.3758	2.3996	2.4234	2.4471	2.4709
56	2.3645	2.3891	2.4138	2.4384	2.4630	2.4876	2.5123	2.5369	2.5615
57	2.4497	2.4752	2.5007	2.5262	2.5518	2.5773	2.6028	2.6283	2.6538
58	2.5364	2.5628	2.5892	2.6157	2.6421	2.6685	2.6949	2.7213	2.7478
59	2.6246	2.6520	2.6793	2.7066	2.7340	2.7613	2.7887	2.8160	2.8433
60	2.7143	2.7426	2.7709	2.7992	2.8274	2.8557	2.8840	2.9123	2.9405

续表5

检尺径/cm	检尺长/m								
	9.6	9.7	9.8	9.9	10.0	10.1	10.2	10.3	10.4
	材积/m^3								
61	2.8056	2.8348	2.8640	2.8932	2.9225	2.9517	2.9809	3.0101	3.0394
62	2.8983	2.9285	2.9587	2.9889	3.0191	3.0493	3.0795	3.1096	3.1398
63	2.9926	3.0237	3.0549	3.0861	3.1173	3.1484	3.1796	3.2108	3.2419
64	3.0883	3.1205	3.1527	3.1848	3.2170	3.2492	3.2813	3.3135	3.3457
65	3.1856	3.2188	3.2519	3.2851	3.3183	3.3515	3.3847	3.4179	3.4510
66	3.2844	3.3186	3.3528	3.3870	3.4212	3.4554	3.4896	3.5238	3.5581
67	3.3846	3.4199	3.4551	3.4904	3.5257	3.5609	3.5962	3.6314	3.6667
68	3.4864	3.5227	3.5591	3.5954	3.6317	3.6680	3.7043	3.7406	3.7770
69	3.5897	3.6271	3.6645	3.7019	3.7393	3.7767	3.8141	3.8515	3.8889
70	3.6945	3.7330	3.7715	3.8100	3.8485	3.8869	3.9254	3.9639	4.0024
71	3.8008	3.8404	3.8800	3.9196	3.9592	3.9988	4.0384	4.0780	4.1176
72	3.9087	3.9494	3.9901	4.0308	4.0715	4.1122	4.1529	4.1937	4.2344
73	4.0180	4.0598	4.1017	4.1435	4.1854	4.2273	4.2691	4.3110	4.3528
74	4.1288	4.1718	4.2148	4.2578	4.3009	4.3439	4.3869	4.4299	4.4729
75	4.2412	4.2853	4.3295	4.3737	4.4179	4.4621	4.5062	4.5504	4.5946
76	4.3550	4.4004	4.4457	4.4911	4.5365	4.5818	4.6272	4.6726	4.7179
77	4.4704	4.5169	4.5635	4.6101	4.6566	4.7032	4.7498	4.7963	4.8429

续表5

检尺径/cm	检尺长/m								
	9.6	9.7	9.8	9.9	10.0	10.1	10.2	10.3	10.4
	材积/m³								
78	4.5872	4.6350	4.6828	4.7306	4.7784	4.8262	4.8739	4.9217	4.9695
79	4.7056	4.7546	4.8036	4.8527	4.9017	4.9507	4.9997	5.0487	5.0977
80	4.8255	4.8758	4.9260	4.9763	5.0266	5.0768	5.1271	5.1774	5.2276
81	4.9469	4.9984	5.0499	5.1015	5.1530	5.2045	5.2561	5.3076	5.3591
82	5.0698	5.1226	5.1754	5.2282	5.2810	5.3338	5.3867	5.4395	5.4923
83	5.1942	5.2483	5.3024	5.3565	5.4106	5.4647	5.5188	5.5729	5.6270
84	5.3201	5.3755	5.4309	5.4864	5.5418	5.5972	5.6526	5.7080	5.7635
85	5.4475	5.5043	5.5610	5.6178	5.6745	5.7313	5.7880	5.8448	5.9015
86	5.5765	5.6346	5.6926	5.7507	5.8088	5.8669	5.9250	5.9831	6.0412
87	5.7069	5.7664	5.8258	5.8852	5.9447	6.0041	6.0636	6.1230	6.1825
88	5.8389	5.8997	5.9605	6.0213	6.0821	6.1430	6.2038	6.2646	6.3254
89	5.9723	6.0345	6.0967	6.1589	6.2212	6.2834	6.3456	6.4078	6.4700
90	6.1073	6.1709	6.2345	6.2981	6.3617	6.4254	6.4890	6.5526	6.6162
91	6.2437	6.3088	6.3738	6.4389	6.5039	6.5689	6.6340	6.6990	6.7641
92	6.3817	6.4482	6.5147	6.5811	6.6476	6.7141	6.7806	6.8471	6.9135
93	6.5212	6.5891	6.6571	6.7250	6.7929	6.8609	6.9288	6.9967	7.0646
94	6.6622	6.7316	6.8010	6.8704	6.9398	7.0092	7.0786	7.1480	7.2174

续表5

检尺径/cm	检尺长/m								
	9.6	9.7	9.8	9.9	10.0	10.1	10.2	10.3	10.4
	材积/m^3								
95	6.8047	6.8756	6.9465	7.0174	7.0882	7.1591	7.2300	7.3009	7.3718
96	6.9487	7.0211	7.0935	7.1659	7.2382	7.3106	7.3830	7.4554	7.5278
97	7.0942	7.1681	7.2420	7.3159	7.3898	7.4637	7.5376	7.6115	7.6854
98	7.2413	7.3167	7.3921	7.4676	7.5430	7.6184	7.6938	7.7693	7.8447
99	7.3898	7.4668	7.5438	7.6207	7.6977	7.7747	7.8517	7.9286	8.0056
100	7.5398	7.6184	7.6969	7.7755	7.8540	7.9325	8.0111	8.0896	8.1682
101	7.6914	7.7715	7.8516	7.9317	8.0119	8.0920	8.1721	8.2522	8.3323
102	7.8444	7.9262	8.0079	8.0896	8.1713	8.2530	8.3347	8.4164	8.4982
103	7.9990	8.0823	8.1657	8.2490	8.3323	8.4156	8.4990	8.5823	8.6656
104	8.1551	8.2400	8.3250	8.4099	8.4949	8.5798	8.6648	8.7497	8.8347
105	8.3127	8.3993	8.4859	8.5724	8.6590	8.7456	8.8322	8.9188	9.0054
106	8.4718	8.5600	8.6483	8.7365	8.8248	8.9130	9.0012	9.0895	9.1777
107	8.6324	8.7223	8.8122	8.9021	8.9920	9.0820	9.1719	9.2618	9.3517
108	8.7945	8.8861	8.9777	9.0693	9.1609	9.2525	9.3441	9.4357	9.5273
109	8.9581	9.0514	9.1447	9.2380	9.3313	9.4247	9.5180	9.6113	9.7046
110	9.1232	9.2182	9.3133	9.4083	9.5033	9.5984	9.6934	9.7884	9.8835
111	9.2898	9.3866	9.4834	9.5801	9.6769	9.7737	9.8705	9.9672	10.0640

续表5

检尺径/cm	检尺长/m								
	9.6	9.7	9.8	9.9	10.0	10.1	10.2	10.3	10.4
	材积/m^3								
112	9.4580	9.5565	9.6550	9.7535	9.8521	9.9506	10.0491	10.1476	10.2461
113	9.6276	9.7279	9.8282	9.9285	10.0288	10.1291	10.2293	10.3296	10.4299
114	9.7988	9.9008	10.0029	10.1050	10.2071	10.3091	10.4112	10.5133	10.6153
115	9.9714	10.0753	10.1792	10.2830	10.3869	10.4908	10.5947	10.6985	10.8024
116	10.1456	10.2513	10.3570	10.4627	10.5683	10.6740	10.7797	10.8854	10.9911
117	10.3213	10.4288	10.5363	10.6438	10.7513	10.8589	10.9664	11.0739	11.1814
118	10.4985	10.6078	10.7172	10.8266	10.9359	11.0453	11.1546	11.2640	11.3733
119	10.6772	10.7884	10.8996	11.0108	11.1220	11.2333	11.3445	11.4557	11.5669
120	10.8574	10.9705	11.0836	11.1967	11.3098	11.4229	11.5360	11.6491	11.7622
121	11.0391	11.1541	11.2691	11.3841	11.4990	11.6140	11.7290	11.8440	11.9590
122	11.2223	11.3392	11.4561	11.5730	11.6899	11.8068	11.9237	12.0406	12.1575
123	11.4070	11.5258	11.6447	11.7635	11.8823	12.0011	12.1200	12.2388	12.3576
124	11.5933	11.7140	11.8348	11.9555	12.0763	12.1971	12.3178	12.4386	12.5594
125	11.7810	11.9037	12.0264	12.1492	12.2719	12.3946	12.5173	12.6400	12.7628
126	11.9702	12.0949	12.2196	12.3443	12.4690	12.5937	12.7184	12.8431	12.9678
127	12.1610	12.2877	12.4144	12.5410	12.6677	12.7944	12.9211	13.0477	13.1744
128	12.3533	12.4820	12.6106	12.7393	12.8680	12.9967	13.1254	13.2540	13.3827

续表5

检尺径/cm	检尺长/m								
	9.6	9.7	9.8	9.9	10.0	10.1	10.2	10.3	10.4
	材积/m^3								
129	12.5470	12.6777	12.8084	12.9391	13.0698	13.2005	13.3312	13.4619	13.5926
130	12.7423	12.8751	13.0078	13.1405	13.2733	13.4060	13.5387	13.6715	13.8042
131	12.9391	13.0739	13.2087	13.3435	13.4782	13.6130	13.7478	13.8826	14.0174
132	13.1374	13.2743	13.4111	13.5480	13.6848	13.8217	13.9585	14.0954	14.2322
133	13.3372	13.4762	13.6151	13.7540	13.8929	14.0319	14.1708	14.3097	14.4487
134	13.5385	13.6796	13.8206	13.9616	14.1026	14.2437	14.3847	14.5257	14.6667
135	13.7414	13.8845	14.0276	14.1708	14.3139	14.4571	14.6002	14.7433	14.8865
136	13.9457	14.0910	14.2362	14.3815	14.5268	14.6720	14.8173	14.9626	15.1078
137	14.1515	14.2989	14.4463	14.5938	14.7412	14.8886	15.0360	15.1834	15.3308
138	14.3589	14.5084	14.6580	14.8076	14.9572	15.1067	15.2563	15.4059	15.5554
139	14.5677	14.7195	14.8712	15.0230	15.1747	15.3265	15.4782	15.6300	15.7817
140	14.7781	14.9320	15.0860	15.2399	15.3938	15.5478	15.7017	15.8557	16.0096
141	14.9900	15.1461	15.3022	15.4584	15.6145	15.7707	15.9268	16.0830	16.2391
142	15.2033	15.3617	15.5201	15.6784	15.8368	15.9952	16.1535	16.3119	16.4703
143	15.4182	15.5788	15.7394	15.9000	16.0606	16.2213	16.3819	16.5425	16.7031
144	15.6346	15.7975	15.9603	16.1232	16.2861	16.4489	16.6118	16.7746	16.9375
145	15.8525	16.0176	16.1828	16.3479	16.5130	16.6782	16.8433	17.0084	17.1736

续表5

检尺径/cm	检尺长/m								
	9.6	9.7	9.8	9.9	10.0	10.1	10.2	10.3	10.4
	材积/m^3								
146	16.0719	16.2393	16.4068	16.5742	16.7416	16.9090	17.0764	17.2438	17.4112
147	16.2928	16.4626	16.6323	16.8020	16.9717	17.1414	17.3111	17.4809	17.6506
148	16.5153	16.6873	16.8593	17.0314	17.2034	17.3754	17.5475	17.7195	17.8915
149	16.7392	16.9136	17.0879	17.2623	17.4367	17.6110	17.7854	17.9598	18.1341
150	16.9646	17.1414	17.3181	17.4948	17.6715	17.8482	18.0249	18.2016	18.3784
151	17.1916	17.3707	17.5497	17.7288	17.9079	18.0870	18.2661	18.4451	18.6242
152	17.4200	17.6015	17.7830	17.9644	18.1459	18.3273	18.5088	18.6903	18.8717
153	17.6500	17.8339	18.0177	18.2016	18.3854	18.5693	18.7531	18.9370	19.1208
154	17.8815	18.0678	18.2540	18.4403	18.6265	18.8128	18.9991	19.1853	19.3716
155	18.1145	18.3032	18.4919	18.6805	18.8692	19.0579	19.2466	19.4353	19.6240
156	18.3490	18.5401	18.7312	18.9224	19.1135	19.3046	19.4958	19.6869	19.8780
157	18.5850	18.7785	18.9721	19.1657	19.3593	19.5529	19.7465	19.9401	20.1337
158	18.8225	19.0185	19.2146	19.4107	19.6067	19.8028	19.9989	20.1949	20.3910
159	19.0615	19.2600	19.4586	19.6571	19.8557	20.0543	20.2528	20.4514	20.6499
160	19.3020	19.5031	19.7041	19.9052	20.1062	20.3073	20.5084	20.7094	20.9105
161	19.5440	19.7476	19.9512	20.1548	20.3584	20.5619	20.7655	20.9691	21.1727
162	19.7876	19.9937	20.1998	20.4059	20.6120	20.8182	21.0243	21.2304	21.4365

续表5

检尺径/cm	检尺长/m								
	9.6	9.7	9.8	9.9	10.0	10.1	10.2	10.3	10.4
	材积/m³								
163	20.0326	20.2413	20.4499	20.6586	20.8673	21.0760	21.2846	21.4933	21.7020
164	20.2792	20.4904	20.7016	20.9129	21.1241	21.3354	21.5466	21.7578	21.9691
165	20.5272	20.7410	20.9549	21.1687	21.3825	21.5963	21.8102	22.0240	22.2378
166	20.7768	20.9932	21.2096	21.4261	21.6425	21.8589	22.0753	22.2918	22.5082
167	21.0279	21.2469	21.4659	21.6850	21.9040	22.1231	22.3421	22.5611	22.7802
168	21.2804	21.5021	21.7238	21.9455	22.1671	22.3888	22.6105	22.8321	23.0538
169	21.5345	21.7589	21.9832	22.2075	22.4318	22.6561	22.8804	23.1048	23.3291
170	21.7901	22.0171	22.2441	22.4711	22.6981	22.9250	23.1520	23.3790	23.6060
171	22.0472	22.2769	22.5066	22.7362	22.9659	23.1955	23.4252	23.6549	23.8845
172	22.3059	22.5382	22.7706	23.0029	23.2353	23.4676	23.7000	23.9323	24.1647
173	22.5660	22.8010	23.0361	23.2712	23.5062	23.7413	23.9764	24.2114	24.4465
174	22.8276	23.0654	23.3032	23.5410	23.7788	24.0166	24.2543	24.4921	24.7299
175	23.0908	23.3313	23.5718	23.8123	24.0529	24.2934	24.5339	24.7745	25.0150
176	23.3554	23.5987	23.8420	24.0853	24.3286	24.5718	24.8151	25.0584	25.3017
177	23.6216	23.8676	24.1137	24.3597	24.6058	24.8519	25.0979	25.3440	25.5900
178	23.8892	24.1381	24.3869	24.6358	24.8846	25.1335	25.3823	25.6312	25.8800
179	24.1584	24.4101	24.6617	24.9134	25.1650	25.4167	25.6683	25.9200	26.1716

续表5

检尺径/cm	检尺长/m								
	9.6	9.7	9.8	9.9	10.0	10.1	10.2	10.3	10.4
	材积/m³								
180	24.4291	24.6836	24.9380	25.1925	25.4470	25.7014	25.9559	26.2104	26.4648
181	24.7013	24.9586	25.2159	25.4732	25.7305	25.9878	26.2451	26.5024	26.7597
182	24.9750	25.2351	25.4953	25.7554	26.0156	26.2757	26.5359	26.7961	27.0562
183	25.2502	25.5132	25.7762	26.0392	26.3023	26.5653	26.8283	27.0913	27.3544
184	25.5269	25.7928	26.0587	26.3246	26.5905	26.8564	27.1223	27.3882	27.6541
185	25.8051	26.0739	26.3427	26.6115	26.8803	27.1491	27.4179	27.6867	27.9555
186	26.0848	26.3565	26.6283	26.9000	27.1717	27.4434	27.7151	27.9868	28.2586
187	26.3661	26.6407	26.9154	27.1900	27.4647	27.7393	28.0139	28.2886	28.5632
188	26.6488	26.9264	27.2040	27.4816	27.7592	28.0368	28.3144	28.5920	28.8695
189	26.9331	27.2136	27.4942	27.7747	28.0553	28.3358	28.6164	28.8969	29.1775
190	27.2188	27.5024	27.7859	28.0694	28.3529	28.6365	28.9200	29.2035	29.4871
191	27.5061	27.7926	28.0791	28.3657	28.6522	28.9387	29.2252	29.5117	29.7983
192	27.7949	28.0844	28.3739	28.6635	28.9530	29.2425	29.5320	29.8216	30.1111
193	28.0852	28.3777	28.6703	28.9628	29.2554	29.5479	29.8405	30.1330	30.4256
194	28.3769	28.6725	28.9681	29.2637	29.5593	29.8549	30.1505	30.4461	30.7417
195	28.6702	28.9689	29.2675	29.5662	29.8648	30.1635	30.4621	30.7608	31.0594
196	28.9650	29.2668	29.5685	29.8702	30.1719	30.4736	30.7754	31.0771	31.3788

续表5

检尺径/cm	检尺长/m								
	9.6	9.7	9.8	9.9	10.0	10.1	10.2	10.3	10.4
	材积/m^3								
197	29.2614	29.5662	29.8710	30.1758	30.4806	30.7854	31.0902	31.3950	31.6998
198	29.5592	29.8671	30.1750	30.4829	30.7908	31.0987	31.4066	31.7145	32.0225
199	29.8585	30.1695	30.4806	30.7916	31.1026	31.4137	31.7247	32.0357	32.3467

续表5

检尺径/cm	检尺长/m								
	10.5	10.6	10.7	10.8	10.9	11.0	11.1	11.2	11.3
	材积/m^3								
10	0.0825	0.0833	0.0840	0.0848	0.0856	0.0864	0.0872	0.0880	0.0888
11	0.0998	0.1007	0.1017	0.1026	0.1036	0.1045	0.1055	0.1064	0.1074
12	0.1188	0.1199	0.1210	0.1221	0.1233	0.1244	0.1255	0.1267	0.1278
13	0.1394	0.1407	0.1420	0.1434	0.1447	0.1460	0.1473	0.1487	0.1500
14	0.1616	0.1632	0.1647	0.1663	0.1678	0.1693	0.1709	0.1724	0.1740
15	0.1856	0.1873	0.1891	0.1909	0.1926	0.1944	0.1962	0.1979	0.1997
16	0.2111	0.2131	0.2151	0.2171	0.2192	0.2212	0.2232	0.2252	0.2272
17	0.2383	0.2406	0.2429	0.2451	0.2474	0.2497	0.2519	0.2542	0.2565
18	0.2672	0.2697	0.2723	0.2748	0.2774	0.2799	0.2825	0.2850	0.2876
19	0.2977	0.3005	0.3034	0.3062	0.3090	0.3119	0.3147	0.3176	0.3204
20	0.3299	0.3330	0.3362	0.3393	0.3424	0.3456	0.3487	0.3519	0.3550
21	0.3637	0.3671	0.3706	0.3741	0.3775	0.3810	0.3845	0.3879	0.3914
22	0.3991	0.4029	0.4067	0.4105	0.4143	0.4181	0.4219	0.4257	0.4296
23	0.4363	0.4404	0.4446	0.4487	0.4529	0.4570	0.4612	0.4653	0.4695
24	0.4750	0.4795	0.4841	0.4886	0.4931	0.4976	0.5022	0.5067	0.5112
25	0.5154	0.5203	0.5252	0.5301	0.5351	0.5400	0.5449	0.5498	0.5547
26	0.5575	0.5628	0.5681	0.5734	0.5787	0.5840	0.5893	0.5946	0.6000

续表5

检尺径/cm	检尺长/m								
	10.5	10.6	10.7	10.8	10.9	11.0	11.1	11.2	11.3
	材积/m^3								
27	0.6012	0.6069	0.6126	0.6184	0.6241	0.6298	0.6355	0.6413	0.6470
28	0.6465	0.6527	0.6589	0.6650	0.6712	0.6773	0.6835	0.6896	0.6958
29	0.6935	0.7002	0.7068	0.7134	0.7200	0.7266	0.7332	0.7398	0.7464
30	0.7422	0.7493	0.7563	0.7634	0.7705	0.7775	0.7846	0.7917	0.7988
31	0.7925	0.8001	0.8076	0.8152	0.8227	0.8302	0.8378	0.8453	0.8529
32	0.8445	0.8525	0.8605	0.8686	0.8766	0.8847	0.8927	0.9008	0.9088
33	0.8981	0.9066	0.9152	0.9237	0.9323	0.9408	0.9494	0.9579	0.9665
34	0.9533	0.9624	0.9715	0.9806	0.9896	0.9987	1.0078	1.0169	1.0260
35	1.0102	1.0198	1.0295	1.0391	1.0487	1.0583	1.0679	1.0776	1.0872
36	1.0688	1.0790	1.0891	1.0993	1.1095	1.1197	1.1298	1.1400	1.1502
37	1.1290	1.1397	1.1505	1.1612	1.1720	1.1827	1.1935	1.2042	1.2150
38	1.1908	1.2022	1.2135	1.2248	1.2362	1.2475	1.2589	1.2702	1.2816
39	1.2543	1.2663	1.2782	1.2902	1.3021	1.3141	1.3260	1.3379	1.3499
40	1.3195	1.3320	1.3446	1.3572	1.3697	1.3823	1.3949	1.4074	1.4200
41	1.3863	1.3995	1.4127	1.4259	1.4391	1.4523	1.4655	1.4787	1.4919
42	1.4547	1.4686	1.4824	1.4963	1.5101	1.5240	1.5378	1.5517	1.5656
43	1.5248	1.5393	1.5539	1.5684	1.5829	1.5974	1.6119	1.6265	1.6410

续表5

检尺径/cm	检尺长/m								
	10.5	10.6	10.7	10.8	10.9	11.0	11.1	11.2	11.3
	材积/m³								
44	1.5966	1.6118	1.6270	1.6422	1.6574	1.6726	1.6878	1.7030	1.7182
45	1.6700	1.6859	1.7018	1.7177	1.7336	1.7495	1.7654	1.7813	1.7972
46	1.7450	1.7616	1.7782	1.7949	1.8115	1.8281	1.8447	1.8613	1.8780
47	1.8217	1.8390	1.8564	1.8737	1.8911	1.9084	1.9258	1.9431	1.9605
48	1.9000	1.9181	1.9362	1.9543	1.9724	1.9905	2.0086	2.0267	2.0448
49	1.9800	1.9989	2.0177	2.0366	2.0555	2.0743	2.0932	2.1120	2.1309
50	2.0617	2.0813	2.1009	2.1206	2.1402	2.1599	2.1795	2.1991	2.2188
51	2.1450	2.1654	2.1858	2.2063	2.2267	2.2471	2.2675	2.2880	2.3084
52	2.2299	2.2511	2.2724	2.2936	2.3149	2.3361	2.3573	2.3786	2.3998
53	2.3165	2.3386	2.3606	2.3827	2.4047	2.4268	2.4489	2.4709	2.4930
54	2.4047	2.4276	2.4505	2.4734	2.4963	2.5192	2.5422	2.5651	2.5880
55	2.4946	2.5184	2.5421	2.5659	2.5897	2.6134	2.6372	2.6609	2.6847
56	2.5862	2.6108	2.6354	2.6601	2.6847	2.7093	2.7339	2.7586	2.7832
57	2.6794	2.7049	2.7304	2.7559	2.7814	2.8069	2.8325	2.8580	2.8835
58	2.7742	2.8006	2.8270	2.8535	2.8799	2.9063	2.9327	2.9591	2.9856
59	2.8707	2.8980	2.9254	2.9527	2.9800	3.0074	3.0347	3.0621	3.0894
60	2.9688	2.9971	3.0254	3.0536	3.0819	3.1102	3.1385	3.1667	3.1950

续表5

检尺径/cm	检尺长/m								
	10.5	10.6	10.7	10.8	10.9	11.0	11.1	11.2	11.3
	材积/m³								
61	3.0686	3.0978	3.1270	3.1563	3.1855	3.2147	3.2439	3.2732	3.3024
62	3.1700	3.2002	3.2304	3.2606	3.2908	3.3210	3.3512	3.3814	3.4116
63	3.2731	3.3043	3.3355	3.3666	3.3978	3.4290	3.4602	3.4913	3.5225
64	3.3778	3.4100	3.4422	3.4744	3.5065	3.5387	3.5709	3.6030	3.6352
65	3.4842	3.5174	3.5506	3.5838	3.6170	3.6501	3.6833	3.7165	3.7497
66	3.5923	3.6265	3.6607	3.6949	3.7291	3.7633	3.7975	3.8317	3.8660
67	3.7019	3.7372	3.7725	3.8077	3.8430	3.8782	3.9135	3.9487	3.9840
68	3.8133	3.8496	3.8859	3.9222	3.9585	3.9949	4.0312	4.0675	4.1038
69	3.9263	3.9636	4.0010	4.0384	4.0758	4.1132	4.1506	4.1880	4.2254
70	4.0409	4.0794	4.1179	4.1563	4.1948	4.2333	4.2718	4.3103	4.3488
71	4.1572	4.1968	4.2363	4.2759	4.3155	4.3551	4.3947	4.4343	4.4739
72	4.2751	4.3158	4.3565	4.3972	4.4379	4.4787	4.5194	4.5601	4.6008
73	4.3947	4.4365	4.4784	4.5202	4.5621	4.6039	4.6458	4.6876	4.7295
74	4.5159	4.5589	4.6019	4.6449	4.6879	4.7309	4.7739	4.8170	4.8600
75	4.6388	4.6829	4.7271	4.7713	4.8155	4.8597	4.9038	4.9480	4.9922
76	4.7633	4.8087	4.8540	4.8994	4.9448	4.9901	5.0355	5.0808	5.1262
77	4.8895	4.9360	4.9826	5.0292	5.0757	5.1223	5.1689	5.2154	5.2620

续表5

检尺径/cm	检尺长/m								
	10.5	10.6	10.7	10.8	10.9	11.0	11.1	11.2	11.3
	材积/m³								
78	5.0173	5.0651	5.1129	5.1606	5.2084	5.2562	5.3040	5.3518	5.3996
79	5.1468	5.1958	5.2448	5.2938	5.3428	5.3918	5.4409	5.4899	5.5389
80	5.2779	5.3282	5.3784	5.4287	5.4790	5.5292	5.5795	5.6297	5.6800
81	5.4107	5.4622	5.5137	5.5653	5.6168	5.6683	5.7198	5.7714	5.8229
82	5.5451	5.5979	5.6507	5.7035	5.7563	5.8091	5.8619	5.9148	5.9676
83	5.6812	5.7353	5.7894	5.8435	5.8976	5.9517	6.0058	6.0599	6.1140
84	5.8189	5.8743	5.9297	5.9851	6.0405	6.0960	6.1514	6.2068	6.2622
85	5.9582	6.0150	6.0717	6.1285	6.1852	6.2420	6.2987	6.3555	6.4122
86	6.0993	6.1573	6.2154	6.2735	6.3316	6.3897	6.4478	6.5059	6.5640
87	6.2419	6.3014	6.3608	6.4203	6.4797	6.5392	6.5986	6.6581	6.7175
88	6.3862	6.4471	6.5079	6.5687	6.6295	6.6904	6.7512	6.8120	6.8728
89	6.5322	6.5944	6.6566	6.7188	6.7811	6.8433	6.9055	6.9677	7.0299
90	6.6798	6.7434	6.8071	6.8707	6.9343	6.9979	7.0615	7.1251	7.1888
91	6.8291	6.8941	6.9592	7.0242	7.0892	7.1543	7.2193	7.2844	7.3494
92	6.9800	7.0465	7.1130	7.1794	7.2459	7.3124	7.3789	7.4453	7.5118
93	7.1326	7.2005	7.2684	7.3364	7.4043	7.4722	7.5401	7.6081	7.6760
94	7.2868	7.3562	7.4256	7.4950	7.5644	7.6338	7.7032	7.7726	7.8420

续表5

检尺径/cm	检尺长/m								
	10.5	10.6	10.7	10.8	10.9	11.0	11.1	11.2	11.3
	材积/m³								
95	7.4426	7.5135	7.5844	7.6553	7.7262	7.7971	7.8679	7.9388	8.0097
96	7.6002	7.6725	7.7449	7.8173	7.8897	7.9621	8.0345	8.1068	8.1792
97	7.7593	7.8332	7.9071	7.9810	8.0549	8.1288	8.2027	8.2766	8.3505
98	7.9201	7.9956	8.0710	8.1464	8.2218	8.2973	8.3727	8.4481	8.5236
99	8.0826	8.1596	8.2365	8.3135	8.3905	8.4675	8.5445	8.6214	8.6984
100	8.2467	8.3252	8.4038	8.4823	8.5609	8.6394	8.7179	8.7965	8.8750
101	8.4125	8.4926	8.5727	8.6528	8.7329	8.8131	8.8932	8.9733	9.0534
102	8.5799	8.6616	8.7433	8.8250	8.9067	8.9884	9.0701	9.1519	9.2336
103	8.7489	8.8322	8.9156	8.9989	9.0822	9.1655	9.2489	9.3322	9.4155
104	8.9196	9.0046	9.0895	9.1745	9.2594	9.3444	9.4293	9.5143	9.5992
105	9.0920	9.1786	9.2652	9.3518	9.4383	9.5249	9.6115	9.6981	9.7847
106	9.2660	9.3542	9.4425	9.5307	9.6190	9.7072	9.7955	9.8837	9.9720
107	9.4416	9.5316	9.6215	9.7114	9.8013	9.8912	9.9812	10.0711	10.1610
108	9.6190	9.7106	9.8022	9.8938	9.9854	10.0770	10.1686	10.2602	10.3518
109	9.7979	9.8912	9.9845	10.0778	10.1712	10.2645	10.3578	10.4511	10.5444
110	9.9785	10.0735	10.1686	10.2636	10.3586	10.4537	10.5487	10.6437	10.7388
111	10.1608	10.2575	10.3543	10.4511	10.5478	10.6446	10.7414	10.8381	10.9349

续表5

检尺径/cm	检尺长/m								
	10.5	10.6	10.7	10.8	10.9	11.0	11.1	11.2	11.3
	材积/m³								
112	10.3447	10.4432	10.5417	10.6402	10.7387	10.8373	10.9358	11.0343	11.1328
113	10.5302	10.6305	10.7308	10.8311	10.9314	11.0316	11.1319	11.2322	11.3325
114	10.7174	10.8195	10.9216	11.0236	11.1257	11.2278	11.3298	11.4319	11.5340
115	10.9063	11.0101	11.1140	11.2179	11.3217	11.4256	11.5295	11.6333	11.7372
116	11.0968	11.2024	11.3081	11.4138	11.5195	11.6252	11.7309	11.8365	11.9422
117	11.2889	11.3964	11.5039	11.6114	11.7190	11.8265	11.9340	12.0415	12.1490
118	11.4827	11.5921	11.7014	11.8108	11.9201	12.0295	12.1389	12.2482	12.3576
119	11.6782	11.7894	11.9006	12.0118	12.1230	12.2343	12.3455	12.4567	12.5679
120	11.8752	11.9883	12.1014	12.2145	12.3276	12.4407	12.5538	12.6669	12.7800
121	12.0740	12.1890	12.3040	12.4190	12.5340	12.6489	12.7639	12.8789	12.9939
122	12.2744	12.3913	12.5082	12.6251	12.7420	12.8589	12.9758	13.0927	13.2096
123	12.4764	12.5953	12.7141	12.8329	12.9517	13.0705	13.1894	13.3082	13.4270
124	12.6801	12.8009	12.9217	13.0424	13.1632	13.2839	13.4047	13.5255	13.6462
125	12.8855	13.0082	13.1309	13.2536	13.3763	13.4991	13.6218	13.7445	13.8672
126	13.0925	13.2172	13.3418	13.4665	13.5912	13.7159	13.8406	13.9653	14.0900
127	13.3011	13.4278	13.5545	13.6811	13.8078	13.9345	14.0612	14.1878	14.3145
128	13.5114	13.6401	13.7688	13.8974	14.0261	14.1548	14.2835	14.4122	14.5408

续表5

检尺径/cm	检尺长/m								
	10.5	10.6	10.7	10.8	10.9	11.0	11.1	11.2	11.3
	材积/m^3								
129	13.7233	13.8540	13.9847	14.1154	14.2461	14.3768	14.5075	14.6382	14.7689
130	13.9369	14.0697	14.2024	14.3351	14.4679	14.6006	14.7333	14.8661	14.9988
131	14.1522	14.2869	14.4217	14.5565	14.6913	14.8261	14.9609	15.0956	15.2304
132	14.3691	14.5059	14.6427	14.7796	14.9164	15.0533	15.1901	15.3270	15.4638
133	14.5876	14.7265	14.8654	15.0044	15.1433	15.2822	15.4212	15.5601	15.6990
134	14.8078	14.9488	15.0898	15.2309	15.3719	15.5129	15.6539	15.7950	15.9360
135	15.0296	15.1727	15.3159	15.4590	15.6022	15.7453	15.8884	16.0316	16.1747
136	15.2531	15.3984	15.5436	15.6889	15.8342	15.9794	16.1247	16.2700	16.4152
137	15.4782	15.6256	15.7731	15.9205	16.0679	16.2153	16.3627	16.5101	16.6575
138	15.7050	15.8546	16.0042	16.1537	16.3033	16.4529	16.6024	16.7520	16.9016
139	15.9334	16.0852	16.2369	16.3887	16.5404	16.6922	16.8439	16.9957	17.1474
140	16.1635	16.3175	16.4714	16.6253	16.7793	16.9332	17.0872	17.2411	17.3950
141	16.3953	16.5514	16.7076	16.8637	17.0198	17.1760	17.3321	17.4883	17.6444
142	16.6286	16.7870	16.9454	17.1038	17.2621	17.4205	17.5789	17.7372	17.8956
143	16.8637	17.0243	17.1849	17.3455	17.5061	17.6667	17.8273	17.9879	18.1485
144	17.1004	17.2632	17.4261	17.5889	17.7518	17.9147	18.0775	18.2404	18.4032
145	17.3387	17.5038	17.6689	17.8341	17.9992	18.1643	18.3295	18.4946	18.6597

续表5

检尺径/cm	检尺长/m								
	10.5	10.6	10.7	10.8	10.9	11.0	11.1	11.2	11.3
	材积/m^3								
146	17.5787	17.7461	17.9135	18.0809	18.2483	18.4157	18.5832	18.7506	18.9180
147	17.8203	17.9900	18.1597	18.3294	18.4992	18.6689	18.8386	19.0083	19.1780
148	18.0636	18.2356	18.4076	18.5797	18.7517	18.9237	19.0958	19.2678	19.4398
149	18.3085	18.4829	18.6572	18.8316	19.0060	19.1803	19.3547	19.5291	19.7034
150	18.5551	18.7318	18.9085	19.0852	19.2619	19.4387	19.6154	19.7921	19.9688
151	18.8033	18.9824	19.1615	19.3405	19.5196	19.6987	19.8778	20.0569	20.2359
152	19.0532	19.2346	19.4161	19.5976	19.7790	19.9605	20.1419	20.3234	20.5048
153	19.3047	19.4886	19.6724	19.8563	20.0401	20.2240	20.4078	20.5917	20.7755
154	19.5579	19.7441	19.9304	20.1167	20.3029	20.4892	20.6755	20.8617	21.0480
155	19.8127	20.0014	20.1901	20.3788	20.5675	20.7562	20.9449	21.1335	21.3222
156	20.0692	20.2603	20.4514	20.6426	20.8337	21.0248	21.2160	21.4071	21.5982
157	20.3273	20.5209	20.7145	20.9081	21.1017	21.2953	21.4889	21.6824	21.8760
158	20.5871	20.7831	20.9792	21.1753	21.3713	21.5674	21.7635	21.9595	22.1556
159	20.8485	21.0470	21.2456	21.4442	21.6427	21.8413	22.0398	22.2384	22.4369
160	21.1116	21.3126	21.5137	21.7147	21.9158	22.1169	22.3179	22.5190	22.7201
161	21.3763	21.5799	21.7834	21.9870	22.1906	22.3942	22.5978	22.8014	23.0049
162	21.6426	21.8488	22.0549	22.2610	22.4671	22.6732	22.8794	23.0855	23.2916

续表5

检尺径/cm	检尺长/m								
	10.5	10.6	10.7	10.8	10.9	11.0	11.1	11.2	11.3
	材积/m³								
163	21.9107	22.1193	22.3280	22.5367	22.7453	22.9540	23.1627	23.3714	23.5800
164	22.1803	22.3916	22.6028	22.8140	23.0253	23.2365	23.4478	23.6590	23.8703
165	22.4516	22.6655	22.8793	23.0931	23.3069	23.5208	23.7346	23.9484	24.1622
166	22.7246	22.9410	23.1575	23.3739	23.5903	23.8067	24.0232	24.2396	24.4560
167	22.9992	23.2183	23.4373	23.6563	23.8754	24.0944	24.3135	24.5325	24.7515
168	23.2755	23.4972	23.7188	23.9405	24.1622	24.3838	24.6055	24.8272	25.0489
169	23.5534	23.7777	24.0020	24.2264	24.4507	24.6750	24.8993	25.1236	25.3479
170	23.8330	24.0599	24.2869	24.5139	24.7409	24.9679	25.1948	25.4218	25.6488
171	24.1142	24.3438	24.5735	24.8032	25.0328	25.2625	25.4921	25.7218	25.9514
172	24.3970	24.6294	24.8617	25.0941	25.3264	25.5588	25.7912	26.0235	26.2559
173	24.6815	24.9166	25.1517	25.3867	25.6218	25.8569	26.0919	26.3270	26.5620
174	24.9677	25.2055	25.4433	25.6811	25.9189	26.1566	26.3944	26.6322	26.8700
175	25.2555	25.4960	25.7366	25.9771	26.2176	26.4582	26.6987	26.9392	27.1797
176	25.5450	25.7883	26.0315	26.2748	26.5181	26.7614	27.0047	27.2480	27.4913
177	25.8361	26.0821	26.3282	26.5743	26.8203	27.0664	27.3124	27.5585	27.8046
178	26.1288	26.3777	26.6265	26.8754	27.1242	27.3731	27.6219	27.8708	28.1196
179	26.4233	26.6749	26.9266	27.1782	27.4299	27.6815	27.9332	28.1848	28.4365

续表5

检尺径/cm	检尺长/m								
	10.5	10.6	10.7	10.8	10.9	11.0	11.1	11.2	11.3
	材积/m^3								
180	26.7193	26.9738	27.2282	27.4827	27.7372	27.9917	28.2461	28.5006	28.7551
181	27.0170	27.2743	27.5316	27.7889	28.0462	28.3035	28.5608	28.8181	29.0755
182	27.3164	27.5765	27.8367	28.0968	28.3570	28.6171	28.8773	29.1375	29.3976
183	27.6174	27.8804	28.1434	28.4064	28.6695	28.9325	29.1955	29.4585	29.7216
184	27.9200	28.1859	28.4518	28.7177	28.9836	29.2496	29.5155	29.7814	30.0473
185	28.2243	28.4931	28.7619	29.0307	29.2995	29.5683	29.8371	30.1060	30.3748
186	28.5303	28.8020	29.0737	29.3454	29.6172	29.8889	30.1606	30.4323	30.7040
187	28.8379	29.1125	29.3872	29.6618	29.9365	30.2111	30.4858	30.7604	31.0351
188	29.1471	29.4247	29.7023	29.9799	30.2575	30.5351	30.8127	31.0903	31.3679
189	29.4580	29.7386	30.0191	30.2997	30.5802	30.8608	31.1414	31.4219	31.7025
190	29.7706	30.0541	30.3376	30.6212	30.9047	31.1882	31.4718	31.7553	32.0388
191	30.0848	30.3713	30.6578	30.9444	31.2309	31.5174	31.8039	32.0904	32.3770
192	30.4006	30.6902	30.9797	31.2692	31.5588	31.8483	32.1378	32.4273	32.7169
193	30.7181	31.0107	31.3032	31.5958	31.8883	32.1809	32.4735	32.7660	33.0586
194	31.0373	31.3329	31.6285	31.9241	32.2197	32.5152	32.8108	33.1064	33.4020
195	31.3581	31.6567	31.9554	32.2540	32.5527	32.8513	33.1500	33.4486	33.7473
196	31.6805	31.9822	32.2840	32.5857	32.8874	33.1891	33.4908	33.7926	34.0943

续表5

检尺径/cm	检尺长/m								
	10.5	10.6	10.7	10.8	10.9	11.0	11.1	11.2	11.3
	材积/m^3								
197	32.0046	32.3094	32.6142	32.9190	33.2238	33.5286	33.8335	34.1383	34.4431
198	32.3304	32.6383	32.9462	33.2541	33.5620	33.8699	34.1778	34.4857	34.7936
199	32.6578	32.9688	33.2798	33.5908	33.9019	34.2129	34.5239	34.8349	35.1460

续表5

检尺径/cm	检尺长/m								
	11.4	11.5	11.6	11.7	11.8	11.9	12.0	12.1	12.2
	材积/m³								
10	0.0895	0.0903	0.0911	0.0919	0.0927	0.0935	0.0942	0.0950	0.0958
11	0.1083	0.1093	0.1102	0.1112	0.1121	0.1131	0.1140	0.1150	0.1159
12	0.1289	0.1301	0.1312	0.1323	0.1335	0.1346	0.1357	0.1368	0.1380
13	0.1513	0.1526	0.1540	0.1553	0.1566	0.1580	0.1593	0.1606	0.1619
14	0.1755	0.1770	0.1786	0.1801	0.1816	0.1832	0.1847	0.1863	0.1878
15	0.2015	0.2032	0.2050	0.2068	0.2085	0.2103	0.2121	0.2138	0.2156
16	0.2292	0.2312	0.2332	0.2352	0.2373	0.2393	0.2413	0.2433	0.2453
17	0.2588	0.2610	0.2633	0.2656	0.2678	0.2701	0.2724	0.2746	0.2769
18	0.2901	0.2926	0.2952	0.2977	0.3003	0.3028	0.3054	0.3079	0.3105
19	0.3232	0.3261	0.3289	0.3317	0.3346	0.3374	0.3402	0.3431	0.3459
20	0.3581	0.3613	0.3644	0.3676	0.3707	0.3739	0.3770	0.3801	0.3833
21	0.3949	0.3983	0.4018	0.4052	0.4087	0.4122	0.4156	0.4191	0.4226
22	0.4334	0.4372	0.4410	0.4448	0.4486	0.4524	0.4562	0.4600	0.4638
23	0.4736	0.4778	0.4820	0.4861	0.4903	0.4944	0.4986	0.5027	0.5069
24	0.5157	0.5202	0.5248	0.5293	0.5338	0.5383	0.5429	0.5474	0.5519
25	0.5596	0.5645	0.5694	0.5743	0.5792	0.5841	0.5891	0.5940	0.5989
26	0.6053	0.6106	0.6159	0.6212	0.6265	0.6318	0.6371	0.6424	0.6477

续表5

检尺径/cm	检尺长/m								
	11.4	11.5	11.6	11.7	11.8	11.9	12.0	12.1	12.2
	材积/m³								
27	0.6527	0.6584	0.6642	0.6699	0.6756	0.6813	0.6871	0.6928	0.6985
28	0.7020	0.7081	0.7143	0.7204	0.7266	0.7327	0.7389	0.7451	0.7512
29	0.7530	0.7596	0.7662	0.7728	0.7794	0.7860	0.7926	0.7992	0.8058
30	0.8058	0.8129	0.8200	0.8270	0.8341	0.8412	0.8482	0.8553	0.8624
31	0.8604	0.8680	0.8755	0.8831	0.8906	0.8982	0.9057	0.9133	0.9208
32	0.9168	0.9249	0.9329	0.9410	0.9490	0.9571	0.9651	0.9731	0.9812
33	0.9750	0.9836	0.9921	1.0007	1.0093	1.0178	1.0264	1.0349	1.0435
34	1.0350	1.0441	1.0532	1.0623	1.0713	1.0804	1.0895	1.0986	1.1077
35	1.0968	1.1064	1.1161	1.1257	1.1353	1.1449	1.1545	1.1642	1.1738
36	1.1604	1.1706	1.1807	1.1909	1.2011	1.2113	1.2215	1.2316	1.2418
37	1.2257	1.2365	1.2472	1.2580	1.2688	1.2795	1.2903	1.3010	1.3118
38	1.2929	1.3042	1.3156	1.3269	1.3383	1.3496	1.3609	1.3723	1.3836
39	1.3618	1.3738	1.3857	1.3977	1.4096	1.4216	1.4335	1.4455	1.4574
40	1.4326	1.4451	1.4577	1.4703	1.4828	1.4954	1.5080	1.5205	1.5331
41	1.5051	1.5183	1.5315	1.5447	1.5579	1.5711	1.5843	1.5975	1.6107
42	1.5794	1.5933	1.6071	1.6210	1.6348	1.6487	1.6625	1.6764	1.6902
43	1.6555	1.6700	1.6846	1.6991	1.7136	1.7281	1.7426	1.7572	1.7717

续表5

检尺径/cm	检尺长/m								
	11.4	11.5	11.6	11.7	11.8	11.9	12.0	12.1	12.2
	材积/m^3								
44	1.7334	1.7486	1.7638	1.7790	1.7942	1.8094	1.8246	1.8398	1.8551
45	1.8131	1.8290	1.8449	1.8608	1.8767	1.8926	1.9085	1.9244	1.9403
46	1.8946	1.9112	1.9278	1.9444	1.9610	1.9777	1.9943	2.0109	2.0275
47	1.9778	1.9952	2.0125	2.0299	2.0472	2.0646	2.0819	2.0993	2.1166
48	2.0629	2.0810	2.0991	2.1172	2.1353	2.1534	2.1715	2.1896	2.2077
49	2.1497	2.1686	2.1875	2.2063	2.2252	2.2440	2.2629	2.2818	2.3006
50	2.2384	2.2580	2.2777	2.2973	2.3169	2.3366	2.3562	2.3758	2.3955
51	2.3288	2.3492	2.3697	2.3901	2.4105	2.4310	2.4514	2.4718	2.4922
52	2.4210	2.4423	2.4635	2.4848	2.5060	2.5272	2.5485	2.5697	2.5909
53	2.5151	2.5371	2.5592	2.5812	2.6033	2.6254	2.6474	2.6695	2.6916
54	2.6109	2.6338	2.6567	2.6796	2.7025	2.7254	2.7483	2.7712	2.7941
55	2.7085	2.7322	2.7560	2.7797	2.8035	2.8272	2.8510	2.8748	2.8985
56	2.8078	2.8325	2.8571	2.8817	2.9064	2.9310	2.9556	2.9802	3.0049
57	2.9090	2.9345	2.9600	2.9856	3.0111	3.0366	3.0621	3.0876	3.1132
58	3.0120	3.0384	3.0648	3.0912	3.1177	3.1441	3.1705	3.1969	3.2233
59	3.1167	3.1441	3.1714	3.1988	3.2261	3.2534	3.2808	3.3081	3.3355
60	3.2233	3.2516	3.2798	3.3081	3.3364	3.3647	3.3929	3.4212	3.4495

续表5

检尺径/cm	检尺长/m								
	11.4	11.5	11.6	11.7	11.8	11.9	12.0	12.1	12.2
	材积/m^3								
61	3.3316	3.3608	3.3901	3.4193	3.4485	3.4777	3.5070	3.5362	3.5654
62	3.4417	3.4719	3.5021	3.5323	3.5625	3.5927	3.6229	3.6531	3.6833
63	3.5537	3.5848	3.6160	3.6472	3.6784	3.7095	3.7407	3.7719	3.8030
64	3.6674	3.6995	3.7317	3.7639	3.7961	3.8282	3.8604	3.8926	3.9247
65	3.7829	3.8161	3.8492	3.8824	3.9156	3.9488	3.9820	4.0152	4.0483
66	3.9002	3.9344	3.9686	4.0028	4.0370	4.0712	4.1054	4.1397	4.1739
67	4.0193	4.0545	4.0898	4.1250	4.1603	4.1955	4.2308	4.2660	4.3013
68	4.1401	4.1764	4.2128	4.2491	4.2854	4.3217	4.3580	4.3943	4.4307
69	4.2628	4.3002	4.3376	4.3750	4.4124	4.4498	4.4871	4.5245	4.5619
70	4.3872	4.4257	4.4642	4.5027	4.5412	4.5797	4.6182	4.6566	4.6951
71	4.5135	4.5531	4.5927	4.6323	4.6719	4.7114	4.7510	4.7906	4.8302
72	4.6415	4.6822	4.7230	4.7637	4.8044	4.8451	4.8858	4.9265	4.9672
73	4.7714	4.8132	4.8551	4.8969	4.9388	4.9806	5.0225	5.0643	5.1062
74	4.9030	4.9460	4.9890	5.0320	5.0750	5.1180	5.1610	5.2040	5.2470
75	5.0364	5.0806	5.1247	5.1689	5.2131	5.2573	5.3015	5.3456	5.3898
76	5.1716	5.2169	5.2623	5.3077	5.3530	5.3984	5.4438	5.4891	5.5345
77	5.3086	5.3551	5.4017	5.4483	5.4948	5.5414	5.5880	5.6345	5.6811

续表5

检尺径/cm	检尺长/m								
	11.4	11.5	11.6	11.7	11.8	11.9	12.0	12.1	12.2
	材积/m^3								
78	5.4473	5.4951	5.5429	5.5907	5.6385	5.6863	5.7340	5.7818	5.8296
79	5.5879	5.6369	5.6860	5.7350	5.7840	5.8330	5.8820	5.9310	5.9801
80	5.7303	5.7805	5.8308	5.8811	5.9313	5.9816	6.0319	6.0821	6.1324
81	5.8744	5.9260	5.9775	6.0290	6.0806	6.1321	6.1836	6.2351	6.2867
82	6.0204	6.0732	6.1260	6.1788	6.2316	6.2844	6.3372	6.3900	6.4429
83	6.1681	6.2222	6.2763	6.3304	6.3845	6.4386	6.4927	6.5469	6.6010
84	6.3176	6.3730	6.4285	6.4839	6.5393	6.5947	6.6501	6.7056	6.7610
85	6.4689	6.5257	6.5824	6.6392	6.6959	6.7527	6.8094	6.8662	6.9229
86	6.6221	6.6801	6.7382	6.7963	6.8544	6.9125	6.9706	7.0287	7.0868
87	6.7769	6.8364	6.8958	6.9553	7.0147	7.0742	7.1336	7.1931	7.2525
88	6.9336	6.9945	7.0553	7.1161	7.1769	7.2377	7.2986	7.3594	7.4202
89	7.0921	7.1543	7.2165	7.2787	7.3410	7.4032	7.4654	7.5276	7.5898
90	7.2524	7.3160	7.3796	7.4432	7.5069	7.5705	7.6341	7.6977	7.7613
91	7.4144	7.4795	7.5445	7.6096	7.6746	7.7396	7.8047	7.8697	7.9348
92	7.5783	7.6448	7.7112	7.7777	7.8442	7.9107	7.9772	8.0436	8.1101
93	7.7439	7.8119	7.8798	7.9477	8.0157	8.0836	8.1515	8.2194	8.2874
94	7.9114	7.9808	8.0502	8.1196	8.1890	8.2584	8.3278	8.3972	8.4665

续表5

检尺径/cm	检尺长/m								
	11.4	11.5	11.6	11.7	11.8	11.9	12.0	12.1	12.2
	材积/m^3								
95	8.0806	8.1515	8.2224	8.2932	8.3641	8.4350	8.5059	8.5768	8.6476
96	8.2516	8.3240	8.3964	8.4687	8.5411	8.6135	8.6859	8.7583	8.8307
97	8.4244	8.4983	8.5722	8.6461	8.7200	8.7939	8.8678	8.9417	9.0156
98	8.5990	8.6744	8.7499	8.8253	8.9007	8.9761	9.0516	9.1270	9.2024
99	8.7754	8.8524	8.9293	9.0063	9.0833	9.1603	9.2372	9.3142	9.3912
100	8.9536	9.0321	9.1106	9.1892	9.2677	9.3463	9.4248	9.5033	9.5819
101	9.1335	9.2136	9.2938	9.3739	9.4540	9.5341	9.6142	9.6944	9.7745
102	9.3153	9.3970	9.4787	9.5604	9.6421	9.7238	9.8056	9.8873	9.9690
103	9.4988	9.5822	9.6655	9.7488	9.8321	9.9154	9.9988	10.0821	10.1654
104	9.6842	9.7691	9.8541	9.9390	10.0240	10.1089	10.1939	10.2788	10.3638
105	9.8713	9.9579	10.0445	10.1311	10.2177	10.3043	10.3908	10.4774	10.5640
106	10.0602	10.1485	10.2367	10.3250	10.4132	10.5015	10.5897	10.6780	10.7662
107	10.2509	10.3409	10.4308	10.5207	10.6106	10.7005	10.7905	10.8804	10.9703
108	10.4434	10.5350	10.6267	10.7183	10.8099	10.9015	10.9931	11.0847	11.1763
109	10.6377	10.7310	10.8244	10.9177	11.0110	11.1043	11.1976	11.2909	11.3842
110	10.8338	10.9288	11.0239	11.1189	11.2139	11.3090	11.4040	11.4990	11.5941
111	11.0317	11.1285	11.2252	11.3220	11.4188	11.5155	11.6123	11.7091	11.8058

续表5

检尺径/cm	检尺长/m								
	11.4	11.5	11.6	11.7	11.8	11.9	12.0	12.1	12.2
	材积/m³								
112	11.2313	11.3299	11.4284	11.5269	11.6254	11.7239	11.8225	11.9210	12.0195
113	11.4328	11.5331	11.6334	11.7337	11.8340	11.9342	12.0345	12.1348	12.2351
114	11.6360	11.7381	11.8402	11.9423	12.0443	12.1464	12.2485	12.3505	12.4526
115	11.8411	11.9450	12.0488	12.1527	12.2566	12.3604	12.4643	12.5682	12.6720
116	12.0479	12.1536	12.2593	12.3650	12.4706	12.5763	12.6820	12.7877	12.8934
117	12.2565	12.3640	12.4716	12.5791	12.6866	12.7941	12.9016	13.0091	13.1166
118	12.4669	12.5763	12.6857	12.7950	12.9044	13.0137	13.1231	13.2325	13.3418
119	12.6791	12.7904	12.9016	13.0128	13.1240	13.2352	13.3465	13.4577	13.5689
120	12.8931	13.0062	13.1193	13.2324	13.3455	13.4586	13.5717	13.6848	13.7979
121	13.1089	13.2239	13.3389	13.4539	13.5689	13.6839	13.7988	13.9138	14.0288
122	13.3265	13.4434	13.5603	13.6772	13.7941	13.9110	14.0279	14.1448	14.2617
123	13.5458	13.6647	13.7835	13.9023	14.0211	14.1400	14.2588	14.3776	14.4964
124	13.7670	13.8878	14.0085	14.1293	14.2500	14.3708	14.4916	14.6123	14.7331
125	13.9899	14.1127	14.2354	14.3581	14.4808	14.6035	14.7263	14.8490	14.9717
126	14.2147	14.3394	14.4641	14.5887	14.7134	14.8381	14.9628	15.0875	15.2122
127	14.4412	14.5679	14.6946	14.8212	14.9479	15.0746	15.2013	15.3279	15.4546
128	14.6695	14.7982	14.9269	15.0556	15.1842	15.3129	15.4416	15.5703	15.6990

续表5

检尺径/cm	检尺长/m								
	11.4	11.5	11.6	11.7	11.8	11.9	12.0	12.1	12.2
	材积/m³								
129	14.8996	15.0303	15.1610	15.2917	15.4224	15.5531	15.6838	15.8145	15.9452
130	15.1315	15.2642	15.3970	15.5297	15.6624	15.7952	15.9279	16.0606	16.1934
131	15.3652	15.5000	15.6348	15.7696	15.9043	16.0391	16.1739	16.3087	16.4435
132	15.6007	15.7375	15.8744	16.0112	16.1481	16.2849	16.4218	16.5586	16.6955
133	15.8380	15.9769	16.1158	16.2547	16.3937	16.5326	16.6715	16.8105	16.9494
134	16.0770	16.2180	16.3591	16.5001	16.6411	16.7821	16.9232	17.0642	17.2052
135	16.3179	16.4610	16.6041	16.7473	16.8904	17.0336	17.1767	17.3198	17.4630
136	16.5605	16.7058	16.8510	16.9963	17.1416	17.2868	17.4321	17.5774	17.7226
137	16.8049	16.9523	17.0998	17.2472	17.3946	17.5420	17.6894	17.8368	17.9842
138	17.0512	17.2007	17.3503	17.4999	17.6494	17.7990	17.9486	18.0982	18.2477
139	17.2992	17.4509	17.6027	17.7544	17.9062	18.0579	18.2097	18.3614	18.5132
140	17.5490	17.7029	17.8569	18.0108	18.1647	18.3187	18.4726	18.6265	18.7805
141	17.8006	17.9567	18.1129	18.2690	18.4252	18.5813	18.7374	18.8936	19.0497
142	18.0540	18.2123	18.3707	18.5291	18.6874	18.8458	19.0042	19.1625	19.3209
143	18.3091	18.4697	18.6303	18.7910	18.9516	19.1122	19.2728	19.4334	19.5940
144	18.5661	18.7290	18.8918	19.0547	19.2175	19.3804	19.5433	19.7061	19.8690
145	18.8249	18.9900	19.1551	19.3203	19.4854	19.6505	19.8156	19.9808	20.1459

续表5

检尺径/cm	检尺长/m								
	11.4	11.5	11.6	11.7	11.8	11.9	12.0	12.1	12.2
	材积/m³								
146	19.0854	19.2528	19.4202	19.5877	19.7551	19.9225	20.0899	20.2573	20.4247
147	19.3477	19.5175	19.6872	19.8569	20.0266	20.1963	20.3661	20.5358	20.7055
148	19.6119	19.7839	19.9559	20.1280	20.3000	20.4720	20.6441	20.8161	20.9881
149	19.8778	20.0522	20.2265	20.4009	20.5753	20.7496	20.9240	21.0984	21.2727
150	20.1455	20.3222	20.4989	20.6757	20.8524	21.0291	21.2058	21.3825	21.5592
151	20.4150	20.5941	20.7732	20.9522	21.1313	21.3104	21.4895	21.6686	21.8476
152	20.6863	20.8678	21.0492	21.2307	21.4121	21.5936	21.7751	21.9565	22.1380
153	20.9594	21.1432	21.3271	21.5110	21.6948	21.8787	22.0625	22.2464	22.4302
154	21.2343	21.4205	21.6068	21.7931	21.9793	22.1656	22.3519	22.5381	22.7244
155	21.5109	21.6996	21.8883	22.0770	22.2657	22.4544	22.6431	22.8318	23.0205
156	21.7894	21.9805	22.1717	22.3628	22.5539	22.7451	22.9362	23.1273	23.3185
157	22.0696	22.2632	22.4568	22.6504	22.8440	23.0376	23.2312	23.4248	23.6184
158	22.3517	22.5477	22.7438	22.9399	23.1359	23.3320	23.5281	23.7241	23.9202
159	22.6355	22.8341	23.0326	23.2312	23.4297	23.6283	23.8268	24.0254	24.2240
160	22.9211	23.1222	23.3232	23.5243	23.7254	23.9264	24.1275	24.3286	24.5296
161	23.2085	23.4121	23.6157	23.8193	24.0229	24.2264	24.4300	24.6336	24.8372
162	23.4977	23.7038	23.9100	24.1161	24.3222	24.5283	24.7344	24.9406	25.1467

续表5

检尺径/cm	检尺长/m								
	11.4	11.5	11.6	11.7	11.8	11.9	12.0	12.1	12.2
	材积/m^3								
163	23.7887	23.9974	24.2061	24.4147	24.6234	24.8321	25.0408	25.2494	25.4581
164	24.0815	24.2927	24.5040	24.7152	24.9265	25.1377	25.3489	25.5602	25.7714
165	24.3761	24.5899	24.8037	25.0175	25.2314	25.4452	25.6590	25.8728	26.0867
166	24.6724	24.8889	25.1053	25.3217	25.5381	25.7546	25.9710	26.1874	26.4038
167	24.9706	25.1896	25.4087	25.6277	25.8467	26.0658	26.2848	26.5039	26.7229
168	25.2705	25.4922	25.7139	25.9355	26.1572	26.3789	26.6006	26.8222	27.0439
169	25.5723	25.7966	26.0209	26.2452	26.4695	26.6939	26.9182	27.1425	27.3668
170	25.8758	26.1028	26.3297	26.5567	26.7837	27.0107	27.2377	27.4647	27.6916
171	26.1811	26.4108	26.6404	26.8701	27.0997	27.3294	27.5591	27.7887	28.0184
172	26.4882	26.7206	26.9529	27.1853	27.4176	27.6500	27.8823	28.1147	28.3470
173	26.7971	27.0322	27.2672	27.5023	27.7374	27.9724	28.2075	28.4425	28.6776
174	27.1078	27.3456	27.5834	27.8212	28.0589	28.2967	28.5345	28.7723	29.0101
175	27.4203	27.6608	27.9013	28.1419	28.3824	28.6229	28.8635	29.1040	29.3445
176	27.7345	27.9778	28.2211	28.4644	28.7077	28.9510	29.1943	29.4375	29.6808
177	28.0506	28.2967	28.5427	28.7888	29.0348	29.2809	29.5270	29.7730	30.0191
178	28.3685	28.6173	28.8662	29.1150	29.3638	29.6127	29.8615	30.1104	30.3592
179	28.6881	28.9398	29.1914	29.4431	29.6947	29.9464	30.1980	30.4497	30.7013

续表5

检尺径/cm	检尺长/m								
	11.4	11.5	11.6	11.7	11.8	11.9	12.0	12.1	12.2
	材积/m^3								
180	29.0095	29.2640	29.5185	29.7729	30.0274	30.2819	30.5364	30.7908	31.0453
181	29.3328	29.5901	29.8474	30.1047	30.3620	30.6193	30.8766	31.1339	31.3912
182	29.6578	29.9179	30.1781	30.4382	30.6984	30.9586	31.2187	31.4789	31.7390
183	29.9846	30.2476	30.5106	30.7736	31.0367	31.2997	31.5627	31.8257	32.0888
184	30.3132	30.5791	30.8450	31.1109	31.3768	31.6427	31.9086	32.1745	32.4404
185	30.6436	30.9124	31.1812	31.4500	31.7188	31.9876	32.2564	32.5252	32.7940
186	30.9757	31.2475	31.5192	31.7909	32.0626	32.3343	32.6060	32.8778	33.1495
187	31.3097	31.5844	31.8590	32.1336	32.4083	32.6829	32.9576	33.2322	33.5069
188	31.6455	31.9231	32.2006	32.4782	32.7558	33.0334	33.3110	33.5886	33.8662
189	31.9830	32.2636	32.5441	32.8247	33.1052	33.3858	33.6663	33.9469	34.2274
190	32.3224	32.6059	32.8894	33.1729	33.4565	33.7400	34.0235	34.3071	34.5906
191	32.6635	32.9500	33.2365	33.5230	33.8096	34.0961	34.3826	34.6691	34.9557
192	33.0064	33.2959	33.5855	33.8750	34.1645	34.4541	34.7436	35.0331	35.3226
193	33.3511	33.6437	33.9362	34.2288	34.5213	34.8139	35.1064	35.3990	35.6915
194	33.6976	33.9932	34.2888	34.5844	34.8800	35.1756	35.4712	35.7668	36.0624
195	34.0459	34.3446	34.6432	34.9419	35.2405	35.5392	35.8378	36.1365	36.4351
196	34.3960	34.6977	34.9994	35.3012	35.6029	35.9046	36.2063	36.5080	36.8098

续表5

检尺径/cm	检尺长/m								
	11.4	11.5	11.6	11.7	11.8	11.9	12.0	12.1	12.2
	材积/m^3								
197	34.7479	35.0527	35.3575	35.6623	35.9671	36.2719	36.5767	36.8815	37.1863
198	35.1015	35.4094	35.7174	36.0253	36.3332	36.6411	36.9490	37.2569	37.5648
199	35.4570	35.7680	36.0790	36.3901	36.7011	37.0121	37.3232	37.6342	37.9452

续表5

检尺径/cm	检尺长/m								
	12.3	12.4	12.5	12.6	12.7	12.8	12.9	13.0	13.1
	材积/m³								
10	0.0966	0.0974	0.0982	0.0990	0.0997	0.1005	0.1013	0.1021	0.1029
11	0.1169	0.1178	0.1188	0.1197	0.1207	0.1216	0.1226	0.1235	0.1245
12	0.1391	0.1402	0.1414	0.1425	0.1436	0.1448	0.1459	0.1470	0.1482
13	0.1633	0.1646	0.1659	0.1672	0.1686	0.1699	0.1712	0.1726	0.1739
14	0.1893	0.1909	0.1924	0.1940	0.1955	0.1970	0.1986	0.2001	0.2017
15	0.2174	0.2191	0.2209	0.2227	0.2244	0.2262	0.2280	0.2297	0.2315
16	0.2473	0.2493	0.2513	0.2533	0.2553	0.2574	0.2594	0.2614	0.2634
17	0.2792	0.2815	0.2837	0.2860	0.2883	0.2905	0.2928	0.2951	0.2973
18	0.3130	0.3155	0.3181	0.3206	0.3232	0.3257	0.3283	0.3308	0.3334
19	0.3487	0.3516	0.3544	0.3572	0.3601	0.3629	0.3658	0.3686	0.3714
20	0.3864	0.3896	0.3927	0.3958	0.3990	0.4021	0.4053	0.4084	0.4115
21	0.4260	0.4295	0.4330	0.4364	0.4399	0.4433	0.4468	0.4503	0.4537
22	0.4676	0.4714	0.4752	0.4790	0.4828	0.4866	0.4904	0.4942	0.4980
23	0.5110	0.5152	0.5193	0.5235	0.5277	0.5318	0.5360	0.5401	0.5443
24	0.5564	0.5610	0.5655	0.5700	0.5745	0.5791	0.5836	0.5881	0.5926
25	0.6038	0.6087	0.6136	0.6185	0.6234	0.6283	0.6332	0.6381	0.6430
26	0.6530	0.6584	0.6637	0.6690	0.6743	0.6796	0.6849	0.6902	0.6955

续表5

检尺径/cm	检尺长/m								
	12.3	12.4	12.5	12.6	12.7	12.8	12.9	13.0	13.1
	材积/m³								
27	0.7042	0.7100	0.7157	0.7214	0.7271	0.7329	0.7386	0.7443	0.7500
28	0.7574	0.7635	0.7697	0.7758	0.7820	0.7882	0.7943	0.8005	0.8066
29	0.8124	0.8190	0.8257	0.8323	0.8389	0.8455	0.8521	0.8587	0.8653
30	0.8694	0.8765	0.8836	0.8906	0.8977	0.9048	0.9118	0.9189	0.9260
31	0.9284	0.9359	0.9435	0.9510	0.9586	0.9661	0.9737	0.9812	0.9887
32	0.9892	0.9973	1.0053	1.0134	1.0214	1.0294	1.0375	1.0455	1.0536
33	1.0520	1.0606	1.0691	1.0777	1.0862	1.0948	1.1033	1.1119	1.1204
34	1.1167	1.1258	1.1349	1.1440	1.1531	1.1621	1.1712	1.1803	1.1894
35	1.1834	1.1930	1.2026	1.2123	1.2219	1.2315	1.2411	1.2507	1.2604
36	1.2520	1.2622	1.2723	1.2825	1.2927	1.3029	1.3131	1.3232	1.3334
37	1.3225	1.3333	1.3440	1.3548	1.3655	1.3763	1.3870	1.3978	1.4085
38	1.3950	1.4063	1.4176	1.4290	1.4403	1.4517	1.4630	1.4744	1.4857
39	1.4693	1.4813	1.4932	1.5052	1.5171	1.5291	1.5410	1.5530	1.5649
40	1.5457	1.5582	1.5708	1.5834	1.5959	1.6085	1.6211	1.6336	1.6462
41	1.6239	1.6371	1.6503	1.6635	1.6767	1.6899	1.7031	1.7163	1.7295
42	1.7041	1.7180	1.7318	1.7457	1.7595	1.7734	1.7872	1.8011	1.8149
43	1.7862	1.8007	1.8153	1.8298	1.8443	1.8588	1.8733	1.8879	1.9024

续表5

检尺径/cm	检尺长/m								
	12.3	12.4	12.5	12.6	12.7	12.8	12.9	13.0	13.1
	材积/m³								
44	1.8703	1.8855	1.9007	1.9159	1.9311	1.9463	1.9615	1.9767	1.9919
45	1.9562	1.9721	1.9880	2.0039	2.0199	2.0358	2.0517	2.0676	2.0835
46	2.0441	2.0608	2.0774	2.0940	2.1106	2.1272	2.1439	2.1605	2.1771
47	2.1340	2.1513	2.1687	2.1860	2.2034	2.2207	2.2381	2.2554	2.2728
48	2.2258	2.2439	2.2620	2.2800	2.2981	2.3162	2.3343	2.3524	2.3705
49	2.3195	2.3383	2.3572	2.3760	2.3949	2.4138	2.4326	2.4515	2.4703
50	2.4151	2.4347	2.4544	2.4740	2.4936	2.5133	2.5329	2.5526	2.5722
51	2.5127	2.5331	2.5535	2.5740	2.5944	2.6148	2.6352	2.6557	2.6761
52	2.6122	2.6334	2.6547	2.6759	2.6971	2.7184	2.7396	2.7608	2.7821
53	2.7136	2.7357	2.7577	2.7798	2.8019	2.8239	2.8460	2.8680	2.8901
54	2.8170	2.8399	2.8628	2.8857	2.9086	2.9315	2.9544	2.9773	3.0002
55	2.9223	2.9460	2.9698	2.9936	3.0173	3.0411	3.0648	3.0886	3.1123
56	3.0295	3.0541	3.0788	3.1034	3.1280	3.1527	3.1773	3.2019	3.2265
57	3.1387	3.1642	3.1897	3.2152	3.2407	3.2663	3.2918	3.3173	3.3428
58	3.2498	3.2762	3.3026	3.3290	3.3554	3.3819	3.4083	3.4347	3.4611
59	3.3628	3.3901	3.4175	3.4448	3.4722	3.4995	3.5268	3.5542	3.5815
60	3.4778	3.5060	3.5343	3.5626	3.5908	3.6191	3.6474	3.6757	3.7039

续表5

检尺径/cm	检尺长/m								
	12.3	12.4	12.5	12.6	12.7	12.8	12.9	13.0	13.1
	材积/m³								
61	3.5946	3.6239	3.6531	3.6823	3.7115	3.7408	3.7700	3.7992	3.8284
62	3.7135	3.7437	3.7738	3.8040	3.8342	3.8644	3.8946	3.9248	3.9550
63	3.8342	3.8654	3.8966	3.9277	3.9589	3.9901	4.0213	4.0524	4.0836
64	3.9569	3.9891	4.0212	4.0534	4.0856	4.1178	4.1499	4.1821	4.2143
65	4.0815	4.1147	4.1479	4.1811	4.2143	4.2474	4.2806	4.3138	4.3470
66	4.2081	4.2423	4.2765	4.3107	4.3449	4.3791	4.4134	4.4476	4.4818
67	4.3366	4.3718	4.4071	4.4423	4.4776	4.5128	4.5481	4.5834	4.6186
68	4.4670	4.5033	4.5396	4.5759	4.6122	4.6486	4.6849	4.7212	4.7575
69	4.5993	4.6367	4.6741	4.7115	4.7489	4.7863	4.8237	4.8611	4.8985
70	4.7336	4.7721	4.8106	4.8491	4.8875	4.9260	4.9645	5.0030	5.0415
71	4.8698	4.9094	4.9490	4.9886	5.0282	5.0678	5.1074	5.1470	5.1866
72	5.0080	5.0487	5.0894	5.1301	5.1708	5.2115	5.2523	5.2930	5.3337
73	5.1480	5.1899	5.2317	5.2736	5.3155	5.3573	5.3992	5.4410	5.4829
74	5.2900	5.3331	5.3761	5.4191	5.4621	5.5051	5.5481	5.5911	5.6341
75	5.4340	5.4782	5.5223	5.5665	5.6107	5.6549	5.6991	5.7432	5.7874
76	5.5799	5.6252	5.6706	5.7160	5.7613	5.8067	5.8520	5.8974	5.9428
77	5.7277	5.7742	5.8208	5.8674	5.9139	5.9605	6.0071	6.0536	6.1002

续表5

检尺径/cm	检尺长/m								
	12.3	12.4	12.5	12.6	12.7	12.8	12.9	13.0	13.1
	材积/m³								
78	5.8774	5.9252	5.9730	6.0208	6.0685	6.1163	6.1641	6.2119	6.2597
79	6.0291	6.0781	6.1271	6.1761	6.2251	6.2742	6.3232	6.3722	6.4212
80	6.1827	6.2329	6.2832	6.3335	6.3837	6.4340	6.4843	6.5345	6.5848
81	6.3382	6.3897	6.4413	6.4928	6.5443	6.5959	6.6474	6.6989	6.7504
82	6.4957	6.5485	6.6013	6.6541	6.7069	6.7597	6.8125	6.8653	6.9181
83	6.6551	6.7092	6.7633	6.8174	6.8715	6.9256	6.9797	7.0338	7.0879
84	6.8164	6.8718	6.9272	6.9826	7.0381	7.0935	7.1489	7.2043	7.2597
85	6.9797	7.0364	7.0931	7.1499	7.2066	7.2634	7.3201	7.3769	7.4336
86	7.1448	7.2029	7.2610	7.3191	7.3772	7.4353	7.4934	7.5515	7.6096
87	7.3120	7.3714	7.4309	7.4903	7.5498	7.6092	7.6687	7.7281	7.7875
88	7.4810	7.5419	7.6027	7.6635	7.7243	7.7851	7.8460	7.9068	7.9676
89	7.6520	7.7142	7.7764	7.8387	7.9009	7.9631	8.0253	8.0875	8.1497
90	7.8249	7.8886	7.9522	8.0158	8.0794	8.1430	8.2066	8.2703	8.3339
91	7.9998	8.0648	8.1299	8.1949	8.2599	8.3250	8.3900	8.4551	8.5201
92	8.1766	8.2431	8.3095	8.3760	8.4425	8.5090	8.5754	8.6419	8.7084
93	8.3553	8.4232	8.4912	8.5591	8.6270	8.6949	8.7629	8.8308	8.8987
94	8.5359	8.6053	8.6747	8.7441	8.8135	8.8829	8.9523	9.0217	9.0911

续表5

检尺径/cm	检尺长/m								
	12.3	12.4	12.5	12.6	12.7	12.8	12.9	13.0	13.1
	材积/m^3								
95	8.7185	8.7894	8.8603	8.9312	9.0021	9.0729	9.1438	9.2147	9.2856
96	8.9030	8.9754	9.0478	9.1202	9.1926	9.2650	9.3373	9.4097	9.4821
97	9.0895	9.1634	9.2373	9.3112	9.3851	9.4590	9.5329	9.6068	9.6807
98	9.2779	9.3533	9.4287	9.5042	9.5796	9.6550	9.7304	9.8059	9.8813
99	9.4682	9.5452	9.6221	9.6991	9.7761	9.8531	9.9300	10.0070	10.0840
100	9.6604	9.7390	9.8175	9.8960	9.9746	10.0531	10.1317	10.2102	10.2887
101	9.8546	9.9347	10.0148	10.0950	10.1751	10.2552	10.3353	10.4154	10.4955
102	10.0507	10.1324	10.2141	10.2958	10.3776	10.4593	10.5410	10.6227	10.7044
103	10.2487	10.3321	10.4154	10.4987	10.5820	10.6654	10.7487	10.8320	10.9153
104	10.4487	10.5337	10.6186	10.7036	10.7885	10.8735	10.9584	11.0434	11.1283
105	10.6506	10.7372	10.8238	10.9104	10.9970	11.0836	11.1702	11.2567	11.3433
106	10.8544	10.9427	11.0309	11.1192	11.2074	11.2957	11.3839	11.4722	11.5604
107	11.0602	11.1501	11.2401	11.3300	11.4199	11.5098	11.5997	11.6897	11.7796
108	11.2679	11.3595	11.4511	11.5427	11.6344	11.7260	11.8176	11.9092	12.0008
109	11.4775	11.5709	11.6642	11.7575	11.8508	11.9441	12.0374	12.1307	12.2241
110	11.6891	11.7841	11.8792	11.9742	12.0692	12.1643	12.2593	12.3543	12.4494
111	11.9026	11.9994	12.0961	12.1929	12.2897	12.3864	12.4832	12.5800	12.6768

续表5

检尺径/cm	检尺长/m								
	12.3	12.4	12.5	12.6	12.7	12.8	12.9	13.0	13.1
	材积/m³								
112	12.1180	12.2166	12.3151	12.4136	12.5121	12.6106	12.7092	12.8077	12.9062
113	12.3354	12.4357	12.5360	12.6363	12.7365	12.8368	12.9371	13.0374	13.1377
114	12.5547	12.6568	12.7588	12.8609	12.9630	13.0650	13.1671	13.2692	13.3712
115	12.7759	12.8798	12.9836	13.0875	13.1914	13.2953	13.3991	13.5030	13.6069
116	12.9991	13.1047	13.2104	13.3161	13.4218	13.5275	13.6332	13.7388	13.8445
117	13.2241	13.3317	13.4392	13.5467	13.6542	13.7617	13.8692	13.9767	14.0843
118	13.4512	13.5605	13.6699	13.7792	13.8886	13.9980	14.1073	14.2167	14.3260
119	13.6801	13.7913	13.9026	14.0138	14.1250	14.2362	14.3474	14.4587	14.5699
120	13.9110	14.0241	14.1372	14.2503	14.3634	14.4765	14.5896	14.7027	14.8158
121	14.1438	14.2588	14.3738	14.4888	14.6038	14.7188	14.8338	14.9488	15.0637
122	14.3786	14.4955	14.6124	14.7293	14.8462	14.9631	15.0800	15.1969	15.3138
123	14.6152	14.7341	14.8529	14.9717	15.0905	15.2094	15.3282	15.4470	15.5658
124	14.8539	14.9746	15.0954	15.2162	15.3369	15.4577	15.5784	15.6992	15.8200
125	15.0944	15.2171	15.3398	15.4626	15.5853	15.7080	15.8307	15.9534	16.0762
126	15.3369	15.4616	15.5863	15.7110	15.8356	15.9603	16.0850	16.2097	16.3344
127	15.5813	15.7080	15.8346	15.9613	16.0880	16.2147	16.3414	16.4680	16.5947
128	15.8276	15.9563	16.0850	16.2137	16.3424	16.4710	16.5997	16.7284	16.8571

续表5

检尺径/cm	检尺长/m								
	12.3	12.4	12.5	12.6	12.7	12.8	12.9	13.0	13.1
	材积/m^3								
129	16.0759	16.2066	16.3373	16.4680	16.5987	16.7294	16.8601	16.9908	17.1215
130	16.3261	16.4588	16.5916	16.7243	16.8570	16.9898	17.1225	17.2552	17.3880
131	16.5782	16.7130	16.8478	16.9826	17.1174	17.2522	17.3869	17.5217	17.6565
132	16.8323	16.9692	17.1060	17.2429	17.3797	17.5166	17.6534	17.7903	17.9271
133	17.0883	17.2272	17.3662	17.5051	17.6440	17.7830	17.9219	18.0608	18.1998
134	17.3463	17.4873	17.6283	17.7693	17.9104	18.0514	18.1924	18.3334	18.4745
135	17.6061	17.7493	17.8924	18.0355	18.1787	18.3218	18.4650	18.6081	18.7512
136	17.8679	18.0132	18.1584	18.3037	18.4490	18.5943	18.7395	18.8848	19.0301
137	18.1316	18.2791	18.4265	18.5739	18.7213	18.8687	19.0161	19.1635	19.3109
138	18.3973	18.5469	18.6964	18.8460	18.9956	19.1452	19.2947	19.4443	19.5939
139	18.6649	18.8166	18.9684	19.1201	19.2719	19.4236	19.5754	19.7271	19.8789
140	18.9344	19.0884	19.2423	19.3962	19.5502	19.7041	19.8581	20.0120	20.1659
141	19.2059	19.3620	19.5182	19.6743	19.8305	19.9866	20.1428	20.2989	20.4550
142	19.4793	19.6376	19.7960	19.9544	20.1127	20.2711	20.4295	20.5878	20.7462
143	19.7546	19.9152	20.0758	20.2364	20.3970	20.5576	20.7182	20.8788	21.0394
144	20.0318	20.1947	20.3576	20.5204	20.6833	20.8461	21.0090	21.1719	21.3347
145	20.3110	20.4762	20.6413	20.8064	20.9716	21.1367	21.3018	21.4669	21.6321

续表5

检尺径/cm	检尺长/m								
	12.3	12.4	12.5	12.6	12.7	12.8	12.9	13.0	13.1
	材积/m³								
146	20.5922	20.7596	20.9270	21.0944	21.2618	21.4292	21.5966	21.7641	21.9315
147	20.8752	21.0449	21.2146	21.3844	21.5541	21.7238	21.8935	22.0632	22.2329
148	21.1602	21.3322	21.5043	21.6763	21.8483	22.0204	22.1924	22.3644	22.5365
149	21.4471	21.6215	21.7958	21.9702	22.1446	22.3189	22.4933	22.6677	22.8420
150	21.7359	21.9127	22.0894	22.2661	22.4428	22.6195	22.7962	22.9730	23.1497
151	22.0267	22.2058	22.3849	22.5640	22.7430	22.9221	23.1012	23.2803	23.4594
152	22.3194	22.5009	22.6824	22.8638	23.0453	23.2267	23.4082	23.5896	23.7711
153	22.6141	22.7979	22.9818	23.1656	23.3495	23.5333	23.7172	23.9011	24.0849
154	22.9107	23.0969	23.2832	23.4694	23.6557	23.8420	24.0282	24.2145	24.4008
155	23.2092	23.3979	23.5865	23.7752	23.9639	24.1526	24.3413	24.5300	24.7187
156	23.5096	23.7007	23.8919	24.0830	24.2741	24.4653	24.6564	24.8475	25.0387
157	23.8120	24.0056	24.1992	24.3927	24.5863	24.7799	24.9735	25.1671	25.3607
158	24.1163	24.3123	24.5084	24.7045	24.9005	25.0966	25.2927	25.4887	25.6848
159	24.4225	24.6211	24.8196	25.0182	25.2167	25.4153	25.6138	25.8124	26.0110
160	24.7307	24.9317	25.1328	25.3339	25.5349	25.7360	25.9370	26.1381	26.3392
161	25.0408	25.2444	25.4479	25.6515	25.8551	26.0587	26.2623	26.4659	26.6694
162	25.3528	25.5589	25.7650	25.9712	26.1773	26.3834	26.5895	26.7956	27.0018

续表5

检尺径/cm	检尺长/m								
	12.3	12.4	12.5	12.6	12.7	12.8	12.9	13.0	13.1
	材积/m^3								
163	25.6668	25.8754	26.0841	26.2928	26.5015	26.7101	26.9188	27.1275	27.3362
164	25.9827	26.1939	26.4051	26.6164	26.8276	27.0389	27.2501	27.4614	27.6726
165	26.3005	26.5143	26.7281	26.9420	27.1558	27.3696	27.5834	27.7973	28.0111
166	26.6203	26.8367	27.0531	27.2695	27.4860	27.7024	27.9188	28.1352	28.3517
167	26.9419	27.1610	27.3800	27.5991	27.8181	28.0371	28.2562	28.4752	28.6943
168	27.2656	27.4872	27.7089	27.9306	28.1523	28.3739	28.5956	28.8173	29.0389
169	27.5911	27.8154	28.0398	28.2641	28.4884	28.7127	28.9370	29.1614	29.3857
170	27.9186	28.1456	28.3726	28.5996	28.8265	29.0535	29.2805	29.5075	29.7345
171	28.2480	28.4777	28.7074	28.9370	29.1667	29.3963	29.6260	29.8556	30.0853
172	28.5794	28.8117	29.0441	29.2764	29.5088	29.7412	29.9735	30.2059	30.4382
173	28.9127	29.1477	29.3828	29.6179	29.8529	30.0880	30.3230	30.5581	30.7932
174	29.2479	29.4857	29.7235	29.9613	30.1990	30.4368	30.6746	30.9124	31.1502
175	29.5850	29.8256	30.0661	30.3066	30.5472	30.7877	31.0282	31.2687	31.5093
176	29.9241	30.1674	30.4107	30.6540	30.8973	31.1405	31.3838	31.6271	31.8704
177	30.2651	30.5112	30.7572	31.0033	31.2494	31.4954	31.7415	31.9875	32.2336
178	30.6081	30.8569	31.1058	31.3546	31.6035	31.8523	32.1012	32.3500	32.5988
179	30.9530	31.2046	31.4563	31.7079	31.9596	32.2112	32.4629	32.7145	32.9662

续表5

检尺径/cm	检尺长/m								
	12.3	12.4	12.5	12.6	12.7	12.8	12.9	13.0	13.1
	材积/m^3								
180	31.2998	31.5542	31.8087	32.0632	32.3176	32.5721	32.8266	33.0810	33.3355
181	31.6485	31.9058	32.1631	32.4204	32.6777	32.9350	33.1923	33.4496	33.7069
182	31.9992	32.2593	32.5195	32.7796	33.0398	33.3000	33.5601	33.8203	34.0804
183	32.3518	32.6148	32.8778	33.1408	33.4039	33.6669	33.9299	34.1929	34.4560
184	32.7063	32.9722	33.2381	33.5040	33.7699	34.0358	34.3017	34.5677	34.8336
185	33.0628	33.3316	33.6004	33.8692	34.1380	34.4068	34.6756	34.9444	35.2132
186	33.4212	33.6929	33.9646	34.2363	34.5081	34.7798	35.0515	35.3232	35.5949
187	33.7815	34.0562	34.3308	34.6055	34.8801	35.1548	35.4294	35.7040	35.9787
188	34.1438	34.4214	34.6990	34.9766	35.2542	35.5317	35.8093	36.0869	36.3645
189	34.5080	34.7885	35.0691	35.3496	35.6302	35.9107	36.1913	36.4719	36.7524
190	34.8741	35.1576	35.4412	35.7247	36.0082	36.2918	36.5753	36.8588	37.1424
191	35.2422	35.5287	35.8152	36.1017	36.3883	36.6748	36.9613	37.2478	37.5344
192	35.6122	35.9017	36.1912	36.4808	36.7703	37.0598	37.3494	37.6389	37.9284
193	35.9841	36.2767	36.5692	36.8618	37.1543	37.4469	37.7394	38.0320	38.3245
194	36.3580	36.6535	36.9491	37.2447	37.5403	37.8359	38.1315	38.4271	38.7227
195	36.7337	37.0324	37.3310	37.6297	37.9283	38.2270	38.5256	38.8243	39.1229
196	37.1115	37.4132	37.7149	38.0166	38.3183	38.6201	38.9218	39.2235	39.5252

续表5

检尺径/cm	检尺长/m								
	12.3	12.4	12.5	12.6	12.7	12.8	12.9	13.0	13.1
	材积/m^3								
197	37.4911	37.7959	38.1007	38.4055	38.7103	39.0152	39.3200	39.6248	39.9296
198	37.8727	38.1806	38.4885	38.7964	39.1043	39.4123	39.7202	40.0281	40.3360
199	38.2562	38.5673	38.8783	39.1893	39.5003	39.8114	40.1224	40.4334	40.7444

续表5

检尺径/cm	检尺长/m								
	13.2	13.3	13.4	13.5	13.6	13.7	13.8	13.9	14.0
	材积/m³								
10	0.1037	0.1045	0.1052	0.1060	0.1068	0.1076	0.1084	0.1092	0.1100
11	0.1254	0.1264	0.1273	0.1283	0.1292	0.1302	0.1311	0.1321	0.1330
12	0.1493	0.1504	0.1516	0.1527	0.1538	0.1549	0.1561	0.1572	0.1583
13	0.1752	0.1765	0.1779	0.1792	0.1805	0.1818	0.1832	0.1845	0.1858
14	0.2032	0.2047	0.2063	0.2078	0.2094	0.2109	0.2124	0.2140	0.2155
15	0.2333	0.2350	0.2368	0.2386	0.2403	0.2421	0.2439	0.2456	0.2474
16	0.2654	0.2674	0.2694	0.2714	0.2734	0.2755	0.2775	0.2795	0.2815
17	0.2996	0.3019	0.3042	0.3064	0.3087	0.3110	0.3132	0.3155	0.3178
18	0.3359	0.3384	0.3410	0.3435	0.3461	0.3486	0.3512	0.3537	0.3563
19	0.3743	0.3771	0.3799	0.3828	0.3856	0.3884	0.3913	0.3941	0.3969
20	0.4147	0.4178	0.4210	0.4241	0.4273	0.4304	0.4335	0.4367	0.4398
21	0.4572	0.4607	0.4641	0.4676	0.4711	0.4745	0.4780	0.4814	0.4849
22	0.5018	0.5056	0.5094	0.5132	0.5170	0.5208	0.5246	0.5284	0.5322
23	0.5484	0.5526	0.5567	0.5609	0.5650	0.5692	0.5734	0.5775	0.5817
24	0.5972	0.6017	0.6062	0.6107	0.6153	0.6198	0.6243	0.6288	0.6333
25	0.6480	0.6529	0.6578	0.6627	0.6676	0.6725	0.6774	0.6823	0.6872
26	0.7008	0.7061	0.7114	0.7168	0.7221	0.7274	0.7327	0.7380	0.7433

续表5

检尺径/cm	检尺长/m								
	13.2	13.3	13.4	13.5	13.6	13.7	13.8	13.9	14.0
	材积/m³								
27	0.7558	0.7615	0.7672	0.7730	0.7787	0.7844	0.7901	0.7959	0.8016
28	0.8128	0.8190	0.8251	0.8313	0.8374	0.8436	0.8497	0.8559	0.8621
29	0.8719	0.8785	0.8851	0.8917	0.8983	0.9049	0.9115	0.9181	0.9247
30	0.9331	0.9401	0.9472	0.9543	0.9613	0.9684	0.9755	0.9825	0.9896
31	0.9963	1.0038	1.0114	1.0189	1.0265	1.0340	1.0416	1.0491	1.0567
32	1.0616	1.0697	1.0777	1.0857	1.0938	1.1018	1.1099	1.1179	1.1259
33	1.1290	1.1375	1.1461	1.1547	1.1632	1.1718	1.1803	1.1889	1.1974
34	1.1985	1.2075	1.2166	1.2257	1.2348	1.2439	1.2529	1.2620	1.2711
35	1.2700	1.2796	1.2892	1.2989	1.3085	1.3181	1.3277	1.3373	1.3470
36	1.3436	1.3538	1.3640	1.3741	1.3843	1.3945	1.4047	1.4149	1.4250
37	1.4193	1.4300	1.4408	1.4515	1.4623	1.4730	1.4838	1.4945	1.5053
38	1.4970	1.5084	1.5197	1.5311	1.5424	1.5537	1.5651	1.5764	1.5878
39	1.5769	1.5888	1.6008	1.6127	1.6246	1.6366	1.6485	1.6605	1.6724
40	1.6588	1.6713	1.6839	1.6965	1.7090	1.7216	1.7342	1.7467	1.7593
41	1.7427	1.7559	1.7691	1.7823	1.7956	1.8088	1.8220	1.8352	1.8484
42	1.8288	1.8426	1.8565	1.8704	1.8842	1.8981	1.9119	1.9258	1.9396
43	1.9169	1.9314	1.9460	1.9605	1.9750	1.9895	2.0040	2.0186	2.0331

续表5

检尺径/cm	检尺长/m								
	13.2	13.3	13.4	13.5	13.6	13.7	13.8	13.9	14.0
	材积/m³								
44	2.0071	2.0223	2.0375	2.0527	2.0679	2.0831	2.0983	2.1135	2.1287
45	2.0994	2.1153	2.1312	2.1471	2.1630	2.1789	2.1948	2.2107	2.2266
46	2.1937	2.2103	2.2270	2.2436	2.2602	2.2768	2.2934	2.3100	2.3267
47	2.2901	2.3075	2.3248	2.3422	2.3595	2.3769	2.3942	2.4116	2.4289
48	2.3886	2.4067	2.4248	2.4429	2.4610	2.4791	2.4972	2.5153	2.5334
49	2.4892	2.5080	2.5269	2.5458	2.5646	2.5835	2.6023	2.6212	2.6400
50	2.5918	2.6115	2.6311	2.6507	2.6704	2.6900	2.7096	2.7293	2.7489
51	2.6965	2.7170	2.7374	2.7578	2.7782	2.7987	2.8191	2.8395	2.8600
52	2.8033	2.8245	2.8458	2.8670	2.8883	2.9095	2.9307	2.9520	2.9732
53	2.9122	2.9342	2.9563	2.9784	3.0004	3.0225	3.0445	3.0666	3.0887
54	3.0231	3.0460	3.0689	3.0918	3.1147	3.1376	3.1605	3.1834	3.2063
55	3.1361	3.1599	3.1836	3.2074	3.2311	3.2549	3.2787	3.3024	3.3262
56	3.2512	3.2758	3.3004	3.3251	3.3497	3.3743	3.3990	3.4236	3.4482
57	3.3683	3.3938	3.4194	3.4449	3.4704	3.4959	3.5214	3.5470	3.5725
58	3.4876	3.5140	3.5404	3.5668	3.5932	3.6197	3.6461	3.6725	3.6989
59	3.6089	3.6362	3.6635	3.6909	3.7182	3.7455	3.7729	3.8002	3.8276
60	3.7322	3.7605	3.7888	3.8170	3.8453	3.8736	3.9019	3.9301	3.9584

续表5

检尺径/cm	检尺长/m								
	13.2	13.3	13.4	13.5	13.6	13.7	13.8	13.9	14.0
	材积/m³								
61	3.8577	3.8869	3.9161	3.9453	3.9746	4.0038	4.0330	4.0622	4.0915
62	3.9852	4.0154	4.0456	4.0758	4.1059	4.1361	4.1663	4.1965	4.2267
63	4.1148	4.1459	4.1771	4.2083	4.2395	4.2706	4.3018	4.3330	4.3642
64	4.2464	4.2786	4.3108	4.3429	4.3751	4.4073	4.4395	4.4716	4.5038
65	4.3802	4.4134	4.4465	4.4797	4.5129	4.5461	4.5793	4.6125	4.6456
66	4.5160	4.5502	4.5844	4.6186	4.6528	4.6870	4.7213	4.7555	4.7897
67	4.6539	4.6891	4.7244	4.7596	4.7949	4.8302	4.8654	4.9007	4.9359
68	4.7938	4.8301	4.8665	4.9028	4.9391	4.9754	5.0117	5.0480	5.0844
69	4.9359	4.9733	5.0106	5.0480	5.0854	5.1228	5.1602	5.1976	5.2350
70	5.0800	5.1185	5.1569	5.1954	5.2339	5.2724	5.3109	5.3494	5.3878
71	5.2261	5.2657	5.3053	5.3449	5.3845	5.4241	5.4637	5.5033	5.5429
72	5.3744	5.4151	5.4558	5.4965	5.5373	5.5780	5.6187	5.6594	5.7001
73	5.5247	5.5666	5.6084	5.6503	5.6921	5.7340	5.7758	5.8177	5.8596
74	5.6771	5.7201	5.7631	5.8061	5.8492	5.8922	5.9352	5.9782	6.0212
75	5.8316	5.8758	5.9200	5.9641	6.0083	6.0525	6.0967	6.1408	6.1850
76	5.9881	6.0335	6.0789	6.1242	6.1696	6.2150	6.2603	6.3057	6.3511
77	6.1468	6.1933	6.2399	6.2865	6.3330	6.3796	6.4262	6.4727	6.5193

续表5

检尺径/cm	检尺长/m								
	13.2	13.3	13.4	13.5	13.6	13.7	13.8	13.9	14.0
	材积/m³								
78	6.3075	6.3552	6.4030	6.4508	6.4986	6.5464	6.5942	6.6419	6.6897
79	6.4702	6.5192	6.5683	6.6173	6.6663	6.7153	6.7643	6.8133	6.8624
80	6.6351	6.6853	6.7356	6.7859	6.8361	6.8864	6.9367	6.9869	7.0372
81	6.8020	6.8535	6.9050	6.9566	7.0081	7.0596	7.1112	7.1627	7.2142
82	6.9710	7.0238	7.0766	7.1294	7.1822	7.2350	7.2878	7.3406	7.3934
83	7.1420	7.1961	7.2502	7.3043	7.3584	7.4126	7.4667	7.5208	7.5749
84	7.3152	7.3706	7.4260	7.4814	7.5368	7.5922	7.6477	7.7031	7.7585
85	7.4904	7.5471	7.6039	7.6606	7.7173	7.7741	7.8308	7.8876	7.9443
86	7.6676	7.7257	7.7838	7.8419	7.9000	7.9581	8.0162	8.0743	8.1323
87	7.8470	7.9064	7.9659	8.0253	8.0848	8.1442	8.2037	8.2631	8.3226
88	8.0284	8.0892	8.1501	8.2109	8.2717	8.3325	8.3933	8.4542	8.5150
89	8.2119	8.2741	8.3363	8.3986	8.4608	8.5230	8.5852	8.6474	8.7096
90	8.3975	8.4611	8.5247	8.5883	8.6520	8.7156	8.7792	8.8428	8.9064
91	8.5851	8.6502	8.7152	8.7803	8.8453	8.9103	8.9754	9.0404	9.1055
92	8.7749	8.8413	8.9078	8.9743	9.0408	9.1072	9.1737	9.2402	9.3067
93	8.9667	9.0346	9.1025	9.1704	9.2384	9.3063	9.3742	9.4422	9.5101
94	9.1605	9.2299	9.2993	9.3687	9.4381	9.5075	9.5769	9.6463	9.7157

续表5

检尺径/cm	检尺长/m								
	13.2	13.3	13.4	13.5	13.6	13.7	13.8	13.9	14.0
	材积/m^3								
95	9.3565	9.4274	9.4982	9.5691	9.6400	9.7109	9.7818	9.8526	9.9235
96	9.5545	9.6269	9.6993	9.7716	9.8440	9.9164	9.9888	10.0612	10.1335
97	9.7546	9.8285	9.9024	9.9763	10.0502	10.1241	10.1980	10.2719	10.3458
98	9.9567	10.0322	10.1076	10.1830	10.2585	10.3339	10.4093	10.4847	10.5602
99	10.1610	10.2379	10.3149	10.3919	10.4689	10.5459	10.6228	10.6998	10.7768
100	10.3673	10.4458	10.5244	10.6029	10.6814	10.7600	10.8385	10.9171	10.9956
101	10.5757	10.6558	10.7359	10.8160	10.8961	10.9763	11.0564	11.1365	11.2166
102	10.7861	10.8678	10.9495	11.0313	11.1130	11.1947	11.2764	11.3581	11.4398
103	10.9986	11.0820	11.1653	11.2486	11.3319	11.4153	11.4986	11.5819	11.6652
104	11.2133	11.2982	11.3831	11.4681	11.5530	11.6380	11.7229	11.8079	11.8928
105	11.4299	11.5165	11.6031	11.6897	11.7763	11.8629	11.9495	12.0361	12.1226
106	11.6487	11.7369	11.8252	11.9134	12.0017	12.0899	12.1782	12.2664	12.3547
107	11.8695	11.9594	12.0493	12.1393	12.2292	12.3191	12.4090	12.4989	12.5889
108	12.0924	12.1840	12.2756	12.3672	12.4588	12.5504	12.6420	12.7337	12.8253
109	12.3174	12.4107	12.5040	12.5973	12.6906	12.7839	12.8772	12.9706	13.0639
110	12.5444	12.6394	12.7345	12.8295	12.9245	13.0196	13.1146	13.2096	13.3047
111	12.7735	12.8703	12.9671	13.0638	13.1606	13.2574	13.3541	13.4509	13.5477

续表5

检尺径/cm	检尺长/m								
	13.2	13.3	13.4	13.5	13.6	13.7	13.8	13.9	14.0
	材积/m³								
112	13.0047	13.1032	13.2018	13.3003	13.3988	13.4973	13.5958	13.6944	13.7929
113	13.2380	13.3383	13.4386	13.5388	13.6391	13.7394	13.8397	13.9400	14.0403
114	13.4733	13.5754	13.6775	13.7795	13.8816	13.9837	14.0857	14.1878	14.2899
115	13.7107	13.8146	13.9185	14.0223	14.1262	14.2301	14.3339	14.4378	14.5417
116	13.9502	14.0559	14.1616	14.2673	14.3729	14.4786	14.5843	14.6900	14.7957
117	14.1918	14.2993	14.4068	14.5143	14.6218	14.7293	14.8369	14.9444	15.0519
118	14.4354	14.5448	14.6541	14.7635	14.8728	14.9822	15.0916	15.2009	15.3103
119	14.6811	14.7923	14.9035	15.0148	15.1260	15.2372	15.3484	15.4596	15.5709
120	14.9289	15.0420	15.1551	15.2682	15.3813	15.4944	15.6075	15.7206	15.8337
121	15.1787	15.2937	15.4087	15.5237	15.6387	15.7537	15.8687	15.9837	16.0987
122	15.4307	15.5476	15.6645	15.7814	15.8983	16.0152	16.1321	16.2490	16.3659
123	15.6847	15.8035	15.9223	16.0411	16.1600	16.2788	16.3976	16.5164	16.6352
124	15.9407	16.0615	16.1823	16.3030	16.4238	16.5445	16.6653	16.7861	16.9068
125	16.1989	16.3216	16.4443	16.5670	16.6898	16.8125	16.9352	17.0579	17.1806
126	16.4591	16.5838	16.7085	16.8332	16.9579	17.0825	17.2072	17.3319	17.4566
127	16.7214	16.8481	16.9747	17.1014	17.2281	17.3548	17.4814	17.6081	17.7348
128	16.9858	17.1144	17.2431	17.3718	17.5005	17.6292	17.7578	17.8865	18.0152

续表5

检尺径/cm	检尺长/m								
	13.2	13.3	13.4	13.5	13.6	13.7	13.8	13.9	14.0
	材积/m^3								
129	17.2522	17.3829	17.5136	17.6443	17.7750	17.9057	18.0364	18.1671	18.2978
130	17.5207	17.6534	17.7862	17.9189	18.0516	18.1844	18.3171	18.4498	18.5826
131	17.7913	17.9261	18.0609	18.1956	18.3304	18.4652	18.6000	18.7348	18.8695
132	18.0639	18.2008	18.3376	18.4745	18.6113	18.7482	18.8850	19.0219	19.1587
133	18.3387	18.4776	18.6165	18.7555	18.8944	19.0333	19.1723	19.3112	19.4501
134	18.6155	18.7565	18.8975	19.0386	19.1796	19.3206	19.4616	19.6027	19.7437
135	18.8944	19.0375	19.1806	19.3238	19.4669	19.6101	19.7532	19.8963	20.0395
136	19.1753	19.3206	19.4659	19.6111	19.7564	19.9017	20.0469	20.1922	20.3375
137	19.4583	19.6058	19.7532	19.9006	20.0480	20.1954	20.3428	20.4902	20.6376
138	19.7434	19.8930	20.0426	20.1922	20.3417	20.4913	20.6409	20.7904	20.9400
139	20.0306	20.1824	20.3341	20.4859	20.6376	20.7894	20.9411	21.0929	21.2446
140	20.3199	20.4738	20.6277	20.7817	20.9356	21.0896	21.2435	21.3974	21.5514
141	20.6112	20.7673	20.9235	21.0796	21.2358	21.3919	21.5481	21.7042	21.8604
142	20.9046	21.0630	21.2213	21.3797	21.5381	21.6964	21.8548	22.0132	22.1715
143	21.2001	21.3607	21.5213	21.6819	21.8425	22.0031	22.1637	22.3243	22.4849
144	21.4976	21.6605	21.8233	21.9862	22.1490	22.3119	22.4748	22.6376	22.8005
145	21.7972	21.9623	22.1275	22.2926	22.4577	22.6229	22.7880	22.9531	23.1182

续表5

检尺径/cm	检尺长/m								
	13.2	13.3	13.4	13.5	13.6	13.7	13.8	13.9	14.0
	材积/m^3								
146	22.0989	22.2663	22.4337	22.6011	22.7686	22.9360	23.1034	23.2708	23.4382
147	22.4027	22.5724	22.7421	22.9118	23.0815	23.2512	23.4210	23.5907	23.7604
148	22.7085	22.8805	23.0526	23.2246	23.3966	23.5687	23.7407	23.9127	24.0848
149	23.0164	23.1908	23.3651	23.5395	23.7139	23.8882	24.0626	24.2370	24.4113
150	23.3264	23.5031	23.6798	23.8565	24.0332	24.2100	24.3867	24.5634	24.7401
151	23.6384	23.8175	23.9966	24.1757	24.3548	24.5338	24.7129	24.8920	25.0711
152	23.9526	24.1340	24.3155	24.4969	24.6784	24.8599	25.0413	25.2228	25.4042
153	24.2688	24.4526	24.6365	24.8203	25.0042	25.1880	25.3719	25.5557	25.7396
154	24.5870	24.7733	24.9596	25.1458	25.3321	25.5184	25.7046	25.8909	26.0772
155	24.9074	25.0961	25.2848	25.4735	25.6622	25.8509	26.0395	26.2282	26.4169
156	25.2298	25.4209	25.6121	25.8032	25.9944	26.1855	26.3766	26.5678	26.7589
157	25.5543	25.7479	25.9415	26.1351	26.3287	26.5223	26.7159	26.9095	27.1031
158	25.8809	26.0769	26.2730	26.4691	26.6651	26.8612	27.0573	27.2533	27.4494
159	26.2095	26.4081	26.6066	26.8052	27.0037	27.2023	27.4009	27.5994	27.7980
160	26.5402	26.7413	26.9424	27.1434	27.3445	27.5455	27.7466	27.9477	28.1487
161	26.8730	27.0766	27.2802	27.4838	27.6874	27.8909	28.0945	28.2981	28.5017
162	27.2079	27.4140	27.6201	27.8263	28.0324	28.2385	28.4446	28.6507	28.8569

续表5

检尺径/cm	检尺长/m								
	13.2	13.3	13.4	13.5	13.6	13.7	13.8	13.9	14.0
	材积/m³								
163	27.5448	27.7535	27.9622	28.1708	28.3795	28.5882	28.7969	29.0055	29.2142
164	27.8838	28.0951	28.3063	28.5176	28.7288	28.9400	29.1513	29.3625	29.5738
165	28.2249	28.4387	28.6526	28.8664	29.0802	29.2940	29.5079	29.7217	29.9355
166	28.5681	28.7845	29.0009	29.2174	29.4338	29.6502	29.8666	30.0831	30.2995
167	28.9133	29.1323	29.3514	29.5704	29.7895	30.0085	30.2275	30.4466	30.6656
168	29.2606	29.4823	29.7040	29.9256	30.1473	30.3690	30.5906	30.8123	31.0340
169	29.6100	29.8343	30.0586	30.2829	30.5073	30.7316	30.9559	31.1802	31.4045
170	29.9614	30.1884	30.4154	30.6424	30.8694	31.0963	31.3233	31.5503	31.7773
171	30.3150	30.5446	30.7743	31.0039	31.2336	31.4633	31.6929	31.9226	32.1522
172	30.6706	30.9029	31.1353	31.3676	31.6000	31.8323	32.0647	32.2970	32.5294
173	31.0282	31.2633	31.4984	31.7334	31.9685	32.2035	32.4386	32.6737	32.9087
174	31.3880	31.6258	31.8636	32.1013	32.3391	32.5769	32.8147	33.0525	33.2903
175	31.7498	31.9903	32.2309	32.4714	32.7119	32.9524	33.1930	33.4335	33.6740
176	32.1137	32.3570	32.6003	32.8435	33.0868	33.3301	33.5734	33.8167	34.0600
177	32.4797	32.7257	32.9718	33.2178	33.4639	33.7099	33.9560	34.2021	34.4481
178	32.8477	33.0965	33.3454	33.5942	33.8431	34.0919	34.3408	34.5896	34.8385
179	33.2178	33.4695	33.7211	33.9728	34.2244	34.4761	34.7277	34.9794	35.2310

续表5

检尺径/cm	检尺长/m								
	13.2	13.3	13.4	13.5	13.6	13.7	13.8	13.9	14.0
	材积/m³								
180	33.5900	33.8445	34.0989	34.3534	34.6079	34.8623	35.1168	35.3713	35.6257
181	33.9642	34.2216	34.4789	34.7362	34.9935	35.2508	35.5081	35.7654	36.0227
182	34.3406	34.6007	34.8609	35.1210	35.3812	35.6414	35.9015	36.1617	36.4218
183	34.7190	34.9820	35.2450	35.5081	35.7711	36.0341	36.2971	36.5601	36.8232
184	35.0995	35.3654	35.6313	35.8972	36.1631	36.4290	36.6949	36.9608	37.2267
185	35.4820	35.7508	36.0196	36.2884	36.5572	36.8260	37.0948	37.3636	37.6324
186	35.8666	36.1384	36.4101	36.6818	36.9535	37.2252	37.4969	37.7687	38.0404
187	36.2533	36.5280	36.8026	37.0773	37.3519	37.6266	37.9012	38.1759	38.4505
188	36.6421	36.9197	37.1973	37.4749	37.7525	38.0301	38.3077	38.5853	38.8628
189	37.0330	37.3135	37.5941	37.8746	38.1552	38.4357	38.7163	38.9968	39.2774
190	37.4259	37.7094	37.9929	38.2765	38.5600	38.8435	39.1271	39.4106	39.6941
191	37.8209	38.1074	38.3939	38.6804	38.9670	39.2535	39.5400	39.8265	40.1130
192	38.2179	38.5075	38.7970	39.0865	39.3761	39.6656	39.9551	40.2446	40.5342
193	38.6171	38.9096	39.2022	39.4947	39.7873	40.0798	40.3724	40.6650	40.9575
194	39.0183	39.3139	39.6095	39.9051	40.2007	40.4963	40.7919	41.0874	41.3830
195	39.4216	39.7202	40.0189	40.3175	40.6162	40.9148	41.2135	41.5121	41.8108
196	39.8269	40.1287	40.4304	40.7321	41.0338	41.3355	41.6373	41.9390	42.2407

续表5

检尺径/cm	检尺长/m								
	13.2	13.3	13.4	13.5	13.6	13.7	13.8	13.9	14.0
	材积/m³								
197	40.2344	40.5392	40.8440	41.1488	41.4536	41.7584	42.0632	42.3680	42.6728
198	40.6439	40.9518	41.2597	41.5676	41.8755	42.1834	42.4913	42.7992	43.1072
199	41.0555	41.3665	41.6775	41.9885	42.2996	42.6106	42.9216	43.2326	43.5437

续表5

检尺径/cm	检尺长/m								
	14.1	14.2	14.3	14.4	14.5	14.6	14.7	14.8	14.9
	材积/m^3								
10	0.1107	0.1115	0.1123	0.1131	0.1139	0.1147	0.1155	0.1162	0.1170
11	0.1340	0.1349	0.1359	0.1368	0.1378	0.1387	0.1397	0.1406	0.1416
12	0.1595	0.1606	0.1617	0.1629	0.1640	0.1651	0.1663	0.1674	0.1685
13	0.1872	0.1885	0.1898	0.1911	0.1925	0.1938	0.1951	0.1964	0.1978
14	0.2171	0.2186	0.2201	0.2217	0.2232	0.2248	0.2263	0.2278	0.2294
15	0.2492	0.2509	0.2527	0.2545	0.2562	0.2580	0.2598	0.2615	0.2633
16	0.2835	0.2855	0.2875	0.2895	0.2915	0.2936	0.2956	0.2976	0.2996
17	0.3200	0.3223	0.3246	0.3269	0.3291	0.3314	0.3337	0.3359	0.3382
18	0.3588	0.3613	0.3639	0.3664	0.3690	0.3715	0.3741	0.3766	0.3792
19	0.3998	0.4026	0.4054	0.4083	0.4111	0.4140	0.4168	0.4196	0.4225
20	0.4430	0.4461	0.4492	0.4524	0.4555	0.4587	0.4618	0.4650	0.4681
21	0.4884	0.4918	0.4953	0.4988	0.5022	0.5057	0.5092	0.5126	0.5161
22	0.5360	0.5398	0.5436	0.5474	0.5512	0.5550	0.5588	0.5626	0.5664
23	0.5858	0.5900	0.5941	0.5983	0.6024	0.6066	0.6108	0.6149	0.6191
24	0.6379	0.6424	0.6469	0.6514	0.6560	0.6605	0.6650	0.6695	0.6741
25	0.6921	0.6970	0.7020	0.7069	0.7118	0.7167	0.7216	0.7265	0.7314
26	0.7486	0.7539	0.7592	0.7645	0.7698	0.7752	0.7805	0.7858	0.7911

续表5

检尺径/cm	检尺长/m								
	14.1	14.2	14.3	14.4	14.5	14.6	14.7	14.8	14.9
	材积/m^3								
27	0.8073	0.8130	0.8188	0.8245	0.8302	0.8359	0.8417	0.8474	0.8531
28	0.8682	0.8744	0.8805	0.8867	0.8928	0.8990	0.9052	0.9113	0.9175
29	0.9313	0.9379	0.9445	0.9512	0.9578	0.9644	0.9710	0.9776	0.9842
30	0.9967	1.0037	1.0108	1.0179	1.0249	1.0320	1.0391	1.0462	1.0532
31	1.0642	1.0718	1.0793	1.0869	1.0944	1.1020	1.1095	1.1171	1.1246
32	1.1340	1.1420	1.1501	1.1581	1.1662	1.1742	1.1822	1.1903	1.1983
33	1.2060	1.2145	1.2231	1.2316	1.2402	1.2487	1.2573	1.2658	1.2744
34	1.2802	1.2892	1.2983	1.3074	1.3165	1.3256	1.3346	1.3437	1.3528
35	1.3566	1.3662	1.3758	1.3854	1.3951	1.4047	1.4143	1.4239	1.4336
36	1.4352	1.4454	1.4556	1.4657	1.4759	1.4861	1.4963	1.5065	1.5166
37	1.5160	1.5268	1.5376	1.5483	1.5591	1.5698	1.5806	1.5913	1.6021
38	1.5991	1.6104	1.6218	1.6331	1.6445	1.6558	1.6672	1.6785	1.6898
39	1.6844	1.6963	1.7083	1.7202	1.7322	1.7441	1.7561	1.7680	1.7799
40	1.7719	1.7844	1.7970	1.8096	1.8221	1.8347	1.8473	1.8598	1.8724
41	1.8616	1.8748	1.8880	1.9012	1.9144	1.9276	1.9408	1.9540	1.9672
42	1.9535	1.9673	1.9812	1.9950	2.0089	2.0228	2.0366	2.0505	2.0643
43	2.0476	2.0621	2.0767	2.0912	2.1057	2.1202	2.1347	2.1493	2.1638

续表5

检尺径/cm	检尺长/m 14.1	14.2	14.3	14.4	14.5	14.6	14.7	14.8	14.9
	材积/m^3								
44	2.1440	2.1592	2.1744	2.1896	2.2048	2.2200	2.2352	2.2504	2.2656
45	2.2425	2.2584	2.2743	2.2902	2.3061	2.3220	2.3379	2.3538	2.3697
46	2.3433	2.3599	2.3765	2.3931	2.4098	2.4264	2.4430	2.4596	2.4762
47	2.4463	2.4636	2.4810	2.4983	2.5157	2.5330	2.5504	2.5677	2.5851
48	2.5515	2.5696	2.5877	2.6058	2.6239	2.6420	2.6601	2.6782	2.6962
49	2.6589	2.6778	2.6966	2.7155	2.7343	2.7532	2.7720	2.7909	2.8098
50	2.7685	2.7882	2.8078	2.8274	2.8471	2.8667	2.8863	2.9060	2.9256
51	2.8804	2.9008	2.9212	2.9417	2.9621	2.9825	3.0030	3.0234	3.0438
52	2.9944	3.0157	3.0369	3.0582	3.0794	3.1006	3.1219	3.1431	3.1643
53	3.1107	3.1328	3.1548	3.1769	3.1990	3.2210	3.2431	3.2652	3.2872
54	3.2292	3.2521	3.2750	3.2979	3.3208	3.3437	3.3666	3.3895	3.4124
55	3.3499	3.3737	3.3974	3.4212	3.4450	3.4687	3.4925	3.5162	3.5400
56	3.4729	3.4975	3.5221	3.5467	3.5714	3.5960	3.6206	3.6453	3.6699
57	3.5980	3.6235	3.6490	3.6745	3.7001	3.7256	3.7511	3.7766	3.8021
58	3.7253	3.7518	3.7782	3.8046	3.8310	3.8574	3.8839	3.9103	3.9367
59	3.8549	3.8822	3.9096	3.9369	3.9643	3.9916	4.0189	4.0463	4.0736
60	3.9867	4.0150	4.0432	4.0715	4.0998	4.1281	4.1563	4.1846	4.2129

续表5

检尺径/cm	检尺长/m								
	14.1	14.2	14.3	14.4	14.5	14.6	14.7	14.8	14.9
	材积/m^3								
61	4.1207	4.1499	4.1791	4.2084	4.2376	4.2668	4.2960	4.3253	4.3545
62	4.2569	4.2871	4.3173	4.3475	4.3777	4.4079	4.4380	4.4682	4.4984
63	4.3953	4.4265	4.4577	4.4888	4.5200	4.5512	4.5824	4.6135	4.6447
64	4.5360	4.5681	4.6003	4.6325	4.6646	4.6968	4.7290	4.7612	4.7933
65	4.6788	4.7120	4.7452	4.7784	4.8116	4.8447	4.8779	4.9111	4.9443
66	4.8239	4.8581	4.8923	4.9265	4.9607	4.9950	5.0292	5.0634	5.0976
67	4.9712	5.0064	5.0417	5.0770	5.1122	5.1475	5.1827	5.2180	5.2532
68	5.1207	5.1570	5.1933	5.2296	5.2659	5.3023	5.3386	5.3749	5.4112
69	5.2724	5.3098	5.3472	5.3846	5.4220	5.4594	5.4968	5.5341	5.5715
70	5.4263	5.4648	5.5033	5.5418	5.5803	5.6188	5.6572	5.6957	5.7342
71	5.5825	5.6221	5.6617	5.7013	5.7408	5.7804	5.8200	5.8596	5.8992
72	5.7408	5.7815	5.8223	5.8630	5.9037	5.9444	5.9851	6.0258	6.0666
73	5.9014	5.9433	5.9851	6.0270	6.0688	6.1107	6.1525	6.1944	6.2362
74	6.0642	6.1072	6.1502	6.1932	6.2362	6.2792	6.3223	6.3653	6.4083
75	6.2292	6.2734	6.3176	6.3617	6.4059	6.4501	6.4943	6.5385	6.5826
76	6.3964	6.4418	6.4872	6.5325	6.5779	6.6232	6.6686	6.7140	6.7593
77	6.5659	6.6124	6.6590	6.7056	6.7521	6.7987	6.8453	6.8918	6.9384

续表5

检尺径/cm	检尺长/m								
	14.1	14.2	14.3	14.4	14.5	14.6	14.7	14.8	14.9
	材积/m^3								
78	6.7375	6.7853	6.8331	6.8809	6.9286	6.9764	7.0242	7.0720	7.1198
79	6.9114	6.9604	7.0094	7.0584	7.1074	7.1565	7.2055	7.2545	7.3035
80	7.0874	7.1377	7.1880	7.2382	7.2885	7.3388	7.3890	7.4393	7.4896
81	7.2657	7.3173	7.3688	7.4203	7.4719	7.5234	7.5749	7.6265	7.6780
82	7.4463	7.4991	7.5519	7.6047	7.6575	7.7103	7.7631	7.8159	7.8687
83	7.6290	7.6831	7.7372	7.7913	7.8454	7.8995	7.9536	8.0077	8.0618
84	7.8139	7.8693	7.9247	7.9802	8.0356	8.0910	8.1464	8.2018	8.2573
85	8.0011	8.0578	8.1146	8.1713	8.2280	8.2848	8.3415	8.3983	8.4550
86	8.1904	8.2485	8.3066	8.3647	8.4228	8.4809	8.5390	8.5971	8.6551
87	8.3820	8.4415	8.5009	8.5604	8.6198	8.6793	8.7387	8.7981	8.8576
88	8.5758	8.6366	8.6975	8.7583	8.8191	8.8799	8.9407	9.0016	9.0624
89	8.7718	8.8340	8.8962	8.9585	9.0207	9.0829	9.1451	9.2073	9.2695
90	8.9701	9.0337	9.0973	9.1609	9.2245	9.2881	9.3518	9.4154	9.4790
91	9.1705	9.2355	9.3006	9.3656	9.4307	9.4957	9.5607	9.6258	9.6908
92	9.3732	9.4396	9.5061	9.5726	9.6391	9.7055	9.7720	9.8385	9.9050
93	9.5780	9.6460	9.7139	9.7818	9.8497	9.9177	9.9856	10.0535	10.1215
94	9.7851	9.8545	9.9239	9.9933	10.0627	10.1321	10.2015	10.2709	10.3403

续表5

检尺径/cm	检尺长/m								
	14.1	14.2	14.3	14.4	14.5	14.6	14.7	14.8	14.9
	材积/m³								
95	9.9944	10.0653	10.1362	10.2071	10.2779	10.3488	10.4197	10.4906	10.5615
96	10.2059	10.2783	10.3507	10.4231	10.4955	10.5678	10.6402	10.7126	10.7850
97	10.4197	10.4936	10.5675	10.6414	10.7153	10.7891	10.8630	10.9369	11.0108
98	10.6356	10.7110	10.7865	10.8619	10.9373	11.0128	11.0882	11.1636	11.2390
99	10.8538	10.9307	11.0077	11.0847	11.1617	11.2386	11.3156	11.3926	11.4696
100	11.0741	11.1527	11.2312	11.3098	11.3883	11.4668	11.5454	11.6239	11.7025
101	11.2967	11.3768	11.4570	11.5371	11.6172	11.6973	11.7774	11.8576	11.9377
102	11.5215	11.6032	11.6850	11.7667	11.8484	11.9301	12.0118	12.0935	12.1752
103	11.7486	11.8319	11.9152	11.9985	12.0818	12.1652	12.2485	12.3318	12.4151
104	11.9778	12.0627	12.1477	12.2326	12.3176	12.4025	12.4875	12.5724	12.6574
105	12.2092	12.2958	12.3824	12.4690	12.5556	12.6422	12.7288	12.8154	12.9020
106	12.4429	12.5312	12.6194	12.7076	12.7959	12.8841	12.9724	13.0606	13.1489
107	12.6788	12.7687	12.8586	12.9485	13.0385	13.1284	13.2183	13.3082	13.3981
108	12.9169	13.0085	13.1001	13.1917	13.2833	13.3749	13.4665	13.5581	13.6497
109	13.1572	13.2505	13.3438	13.4371	13.5304	13.6238	13.7171	13.8104	13.9037
110	13.3997	13.4947	13.5898	13.6848	13.7798	13.8749	13.9699	14.0649	14.1600
111	13.6444	13.7412	13.8380	13.9348	14.0315	14.1283	14.2251	14.3218	14.4186

续表5

检尺径/cm	检尺长/m								
	14.1	14.2	14.3	14.4	14.5	14.6	14.7	14.8	14.9
	材积/m^3								
112	13.8914	13.9899	14.0884	14.1870	14.2855	14.3840	14.4825	14.5810	14.6796
113	14.1406	14.2409	14.3411	14.4414	14.5417	14.6420	14.7423	14.8426	14.9429
114	14.3920	14.4940	14.5961	14.6982	14.8002	14.9023	15.0044	15.1064	15.2085
115	14.6456	14.7494	14.8533	14.9572	15.0610	15.1649	15.2688	15.3726	15.4765
116	14.9014	15.0070	15.1127	15.2184	15.3241	15.4298	15.5355	15.6411	15.7468
117	15.1594	15.2669	15.3744	15.4819	15.5894	15.6970	15.8045	15.9120	16.0195
118	15.4196	15.5290	15.6384	15.7477	15.8571	15.9664	16.0758	16.1851	16.2945
119	15.6821	15.7933	15.9045	16.0158	16.1270	16.2382	16.3494	16.4606	16.5719
120	15.9468	16.0599	16.1730	16.2861	16.3992	16.5122	16.6253	16.7384	16.8515
121	16.2136	16.3286	16.4436	16.5586	16.6736	16.7886	16.9036	17.0186	17.1336
122	16.4827	16.5996	16.7165	16.8334	16.9503	17.0672	17.1841	17.3010	17.4179
123	16.7541	16.8729	16.9917	17.1105	17.2294	17.3482	17.4670	17.5858	17.7047
124	17.0276	17.1484	17.2691	17.3899	17.5107	17.6314	17.7522	17.8729	17.9937
125	17.3033	17.4261	17.5488	17.6715	17.7942	17.9169	18.0397	18.1624	18.2851
126	17.5813	17.7060	17.8307	17.9554	18.0801	18.2048	18.3294	18.4541	18.5788
127	17.8615	17.9882	18.1148	18.2415	18.3682	18.4949	18.6215	18.7482	18.8749
128	18.1439	18.2726	18.4012	18.5299	18.6586	18.7873	18.9160	19.0446	19.1733

续表5

检尺径/cm	检尺长/m								
	14.1	14.2	14.3	14.4	14.5	14.6	14.7	14.8	14.9
	材积/m³								
129	18.4285	18.5592	18.6899	18.8206	18.9513	19.0820	19.2127	19.3434	19.4741
130	18.7153	18.8480	18.9808	19.1135	19.2462	19.3790	19.5117	19.6444	19.7772
131	19.0043	19.1391	19.2739	19.4087	19.5435	19.6782	19.8130	19.9478	20.0826
132	19.2956	19.4324	19.5693	19.7061	19.8430	19.9798	20.1167	20.2535	20.3904
133	19.5890	19.7280	19.8669	20.0058	20.1448	20.2837	20.4226	20.5616	20.7005
134	19.8847	20.0258	20.1668	20.3078	20.4488	20.5899	20.7309	20.8719	21.0129
135	20.1826	20.3258	20.4689	20.6120	20.7552	20.8983	21.0415	21.1846	21.3277
136	20.4827	20.6280	20.7733	20.9185	21.0638	21.2091	21.3543	21.4996	21.6449
137	20.7851	20.9325	21.0799	21.2273	21.3747	21.5221	21.6695	21.8169	21.9643
138	21.0896	21.2392	21.3887	21.5383	21.6879	21.8375	21.9870	22.1366	22.2862
139	21.3963	21.5481	21.6998	21.8516	22.0033	22.1551	22.3068	22.4586	22.6103
140	21.7053	21.8593	22.0132	22.1671	22.3211	22.4750	22.6289	22.7829	22.9368
141	22.0165	22.1726	22.3288	22.4849	22.6411	22.7972	22.9534	23.1095	23.2657
142	22.3299	22.4883	22.6466	22.8050	22.9634	23.1217	23.2801	23.4385	23.5968
143	22.6455	22.8061	22.9667	23.1273	23.2879	23.4485	23.6091	23.7698	23.9304
144	22.9633	23.1262	23.2891	23.4519	23.6148	23.7776	23.9405	24.1034	24.2662
145	23.2834	23.4485	23.6136	23.7788	23.9439	24.1090	24.2742	24.4393	24.6044

续表5

检尺径/cm	检尺长/m								
	14.1	14.2	14.3	14.4	14.5	14.6	14.7	14.8	14.9
	材积/m³								
146	23.6056	23.7731	23.9405	24.1079	24.2753	24.4427	24.6101	24.7775	24.9450
147	23.9301	24.0998	24.2695	24.4393	24.6090	24.7787	24.9484	25.1181	25.2878
148	24.2568	24.4288	24.6009	24.7729	24.9449	25.1170	25.2890	25.4610	25.6331
149	24.5857	24.7601	24.9344	25.1088	25.2832	25.4575	25.6319	25.8063	25.9806
150	24.9168	25.0935	25.2702	25.4470	25.6237	25.8004	25.9771	26.1538	26.3305
151	25.2501	25.4292	25.6083	25.7874	25.9665	26.1455	26.3246	26.5037	26.6828
152	25.5857	25.7672	25.9486	26.1301	26.3115	26.4930	26.6744	26.8559	27.0374
153	25.9235	26.1073	26.2912	26.4750	26.6589	26.8427	27.0266	27.2104	27.3943
154	26.2634	26.4497	26.6360	26.8222	27.0085	27.1948	27.3810	27.5673	27.7536
155	26.6056	26.7943	26.9830	27.1717	27.3604	27.5491	27.7378	27.9265	28.1152
156	26.9500	27.1412	27.3323	27.5234	27.7146	27.9057	28.0968	28.2880	28.4791
157	27.2966	27.4902	27.6838	27.8774	28.0710	28.2646	28.4582	28.6518	28.8454
158	27.6455	27.8416	28.0376	28.2337	28.4298	28.6258	28.8219	29.0180	29.2140
159	27.9965	28.1951	28.3936	28.5922	28.7908	28.9893	29.1879	29.3864	29.5850
160	28.3498	28.5509	28.7519	28.9530	29.1540	29.3551	29.5562	29.7572	29.9583
161	28.7053	28.9089	29.1124	29.3160	29.5196	29.7232	29.9268	30.1304	30.3339
162	29.0630	29.2691	29.4752	29.6813	29.8875	30.0936	30.2997	30.5058	30.7119

续表5

检尺径/cm	检尺长/m								
	14.1	14.2	14.3	14.4	14.5	14.6	14.7	14.8	14.9
	材积/m³								
163	29.4229	29.6316	29.8402	30.0489	30.2576	30.4662	30.6749	30.8836	31.0923
164	29.7850	29.9962	30.2075	30.4187	30.6300	30.8412	31.0525	31.2637	31.4749
165	30.1493	30.3632	30.5770	30.7908	31.0046	31.2185	31.4323	31.6461	31.8599
166	30.5159	30.7323	30.9487	31.1652	31.3816	31.5980	31.8144	32.0309	32.2473
167	30.8847	31.1037	31.3227	31.5418	31.7608	31.9799	32.1989	32.4180	32.6370
168	31.2557	31.4773	31.6990	31.9207	32.1423	32.3640	32.5857	32.8074	33.0290
169	31.6289	31.8532	32.0775	32.3018	32.5261	32.7504	32.9748	33.1991	33.4234
170	32.0043	32.2312	32.4582	32.6852	32.9122	33.1392	33.3661	33.5931	33.8201
171	32.3819	32.6116	32.8412	33.0709	33.3005	33.5302	33.7598	33.9895	34.2192
172	32.7617	32.9941	33.2264	33.4588	33.6911	33.9235	34.1559	34.3882	34.6206
173	33.1438	33.3789	33.6139	33.8490	34.0840	34.3191	34.5542	34.7892	35.0243
174	33.5281	33.7659	34.0036	34.2414	34.4792	34.7170	34.9548	35.1926	35.4304
175	33.9146	34.1551	34.3956	34.6361	34.8767	35.1172	35.3577	35.5983	35.8388
176	34.3033	34.5465	34.7898	35.0331	35.2764	35.5197	35.7630	36.0063	36.2495
177	34.6942	34.9402	35.1863	35.4323	35.6784	35.9245	36.1705	36.4166	36.6626
178	35.0873	35.3362	35.5850	35.8338	36.0827	36.3315	36.5804	36.8292	37.0781
179	35.4827	35.7343	35.9860	36.2376	36.4893	36.7409	36.9926	37.2442	37.4959

续表5

检尺径/cm	检尺长/m								
	14.1	14.2	14.3	14.4	14.5	14.6	14.7	14.8	14.9
	材积/m^3								
180	35.8802	36.1347	36.3892	36.6436	36.8981	37.1526	37.4070	37.6615	37.9160
181	36.2800	36.5373	36.7946	37.0519	37.3092	37.5665	37.8238	38.0811	38.3384
182	36.6820	36.9421	37.2023	37.4624	37.7226	37.9828	38.2429	38.5031	38.7632
183	37.0862	37.3492	37.6122	37.8753	38.1383	38.4013	38.6643	38.9273	39.1904
184	37.4926	37.7585	38.0244	38.2903	38.5562	38.8221	39.0880	39.3539	39.6198
185	37.9012	38.1700	38.4389	38.7077	38.9765	39.2453	39.5141	39.7829	40.0517
186	38.3121	38.5838	38.8555	39.1272	39.3990	39.6707	39.9424	40.2141	40.4858
187	38.7252	38.9998	39.2745	39.5491	39.8237	40.0984	40.3730	40.6477	40.9223
188	39.1404	39.4180	39.6956	39.9732	40.2508	40.5284	40.8060	41.0836	41.3612
189	39.5579	39.8385	40.1190	40.3996	40.6801	40.9607	41.2413	41.5218	41.8024
190	39.9776	40.2612	40.5447	40.8282	41.1118	41.3953	41.6788	41.9624	42.2459
191	40.3996	40.6861	40.9726	41.2591	41.5457	41.8322	42.1187	42.4052	42.6917
192	40.8237	41.1132	41.4028	41.6923	41.9818	42.2714	42.5609	42.8504	43.1399
193	41.2501	41.5426	41.8352	42.1277	42.4203	42.7128	43.0054	43.2979	43.5905
194	41.6786	41.9742	42.2698	42.5654	42.8610	43.1566	43.4522	43.7478	44.0434
195	42.1094	42.4081	42.7067	43.0054	43.3040	43.6027	43.9013	44.2000	44.4986
196	42.5424	42.8441	43.1459	43.4476	43.7493	44.0510	44.3527	44.6545	44.9562

续表5

检尺径/cm	检尺长/m								
	14.1	14.2	14.3	14.4	14.5	14.6	14.7	14.8	14.9
	材积/m^3								
197	42.9776	43.2824	43.5872	43.8920	44.1969	44.5017	44.8065	45.1113	45.4161
198	43.4151	43.7230	44.0309	44.3388	44.6467	44.9546	45.2625	45.5704	45.8783
199	43.8547	44.1657	44.4768	44.7878	45.0988	45.4098	45.7209	46.0319	46.3429

续表5

检尺径/cm	检尺长/m								
	15.0	15.1	15.2	15.3	15.4	15.5	15.6	15.7	15.8
	材积/m³								
10	0.1178	0.1186	0.1194	0.1202	0.1210	0.1217	0.1225	0.1233	0.1241
11	0.1426	0.1435	0.1445	0.1454	0.1464	0.1473	0.1483	0.1492	0.1502
12	0.1696	0.1708	0.1719	0.1730	0.1742	0.1753	0.1764	0.1776	0.1787
13	0.1991	0.2004	0.2018	0.2031	0.2044	0.2057	0.2071	0.2084	0.2097
14	0.2309	0.2324	0.2340	0.2355	0.2371	0.2386	0.2401	0.2417	0.2432
15	0.2651	0.2668	0.2686	0.2704	0.2721	0.2739	0.2757	0.2774	0.2792
16	0.3016	0.3036	0.3056	0.3076	0.3096	0.3116	0.3137	0.3157	0.3177
17	0.3405	0.3427	0.3450	0.3473	0.3496	0.3518	0.3541	0.3564	0.3586
18	0.3817	0.3842	0.3868	0.3893	0.3919	0.3944	0.3970	0.3995	0.4021
19	0.4253	0.4281	0.4310	0.4338	0.4366	0.4395	0.4423	0.4451	0.4480
20	0.4712	0.4744	0.4775	0.4807	0.4838	0.4869	0.4901	0.4932	0.4964
21	0.5195	0.5230	0.5265	0.5299	0.5334	0.5369	0.5403	0.5438	0.5473
22	0.5702	0.5740	0.5778	0.5816	0.5854	0.5892	0.5930	0.5968	0.6006
23	0.6232	0.6274	0.6315	0.6357	0.6398	0.6440	0.6481	0.6523	0.6565
24	0.6786	0.6831	0.6876	0.6922	0.6967	0.7012	0.7057	0.7103	0.7148
25	0.7363	0.7412	0.7461	0.7510	0.7559	0.7609	0.7658	0.7707	0.7756
26	0.7964	0.8017	0.8070	0.8123	0.8176	0.8229	0.8283	0.8336	0.8389

续表5

检尺径/cm	检尺长/m								
	15.0	15.1	15.2	15.3	15.4	15.5	15.6	15.7	15.8
	材积/m³								
27	0.8588	0.8646	0.8703	0.8760	0.8817	0.8875	0.8932	0.8989	0.9046
28	0.9236	0.9298	0.9359	0.9421	0.9483	0.9544	0.9606	0.9667	0.9729
29	0.9908	0.9974	1.0040	1.0106	1.0172	1.0238	1.0304	1.0370	1.0436
30	1.0603	1.0674	1.0744	1.0815	1.0886	1.0956	1.1027	1.1098	1.1168
31	1.1322	1.1397	1.1472	1.1548	1.1623	1.1699	1.1774	1.1850	1.1925
32	1.2064	1.2144	1.2225	1.2305	1.2385	1.2466	1.2546	1.2627	1.2707
33	1.2830	1.2915	1.3001	1.3086	1.3172	1.3257	1.3343	1.3428	1.3514
34	1.3619	1.3710	1.3800	1.3891	1.3982	1.4073	1.4164	1.4254	1.4345
35	1.4432	1.4528	1.4624	1.4720	1.4817	1.4913	1.5009	1.5105	1.5201
36	1.5268	1.5370	1.5472	1.5574	1.5675	1.5777	1.5879	1.5981	1.6082
37	1.6128	1.6236	1.6343	1.6451	1.6558	1.6666	1.6773	1.6881	1.6988
38	1.7012	1.7125	1.7239	1.7352	1.7465	1.7579	1.7692	1.7806	1.7919
39	1.7919	1.8038	1.8158	1.8277	1.8397	1.8516	1.8636	1.8755	1.8875
40	1.8850	1.8975	1.9101	1.9227	1.9352	1.9478	1.9604	1.9729	1.9855
41	1.9804	1.9936	2.0068	2.0200	2.0332	2.0464	2.0596	2.0728	2.0860
42	2.0782	2.0920	2.1059	2.1197	2.1336	2.1474	2.1613	2.1751	2.1890
43	2.1783	2.1928	2.2074	2.2219	2.2364	2.2509	2.2654	2.2800	2.2945

续表5

检尺径/cm	检尺长/m								
	15.0	15.1	15.2	15.3	15.4	15.5	15.6	15.7	15.8
	材积/m³								
44	2.2808	2.2960	2.3112	2.3264	2.3416	2.3568	2.3720	2.3872	2.4024
45	2.3857	2.4016	2.4175	2.4334	2.4493	2.4652	2.4811	2.4970	2.5129
46	2.4929	2.5095	2.5261	2.5427	2.5593	2.5760	2.5926	2.6092	2.6258
47	2.6024	2.6198	2.6371	2.6545	2.6718	2.6892	2.7065	2.7239	2.7412
48	2.7143	2.7324	2.7505	2.7686	2.7867	2.8048	2.8229	2.8410	2.8591
49	2.8286	2.8475	2.8663	2.8852	2.9040	2.9229	2.9418	2.9606	2.9795
50	2.9453	2.9649	2.9845	3.0042	3.0238	3.0434	3.0631	3.0827	3.1023
51	3.0642	3.0847	3.1051	3.1255	3.1460	3.1664	3.1868	3.2072	3.2277
52	3.1856	3.2068	3.2281	3.2493	3.2705	3.2918	3.3130	3.3342	3.3555
53	3.3093	3.3313	3.3534	3.3755	3.3975	3.4196	3.4417	3.4637	3.4858
54	3.4353	3.4582	3.4811	3.5040	3.5269	3.5499	3.5728	3.5957	3.6186
55	3.5638	3.5875	3.6113	3.6350	3.6588	3.6825	3.7063	3.7301	3.7538
56	3.6945	3.7192	3.7438	3.7684	3.7930	3.8177	3.8423	3.8669	3.8916
57	3.8276	3.8532	3.8787	3.9042	3.9297	3.9552	3.9808	4.0063	4.0318
58	3.9631	3.9895	4.0160	4.0424	4.0688	4.0952	4.1217	4.1481	4.1745
59	4.1010	4.1283	4.1556	4.1830	4.2103	4.2377	4.2650	4.2923	4.3197
60	4.2412	4.2694	4.2977	4.3260	4.3543	4.3825	4.4108	4.4391	4.4674

续表5

检尺径/cm	检尺长/m								
	15.0	15.1	15.2	15.3	15.4	15.5	15.6	15.7	15.8
	材积/m^3								
61	4.3837	4.4129	4.4422	4.4714	4.5006	4.5298	4.5591	4.5883	4.6175
62	4.5286	4.5588	4.5890	4.6192	4.6494	4.6796	4.7098	4.7400	4.7701
63	4.6759	4.7071	4.7382	4.7694	4.8006	4.8317	4.8629	4.8941	4.9253
64	4.8255	4.8577	4.8898	4.9220	4.9542	4.9863	5.0185	5.0507	5.0829
65	4.9775	5.0107	5.0438	5.0770	5.1102	5.1434	5.1766	5.2098	5.2429
66	5.1318	5.1660	5.2002	5.2344	5.2687	5.3029	5.3371	5.3713	5.4055
67	5.2885	5.3237	5.3590	5.3943	5.4295	5.4648	5.5000	5.5353	5.5705
68	5.4475	5.4839	5.5202	5.5565	5.5928	5.6291	5.6654	5.7018	5.7381
69	5.6089	5.6463	5.6837	5.7211	5.7585	5.7959	5.8333	5.8707	5.9081
70	5.7727	5.8112	5.8497	5.8881	5.9266	5.9651	6.0036	6.0421	6.0806
71	5.9388	5.9784	6.0180	6.0576	6.0972	6.1368	6.1764	6.2159	6.2555
72	6.1073	6.1480	6.1887	6.2294	6.2701	6.3108	6.3516	6.3923	6.4330
73	6.2781	6.3199	6.3618	6.4037	6.4455	6.4874	6.5292	6.5711	6.6129
74	6.4513	6.4943	6.5373	6.5803	6.6233	6.6663	6.7093	6.7523	6.7953
75	6.6268	6.6710	6.7152	6.7593	6.8035	6.8477	6.8919	6.9361	6.9802
76	6.8047	6.8501	6.8954	6.9408	6.9862	7.0315	7.0769	7.1223	7.1676
77	6.9850	7.0315	7.0781	7.1247	7.1712	7.2178	7.2644	7.3109	7.3575

续表5

检尺径/cm	检尺长/m								
	15.0	15.1	15.2	15.3	15.4	15.5	15.6	15.7	15.8
	材积/m³								
78	7.1676	7.2153	7.2631	7.3109	7.3587	7.4065	7.4543	7.5020	7.5498
79	7.3525	7.4015	7.4506	7.4996	7.5486	7.5976	7.6466	7.6956	7.7447
80	7.5398	7.5901	7.6404	7.6906	7.7409	7.7912	7.8414	7.8917	7.9420
81	7.7295	7.7810	7.8326	7.8841	7.9356	7.9872	8.0387	8.0902	8.1418
82	7.9215	7.9744	8.0272	8.0800	8.1328	8.1856	8.2384	8.2912	8.3440
83	8.1159	8.1700	8.2241	8.2782	8.3324	8.3865	8.4406	8.4947	8.5488
84	8.3127	8.3681	8.4235	8.4789	8.5343	8.5898	8.6452	8.7006	8.7560
85	8.5118	8.5685	8.6253	8.6820	8.7388	8.7955	8.8522	8.9090	8.9657
86	8.7132	8.7713	8.8294	8.8875	8.9456	9.0037	9.0618	9.1198	9.1779
87	8.9170	8.9765	9.0359	9.0954	9.1548	9.2143	9.2737	9.3332	9.3926
88	9.1232	9.1840	9.2448	9.3057	9.3665	9.4273	9.4881	9.5490	9.6098
89	9.3317	9.3939	9.4562	9.5184	9.5806	9.6428	9.7050	9.7672	9.8294
90	9.5426	9.6062	9.6698	9.7335	9.7971	9.8607	9.9243	9.9879	10.0515
91	9.7558	9.8209	9.8859	9.9510	10.0160	10.0810	10.1461	10.2111	10.2762
92	9.9714	10.0379	10.1044	10.1709	10.2373	10.3038	10.3703	10.4368	10.5032
93	10.1894	10.2573	10.3252	10.3932	10.4611	10.5290	10.5970	10.6649	10.7328
94	10.4097	10.4791	10.5485	10.6179	10.6873	10.7567	10.8261	10.8955	10.9649

续表5

检尺径/cm	检尺长/m								
	15.0	15.1	15.2	15.3	15.4	15.5	15.6	15.7	15.8
	材积/m³								
95	10.6324	10.7032	10.7741	10.8450	10.9159	10.9868	11.0576	11.1285	11.1994
96	10.8574	10.9298	11.0021	11.0745	11.1469	11.2193	11.2917	11.3640	11.4364
97	11.0847	11.1586	11.2325	11.3064	11.3803	11.4542	11.5281	11.6020	11.6759
98	11.3145	11.3899	11.4653	11.5408	11.6162	11.6916	11.7671	11.8425	11.9179
99	11.5466	11.6235	11.7005	11.7775	11.8545	11.9314	12.0084	12.0854	12.1624
100	11.7810	11.8595	11.9381	12.0166	12.0952	12.1737	12.2522	12.3308	12.4093
101	12.0178	12.0979	12.1780	12.2582	12.3383	12.4184	12.4985	12.5786	12.6587
102	12.2570	12.3387	12.4204	12.5021	12.5838	12.6655	12.7472	12.8289	12.9107
103	12.4985	12.5818	12.6651	12.7484	12.8318	12.9151	12.9984	13.0817	13.1650
104	12.7423	12.8273	12.9122	12.9972	13.0821	13.1671	13.2520	13.3370	13.4219
105	12.9886	13.0751	13.1617	13.2483	13.3349	13.4215	13.5081	13.5947	13.6813
106	13.2371	13.3254	13.4136	13.5019	13.5901	13.6784	13.7666	13.8549	13.9431
107	13.4881	13.5780	13.6679	13.7578	13.8477	13.9377	14.0276	14.1175	14.2074
108	13.7414	13.8330	13.9246	14.0162	14.1078	14.1994	14.2910	14.3826	14.4742
109	13.9970	14.0903	14.1836	14.2769	14.3703	14.4636	14.5569	14.6502	14.7435
110	14.2550	14.3500	14.4451	14.5401	14.6351	14.7302	14.8252	14.9202	15.0153
111	14.5154	14.6121	14.7089	14.8057	14.9024	14.9992	15.0960	15.1928	15.2895

续表5

检尺径/cm	检尺长/m								
	15.0	15.1	15.2	15.3	15.4	15.5	15.6	15.7	15.8
	材积/m^3								
112	14.7781	14.8766	14.9751	15.0736	15.1722	15.2707	15.3692	15.4677	15.5663
113	15.0432	15.1434	15.2437	15.3440	15.4443	15.5446	15.6449	15.7452	15.8455
114	15.3106	15.4127	15.5147	15.6168	15.7189	15.8209	15.9230	16.0251	16.1272
115	15.5804	15.6842	15.7881	15.8920	15.9958	16.0997	16.2036	16.3075	16.4113
116	15.8525	15.9582	16.0639	16.1696	16.2752	16.3809	16.4866	16.5923	16.6980
117	16.1270	16.2345	16.3420	16.4496	16.5571	16.6646	16.7721	16.8796	16.9871
118	16.4039	16.5132	16.6226	16.7319	16.8413	16.9507	17.0600	17.1694	17.2787
119	16.6831	16.7943	16.9055	17.0167	17.1280	17.2392	17.3504	17.4616	17.5728
120	16.9646	17.0777	17.1908	17.3039	17.4170	17.5301	17.6432	17.7563	17.8694
121	17.2486	17.3636	17.4785	17.5935	17.7085	17.8235	17.9385	18.0535	18.1685
122	17.5348	17.6517	17.7686	17.8855	18.0024	18.1193	18.2362	18.3531	18.4700
123	17.8235	17.9423	18.0611	18.1799	18.2988	18.4176	18.5364	18.6552	18.7741
124	18.1145	18.2352	18.3560	18.4768	18.5975	18.7183	18.8390	18.9598	19.0806
125	18.4078	18.5305	18.6533	18.7760	18.8987	19.0214	19.1441	19.2668	19.3896
126	18.7035	18.8282	18.9529	19.0776	19.2023	19.3270	19.4517	19.5763	19.7010
127	19.0016	19.1283	19.2549	19.3816	19.5083	19.6350	19.7616	19.8883	20.0150
128	19.3020	19.4307	19.5594	19.6880	19.8167	19.9454	20.0741	20.2027	20.3314

续表5

检尺径/cm	检尺长/m								
	15.0	15.1	15.2	15.3	15.4	15.5	15.6	15.7	15.8
	材积/m³								
129	19.6048	19.7355	19.8662	19.9969	20.1276	20.2583	20.3890	20.5197	20.6503
130	19.9099	20.0426	20.1754	20.3081	20.4408	20.5736	20.7063	20.8390	20.9718
131	20.2174	20.3522	20.4869	20.6217	20.7565	20.8913	21.0261	21.1609	21.2956
132	20.5272	20.6641	20.8009	20.9378	21.0746	21.2115	21.3483	21.4852	21.6220
133	20.8394	20.9783	21.1173	21.2562	21.3951	21.5341	21.6730	21.8119	21.9508
134	21.1540	21.2950	21.4360	21.5770	21.7181	21.8591	22.0001	22.1411	22.2822
135	21.4709	21.6140	21.7572	21.9003	22.0434	22.1866	22.3297	22.4728	22.6160
136	21.7901	21.9354	22.0807	22.2259	22.3712	22.5165	22.6617	22.8070	22.9523
137	22.1118	22.2592	22.4066	22.5540	22.7014	22.8488	22.9962	23.1436	23.2911
138	22.4357	22.5853	22.7349	22.8845	23.0340	23.1836	23.3332	23.4827	23.6323
139	22.7621	22.9138	23.0656	23.2173	23.3691	23.5208	23.6726	23.8243	23.9760
140	23.0908	23.2447	23.3986	23.5526	23.7065	23.8605	24.0144	24.1683	24.3223
141	23.4218	23.5780	23.7341	23.8902	24.0464	24.2025	24.3587	24.5148	24.6710
142	23.7552	23.9136	24.0719	24.2303	24.3887	24.5470	24.7054	24.8638	25.0222
143	24.0910	24.2516	24.4122	24.5728	24.7334	24.8940	25.0546	25.2152	25.3758
144	24.4291	24.5919	24.7548	24.9177	25.0805	25.2434	25.4062	25.5691	25.7320
145	24.7696	24.9347	25.0998	25.2649	25.4301	25.5952	25.7603	25.9255	26.0906

续表5

检尺径/cm	检尺长/m								
	15.0	15.1	15.2	15.3	15.4	15.5	15.6	15.7	15.8
	材积/m³								
146	25.1124	25.2798	25.4472	25.6146	25.7820	25.9495	26.1169	26.2843	26.4517
147	25.4576	25.6273	25.7970	25.9667	26.1364	26.3061	26.4759	26.6456	26.8153
148	25.8051	25.9771	26.1492	26.3212	26.4932	26.6653	26.8373	27.0093	27.1814
149	26.1550	26.3294	26.5037	26.6781	26.8525	27.0268	27.2012	27.3756	27.5499
150	26.5073	26.6840	26.8607	27.0374	27.2141	27.3908	27.5675	27.7443	27.9210
151	26.8619	27.0409	27.2200	27.3991	27.5782	27.7573	27.9363	28.1154	28.2945
152	27.2188	27.4003	27.5817	27.7632	27.9447	28.1261	28.3076	28.4890	28.6705
153	27.5781	27.7620	27.9459	28.1297	28.3136	28.4974	28.6813	28.8651	29.0490
154	27.9398	28.1261	28.3124	28.4986	28.6849	28.8711	29.0574	29.2437	29.4299
155	28.3039	28.4925	28.6812	28.8699	29.0586	29.2473	29.4360	29.6247	29.8134
156	28.6702	28.8614	29.0525	29.2436	29.4348	29.6259	29.8171	30.0082	30.1993
157	29.0390	29.2326	29.4262	29.6198	29.8134	30.0070	30.2005	30.3941	30.5877
158	29.4101	29.6062	29.8022	29.9983	30.1944	30.3904	30.5865	30.7826	30.9786
159	29.7835	29.9821	30.1807	30.3792	30.5778	30.7763	30.9749	31.1734	31.3720
160	30.1594	30.3604	30.5615	30.7625	30.9636	31.1647	31.3657	31.5668	31.7679
161	30.5375	30.7411	30.9447	31.1483	31.3519	31.5554	31.7590	31.9626	32.1662
162	30.9181	31.1242	31.3303	31.5364	31.7425	31.9487	32.1548	32.3609	32.5670

续表5

检尺径/cm	检尺长/m								
	15.0	15.1	15.2	15.3	15.4	15.5	15.6	15.7	15.8
	材积/m³								
163	31.3009	31.5096	31.7183	31.9270	32.1356	32.3443	32.5530	32.7616	32.9703
164	31.6862	31.8974	32.1087	32.3199	32.5311	32.7424	32.9536	33.1649	33.3761
165	32.0738	32.2876	32.5014	32.7152	32.9291	33.1429	33.3567	33.5705	33.7844
166	32.4637	32.6801	32.8966	33.1130	33.3294	33.5458	33.7623	33.9787	34.1951
167	32.8560	33.0751	33.2941	33.5132	33.7322	33.9512	34.1703	34.3893	34.6084
168	33.2507	33.4724	33.6940	33.9157	34.1374	34.3591	34.5807	34.8024	35.0241
169	33.6477	33.8720	34.0964	34.3207	34.5450	34.7693	34.9936	35.2179	35.4423
170	34.0471	34.2741	34.5011	34.7280	34.9550	35.1820	35.4090	35.6360	35.8629
171	34.4488	34.6785	34.9081	35.1378	35.3675	35.5971	35.8268	36.0564	36.2861
172	34.8529	35.0853	35.3176	35.5500	35.7823	36.0147	36.2470	36.4794	36.7117
173	35.2594	35.4944	35.7295	35.9645	36.1996	36.4347	36.6697	36.9048	37.1399
174	35.6682	35.9059	36.1437	36.3815	36.6193	36.8571	37.0949	37.3327	37.5705
175	36.0793	36.3198	36.5604	36.8009	37.0414	37.2820	37.5225	37.7630	38.0035
176	36.4928	36.7361	36.9794	37.2227	37.4660	37.7093	37.9525	38.1958	38.4391
177	36.9087	37.1548	37.4008	37.6469	37.8929	38.1390	38.3850	38.6311	38.8772
178	37.3269	37.5758	37.8246	38.0735	38.3223	38.5712	38.8200	39.0688	39.3177
179	37.7475	37.9992	38.2508	38.5025	38.7541	39.0058	39.2574	39.5091	39.7607

续表5

检尺径/cm	检尺长/m								
	15.0	15.1	15.2	15.3	15.4	15.5	15.6	15.7	15.8
	材积/m^3								
180	38.1704	38.4249	38.6794	38.9338	39.1883	39.4428	39.6973	39.9517	40.2062
181	38.5957	38.8530	39.1103	39.3676	39.6250	39.8823	40.1396	40.3969	40.6542
182	39.0234	39.2835	39.5437	39.8039	40.0640	40.3242	40.5843	40.8445	41.1046
183	39.4534	39.7164	39.9794	40.2425	40.5055	40.7685	41.0315	41.2945	41.5576
184	39.8858	40.1517	40.4176	40.6835	40.9494	41.2153	41.4812	41.7471	42.0130
185	40.3205	40.5893	40.8581	41.1269	41.3957	41.6645	41.9333	42.2021	42.4709
186	40.7575	41.0293	41.3010	41.5727	41.8444	42.1161	42.3878	42.6596	42.9313
187	41.1970	41.4716	41.7463	42.0209	42.2956	42.5702	42.8449	43.1195	43.3942
188	41.6388	41.9164	42.1939	42.4715	42.7491	43.0267	43.3043	43.5819	43.8595
189	42.0829	42.3635	42.6440	42.9246	43.2051	43.4857	43.7662	44.0468	44.3273
190	42.5294	42.8129	43.0965	43.3800	43.6635	43.9471	44.2306	44.5141	44.7976
191	42.9783	43.2648	43.5513	43.8378	44.1244	44.4109	44.6974	44.9839	45.2704
192	43.4295	43.7190	44.0085	44.2981	44.5876	44.8771	45.1667	45.4562	45.7457
193	43.8830	44.1756	44.4682	44.7607	45.0533	45.3458	45.6384	45.9309	46.2235
194	44.3390	44.6346	44.9302	45.2258	45.5213	45.8169	46.1125	46.4081	46.7037
195	44.7973	45.0959	45.3945	45.6932	45.9918	46.2905	46.5891	46.8878	47.1864
196	45.2579	45.5596	45.8613	46.1630	46.4648	46.7665	47.0682	47.3699	47.6716

续表5

检尺径/cm	检尺长/m								
	15.0	15.1	15.2	15.3	15.4	15.5	15.6	15.7	15.8
	材积/m^3								
197	45.7209	46.0257	46.3305	46.6353	46.9401	47.2449	47.5497	47.8545	48.1593
198	46.1862	46.4941	46.8020	47.1100	47.4179	47.7258	48.0337	48.3416	48.6495
199	46.6539	46.9650	47.2760	47.5870	47.8980	48.2091	48.5201	48.8311	49.1421

续表5

检尺径/cm	检尺长/m								
	15.9	16.0	16.1	16.2	16.3	16.4	16.5	16.6	16.7
	材积/m³								
10	0.1249	0.1257	0.1264	0.1272	0.1280	0.1288	0.1296	0.1304	0.1312
11	0.1511	0.1521	0.1530	0.1540	0.1549	0.1559	0.1568	0.1578	0.1587
12	0.1798	0.1810	0.1821	0.1832	0.1843	0.1855	0.1866	0.1877	0.1889
13	0.2110	0.2124	0.2137	0.2150	0.2164	0.2177	0.2190	0.2203	0.2217
14	0.2448	0.2463	0.2478	0.2494	0.2509	0.2525	0.2540	0.2555	0.2571
15	0.2810	0.2827	0.2845	0.2863	0.2880	0.2898	0.2916	0.2933	0.2951
16	0.3197	0.3217	0.3237	0.3257	0.3277	0.3297	0.3318	0.3338	0.3358
17	0.3609	0.3632	0.3654	0.3677	0.3700	0.3722	0.3745	0.3768	0.3791
18	0.4046	0.4072	0.4097	0.4122	0.4148	0.4173	0.4199	0.4224	0.4250
19	0.4508	0.4536	0.4565	0.4593	0.4622	0.4650	0.4678	0.4707	0.4735
20	0.4995	0.5027	0.5058	0.5089	0.5121	0.5152	0.5184	0.5215	0.5246
21	0.5507	0.5542	0.5576	0.5611	0.5646	0.5680	0.5715	0.5750	0.5784
22	0.6044	0.6082	0.6120	0.6158	0.6196	0.6234	0.6272	0.6310	0.6348
23	0.6606	0.6648	0.6689	0.6731	0.6772	0.6814	0.6855	0.6897	0.6938
24	0.7193	0.7238	0.7283	0.7329	0.7374	0.7419	0.7464	0.7510	0.7555
25	0.7805	0.7854	0.7903	0.7952	0.8001	0.8050	0.8099	0.8149	0.8198
26	0.8442	0.8495	0.8548	0.8601	0.8654	0.8707	0.8760	0.8813	0.8867

续表5

检尺径/cm	检尺长/m								
	15.9	16.0	16.1	16.2	16.3	16.4	16.5	16.6	16.7
	材积/m^3								
27	0.9104	0.9161	0.9218	0.9275	0.9333	0.9390	0.9447	0.9504	0.9562
28	0.9790	0.9852	0.9914	0.9975	1.0037	1.0098	1.0160	1.0222	1.0283
29	1.0502	1.0568	1.0634	1.0700	1.0766	1.0833	1.0899	1.0965	1.1031
30	1.1239	1.1310	1.1380	1.1451	1.1522	1.1593	1.1663	1.1734	1.1805
31	1.2001	1.2076	1.2152	1.2227	1.2303	1.2378	1.2454	1.2529	1.2605
32	1.2788	1.2868	1.2948	1.3029	1.3109	1.3190	1.3270	1.3351	1.3431
33	1.3599	1.3685	1.3770	1.3856	1.3941	1.4027	1.4112	1.4198	1.4284
34	1.4436	1.4527	1.4618	1.4708	1.4799	1.4890	1.4981	1.5072	1.5162
35	1.5298	1.5394	1.5490	1.5586	1.5682	1.5779	1.5875	1.5971	1.6067
36	1.6184	1.6286	1.6388	1.6490	1.6591	1.6693	1.6795	1.6897	1.6999
37	1.7096	1.7203	1.7311	1.7418	1.7526	1.7633	1.7741	1.7849	1.7956
38	1.8032	1.8146	1.8259	1.8373	1.8486	1.8600	1.8713	1.8826	1.8940
39	1.8994	1.9113	1.9233	1.9352	1.9472	1.9591	1.9711	1.9830	1.9950
40	1.9981	2.0106	2.0232	2.0358	2.0483	2.0609	2.0735	2.0860	2.0986
41	2.0992	2.1124	2.1256	2.1388	2.1520	2.1652	2.1784	2.1916	2.2048
42	2.2029	2.2167	2.2306	2.2444	2.2583	2.2721	2.2860	2.2998	2.3137
43	2.3090	2.3235	2.3380	2.3526	2.3671	2.3816	2.3961	2.4107	2.4252

续表5

检尺径/cm	检尺长/m								
	15.9	16.0	16.1	16.2	16.3	16.4	16.5	16.6	16.7
	材积/m^3								
44	2.4176	2.4329	2.4481	2.4633	2.4785	2.4937	2.5089	2.5241	2.5393
45	2.5288	2.5447	2.5606	2.5765	2.5924	2.6083	2.6242	2.6401	2.6560
46	2.6424	2.6591	2.6757	2.6923	2.7089	2.7255	2.7421	2.7588	2.7754
47	2.7586	2.7759	2.7933	2.8106	2.8280	2.8453	2.8627	2.8800	2.8974
48	2.8772	2.8953	2.9134	2.9315	2.9496	2.9677	2.9858	3.0039	3.0220
49	2.9983	3.0172	3.0361	3.0549	3.0738	3.0926	3.1115	3.1303	3.1492
50	3.1220	3.1416	3.1612	3.1809	3.2005	3.2201	3.2398	3.2594	3.2790
51	3.2481	3.2685	3.2889	3.3094	3.3298	3.3502	3.3707	3.3911	3.4115
52	3.3767	3.3980	3.4192	3.4404	3.4617	3.4829	3.5041	3.5254	3.5466
53	3.5078	3.5299	3.5520	3.5740	3.5961	3.6181	3.6402	3.6623	3.6843
54	3.6415	3.6644	3.6873	3.7102	3.7331	3.7560	3.7789	3.8018	3.8247
55	3.7776	3.8013	3.8251	3.8489	3.8726	3.8964	3.9201	3.9439	3.9676
56	3.9162	3.9408	3.9655	3.9901	4.0147	4.0393	4.0640	4.0886	4.1132
57	4.0573	4.0828	4.1083	4.1339	4.1594	4.1849	4.2104	4.2359	4.2614
58	4.2009	4.2273	4.2538	4.2802	4.3066	4.3330	4.3594	4.3859	4.4123
59	4.3470	4.3744	4.4017	4.4290	4.4564	4.4837	4.5111	4.5384	4.5657
60	4.4956	4.5239	4.5522	4.5805	4.6087	4.6370	4.6653	4.6936	4.7218

续表5

检尺径/cm	检尺长/m								
	15.9	16.0	16.1	16.2	16.3	16.4	16.5	16.6	16.7
	材积/m^3								
61	4.6467	4.6760	4.7052	4.7344	4.7636	4.7929	4.8221	4.8513	4.8805
62	4.8003	4.8305	4.8607	4.8909	4.9211	4.9513	4.9815	5.0117	5.0419
63	4.9564	4.9876	5.0188	5.0499	5.0811	5.1123	5.1435	5.1746	5.2058
64	5.1150	5.1472	5.1794	5.2115	5.2437	5.2759	5.3080	5.3402	5.3724
65	5.2761	5.3093	5.3425	5.3757	5.4089	5.4420	5.4752	5.5084	5.5416
66	5.4397	5.4739	5.5081	5.5423	5.5766	5.6108	5.6450	5.6792	5.7134
67	5.6058	5.6411	5.6763	5.7116	5.7468	5.7821	5.8173	5.8526	5.8879
68	5.7744	5.8107	5.8470	5.8833	5.9197	5.9560	5.9923	6.0286	6.0649
69	5.9455	5.9829	6.0203	6.0576	6.0950	6.1324	6.1698	6.2072	6.2446
70	6.1191	6.1575	6.1960	6.2345	6.2730	6.3115	6.3500	6.3884	6.4269
71	6.2951	6.3347	6.3743	6.4139	6.4535	6.4931	6.5327	6.5723	6.6119
72	6.4737	6.5144	6.5551	6.5959	6.6366	6.6773	6.7180	6.7587	6.7994
73	6.6548	6.6966	6.7385	6.7803	6.8222	6.8641	6.9059	6.9478	6.9896
74	6.8384	6.8814	6.9244	6.9674	7.0104	7.0534	7.0964	7.1394	7.1824
75	7.0244	7.0686	7.1128	7.1570	7.2011	7.2453	7.2895	7.3337	7.3779
76	7.2130	7.2584	7.3037	7.3491	7.3944	7.4398	7.4852	7.5305	7.5759
77	7.4041	7.4506	7.4972	7.5438	7.5903	7.6369	7.6835	7.7300	7.7766

续表5

检尺径/cm	检尺长/m								
	15.9	16.0	16.1	16.2	16.3	16.4	16.5	16.6	16.7
	材积/m^3								
78	7.5976	7.6454	7.6932	7.7410	7.7887	7.8365	7.8843	7.9321	7.9799
79	7.7937	7.8427	7.8917	7.9407	7.9897	8.0388	8.0878	8.1368	8.1858
80	7.9922	8.0425	8.0928	8.1430	8.1933	8.2436	8.2938	8.3441	8.3944
81	8.1933	8.2448	8.2963	8.3479	8.3994	8.4509	8.5025	8.5540	8.6055
82	8.3968	8.4496	8.5025	8.5553	8.6081	8.6609	8.7137	8.7665	8.8193
83	8.6029	8.6570	8.7111	8.7652	8.8193	8.8734	8.9275	8.9816	9.0357
84	8.8114	8.8669	8.9223	8.9777	9.0331	9.0885	9.1439	9.1994	9.2548
85	9.0225	9.0792	9.1360	9.1927	9.2495	9.3062	9.3629	9.4197	9.4764
86	9.2360	9.2941	9.3522	9.4103	9.4684	9.5265	9.5846	9.6426	9.7007
87	9.4521	9.5115	9.5710	9.6304	9.6898	9.7493	9.8087	9.8682	9.9276
88	9.6706	9.7314	9.7922	9.8531	9.9139	9.9747	10.0355	10.0963	10.1572
89	9.8916	9.9538	10.0161	10.0783	10.1405	10.2027	10.2649	10.3271	10.3893
90	10.1152	10.1788	10.2424	10.3060	10.3696	10.4333	10.4969	10.5605	10.6241
91	10.3412	10.4062	10.4713	10.5363	10.6014	10.6664	10.7314	10.7965	10.8615
92	10.5697	10.6362	10.7027	10.7692	10.8356	10.9021	10.9686	11.0351	11.1015
93	10.8008	10.8687	10.9366	11.0045	11.0725	11.1404	11.2083	11.2763	11.3442
94	11.0343	11.1037	11.1731	11.2425	11.3119	11.3813	11.4507	11.5201	11.5895

续表5

检尺径/cm	检尺长/m								
	15.9	16.0	16.1	16.2	16.3	16.4	16.5	16.6	16.7
	材积/m^3								
95	11.2703	11.3412	11.4121	11.4829	11.5538	11.6247	11.6956	11.7665	11.8374
96	11.5088	11.5812	11.6536	11.7260	11.7983	11.8707	11.9431	12.0155	12.0879
97	11.7498	11.8237	11.8976	11.9715	12.0454	12.1193	12.1932	12.2671	12.3410
98	11.9933	12.0688	12.1442	12.2196	12.2951	12.3705	12.4459	12.5213	12.5968
99	12.2394	12.3163	12.3933	12.4703	12.5473	12.6242	12.7012	12.7782	12.8552
100	12.4879	12.5664	12.6449	12.7235	12.8020	12.8806	12.9591	13.0376	13.1162
101	12.7389	12.8190	12.8991	12.9792	13.0593	13.1395	13.2196	13.2997	13.3798
102	12.9924	13.0741	13.1558	13.2375	13.3192	13.4009	13.4826	13.5644	13.6461
103	13.2484	13.3317	13.4150	13.4983	13.5817	13.6650	13.7483	13.8316	13.9150
104	13.5069	13.5918	13.6768	13.7617	13.8467	13.9316	14.0166	14.1015	14.1865
105	13.7679	13.8545	13.9410	14.0276	14.1142	14.2008	14.2874	14.3740	14.4606
106	14.0314	14.1196	14.2079	14.2961	14.3843	14.4726	14.5608	14.6491	14.7373
107	14.2974	14.3873	14.4772	14.5671	14.6570	14.7470	14.8369	14.9268	15.0167
108	14.5658	14.6574	14.7491	14.8407	14.9323	15.0239	15.1155	15.2071	15.2987
109	14.8368	14.9301	15.0235	15.1168	15.2101	15.3034	15.3967	15.4900	15.5833
110	15.1103	15.2053	15.3004	15.3954	15.4904	15.5855	15.6805	15.7755	15.8706
111	15.3863	15.4831	15.5798	15.6766	15.7734	15.8701	15.9669	16.0637	16.1604

续表5

检尺径/cm	检尺长/m								
	15.9	16.0	16.1	16.2	16.3	16.4	16.5	16.6	16.7
	材积/m³								
112	15.6648	15.7633	15.8618	15.9603	16.0589	16.1574	16.2559	16.3544	16.4529
113	15.9457	16.0460	16.1463	16.2466	16.3469	16.4472	16.5475	16.6478	16.7481
114	16.2292	16.3313	16.4334	16.5354	16.6375	16.7396	16.8416	16.9437	17.0458
115	16.5152	16.6191	16.7229	16.8268	16.9307	17.0345	17.1384	17.2423	17.3461
116	16.8037	16.9093	17.0150	17.1207	17.2264	17.3321	17.4378	17.5434	17.6491
117	17.0946	17.2021	17.3097	17.4172	17.5247	17.6322	17.7397	17.8472	17.9547
118	17.3881	17.4975	17.6068	17.7162	17.8255	17.9349	18.0443	18.1536	18.2630
119	17.6841	17.7953	17.9065	18.0177	18.1289	18.2402	18.3514	18.4626	18.5738
120	17.9825	18.0956	18.2087	18.3218	18.4349	18.5480	18.6611	18.7742	18.8873
121	18.2835	18.3985	18.5135	18.6284	18.7434	18.8584	18.9734	19.0884	19.2034
122	18.5869	18.7038	18.8207	18.9376	19.0545	19.1714	19.2883	19.4052	19.5221
123	18.8929	19.0117	19.1305	19.2494	19.3682	19.4870	19.6058	19.7246	19.8435
124	19.2013	19.3221	19.4429	19.5636	19.6844	19.8051	19.9259	20.0467	20.1674
125	19.5123	19.6350	19.7577	19.8804	20.0032	20.1259	20.2486	20.3713	20.4940
126	19.8257	19.9504	20.0751	20.1998	20.3245	20.4492	20.5739	20.6986	20.8232
127	20.1417	20.2683	20.3950	20.5217	20.6484	20.7751	20.9017	21.0284	21.1551
128	20.4601	20.5888	20.7175	20.8461	20.9748	21.1035	21.2322	21.3609	21.4895

续表5

检尺径/cm	检尺长/m								
	15.9	16.0	16.1	16.2	16.3	16.4	16.5	16.6	16.7
	材积/m^3								
129	20.7810	20.9117	21.0424	21.1731	21.3038	21.4345	21.5652	21.6959	21.8266
130	21.1045	21.2372	21.3699	21.5027	21.6354	21.7681	21.9009	22.0336	22.1663
131	21.4304	21.5652	21.7000	21.8348	21.9695	22.1043	22.2391	22.3739	22.5087
132	21.7588	21.8957	22.0325	22.1694	22.3062	22.4431	22.5799	22.7168	22.8536
133	22.0898	22.2287	22.3676	22.5066	22.6455	22.7844	22.9234	23.0623	23.2012
134	22.4232	22.5642	22.7053	22.8463	22.9873	23.1283	23.2694	23.4104	23.5514
135	22.7591	22.9023	23.0454	23.1885	23.3317	23.4748	23.6180	23.7611	23.9042
136	23.0975	23.2428	23.3881	23.5333	23.6786	23.8239	23.9692	24.1144	24.2597
137	23.4385	23.5859	23.7333	23.8807	24.0281	24.1755	24.3229	24.4703	24.6178
138	23.7819	23.9315	24.0810	24.2306	24.3802	24.5297	24.6793	24.8289	24.9785
139	24.1278	24.2795	24.4313	24.5830	24.7348	24.8865	25.0383	25.1900	25.3418
140	24.4762	24.6301	24.7841	24.9380	25.0920	25.2459	25.3998	25.5538	25.7077
141	24.8271	24.9833	25.1394	25.2956	25.4517	25.6078	25.7640	25.9201	26.0763
142	25.1805	25.3389	25.4973	25.6556	25.8140	25.9724	26.1307	26.2891	26.4475
143	25.5364	25.6970	25.8576	26.0182	26.1789	26.3395	26.5001	26.6607	26.8213
144	25.8948	26.0577	26.2205	26.3834	26.5463	26.7091	26.8720	27.0349	27.1977
145	26.2557	26.4209	26.5860	26.7511	26.9162	27.0814	27.2465	27.4116	27.5768

续表5

检尺径/cm	检尺长/m								
	15.9	16.0	16.1	16.2	16.3	16.4	16.5	16.6	16.7
	材积/m³								
146	26.6191	26.7865	26.9540	27.1214	27.2888	27.4562	27.6236	27.7910	27.9584
147	26.9850	27.1547	27.3245	27.4942	27.6639	27.8336	28.0033	28.1730	28.3428
148	27.3534	27.5254	27.6975	27.8695	28.0415	28.2136	28.3856	28.5576	28.7297
149	27.7243	27.8987	28.0730	28.2474	28.4218	28.5961	28.7705	28.9449	29.1192
150	28.0977	28.2744	28.4511	28.6278	28.8045	28.9813	29.1580	29.3347	29.5114
151	28.4736	28.6526	28.8317	29.0108	29.1899	29.3690	29.5480	29.7271	29.9062
152	28.8520	29.0334	29.2149	29.3963	29.5778	29.7592	29.9407	30.1222	30.3036
153	29.2328	29.4167	29.6005	29.7844	29.9682	30.1521	30.3360	30.5198	30.7037
154	29.6162	29.8025	29.9887	30.1750	30.3613	30.5475	30.7338	30.9201	31.1063
155	30.0021	30.1908	30.3795	30.5682	30.7569	30.9455	31.1342	31.3229	31.5116
156	30.3905	30.5816	30.7727	30.9639	31.1550	31.3461	31.5373	31.7284	31.9195
157	30.7813	30.9749	31.1685	31.3621	31.5557	31.7493	31.9429	32.1365	32.3301
158	31.1747	31.3708	31.5668	31.7629	31.9590	32.1550	32.3511	32.5472	32.7432
159	31.5706	31.7691	31.9677	32.1662	32.3648	32.5633	32.7619	32.9605	33.1590
160	31.9689	32.1700	32.3710	32.5721	32.7732	32.9742	33.1753	33.3764	33.5774
161	32.3698	32.5734	32.7769	32.9805	33.1841	33.3877	33.5913	33.7949	33.9985
162	32.7731	32.9793	33.1854	33.3915	33.5976	33.8037	34.0099	34.2160	34.4221

续表5

检尺径/cm	检尺长/m								
	15.9	16.0	16.1	16.2	16.3	16.4	16.5	16.6	16.7
	材积/m^3								
163	33.1790	33.3877	33.5963	33.8050	34.0137	34.2224	34.4310	34.6397	34.8484
164	33.5873	33.7986	34.0098	34.2211	34.4323	34.6436	34.8548	35.0660	35.2773
165	33.9982	34.2120	34.4258	34.6397	34.8535	35.0673	35.2811	35.4950	35.7088
166	34.4115	34.6280	34.8444	35.0608	35.2772	35.4937	35.7101	35.9265	36.1429
167	34.8274	35.0464	35.2655	35.4845	35.7036	35.9226	36.1416	36.3607	36.5797
168	35.2457	35.4674	35.6891	35.9107	36.1324	36.3541	36.5758	36.7974	37.0191
169	35.6666	35.8909	36.1152	36.3395	36.5638	36.7882	37.0125	37.2368	37.4611
170	36.0899	36.3169	36.5439	36.7709	36.9978	37.2248	37.4518	37.6788	37.9058
171	36.5158	36.7454	36.9751	37.2047	37.4344	37.6640	37.8937	38.1234	38.3530
172	36.9441	37.1764	37.4088	37.6411	37.8735	38.1058	38.3382	38.5706	38.8029
173	37.3749	37.6100	37.8450	38.0801	38.3152	38.5502	38.7853	39.0204	39.2554
174	37.8082	38.0460	38.2838	38.5216	38.7594	38.9972	39.2350	39.4728	39.7105
175	38.2441	38.4846	38.7251	38.9657	39.2062	39.4467	39.6872	39.9278	40.1683
176	38.6824	38.9257	39.1690	39.4123	39.6555	39.8988	40.1421	40.3854	40.6287
177	39.1232	39.3693	39.6153	39.8614	40.1074	40.3535	40.5996	40.8456	41.0917
178	39.5665	39.8154	40.0642	40.3131	40.5619	40.8108	41.0596	41.3085	41.5573
179	40.0124	40.2640	40.5157	40.7673	41.0190	41.2706	41.5223	41.7739	42.0256

续表5

检尺径/cm	检尺长/m								
	15.9	16.0	16.1	16.2	16.3	16.4	16.5	16.6	16.7
	材积/m^3								
180	40.4607	40.7151	40.9696	41.2241	41.4785	41.7330	41.9875	42.2420	42.4964
181	40.9115	41.1688	41.4261	41.6834	41.9407	42.1980	42.4553	42.7126	42.9699
182	41.3648	41.6249	41.8851	42.1453	42.4054	42.6656	42.9257	43.1859	43.4460
183	41.8206	42.0836	42.3466	42.6097	42.8727	43.1357	43.3987	43.6618	43.9248
184	42.2789	42.5448	42.8107	43.0766	43.3425	43.6084	43.8743	44.1402	44.4061
185	42.7397	43.0085	43.2773	43.5461	43.8149	44.0837	44.3525	44.6213	44.8901
186	43.2030	43.4747	43.7464	44.0182	44.2899	44.5616	44.8333	45.1050	45.3767
187	43.6688	43.9434	44.2181	44.4927	44.7674	45.0420	45.3167	45.5913	45.8660
188	44.1371	44.4147	44.6923	44.9699	45.2475	45.5251	45.8026	46.0802	46.3578
189	44.6079	44.8884	45.1690	45.4495	45.7301	46.0106	46.2912	46.5718	46.8523
190	45.0812	45.3647	45.6482	45.9318	46.2153	46.4988	46.7824	47.0659	47.3494
191	45.5570	45.8435	46.1300	46.4165	46.7030	46.9896	47.2761	47.5626	47.8491
192	46.0352	46.3248	46.6143	46.9038	47.1934	47.4829	47.7724	48.0620	48.3515
193	46.5160	46.8086	47.1011	47.3937	47.6862	47.9788	48.2714	48.5639	48.8565
194	46.9993	47.2949	47.5905	47.8861	48.1817	48.4773	48.7729	49.0685	49.3641
195	47.4851	47.7837	48.0824	48.3810	48.6797	48.9783	49.2770	49.5756	49.8743
196	47.9734	48.2751	48.5768	48.8785	49.1802	49.4820	49.7837	50.0854	50.3871

续表5

检尺径/cm	检尺长/m								
	15.9	16.0	16.1	16.2	16.3	16.4	16.5	16.6	16.7
	材积/m^3								
197	48.4641	48.7689	49.0737	49.3786	49.6834	49.9882	50.2930	50.5978	50.9026
198	48.9574	49.2653	49.5732	49.8811	50.1890	50.4969	50.8049	51.1128	51.4207
199	49.4532	49.7642	50.0752	50.3863	50.6973	51.0083	51.3193	51.6304	51.9414

续表5

检尺径/cm	检尺长/m								
	16.8	16.9	17.0	17.1	17.2	17.3	17.4	17.5	17.6
	材积/m³								
10	0.1319	0.1327	0.1335	0.1343	0.1351	0.1359	0.1367	0.1374	0.1382
11	0.1597	0.1606	0.1616	0.1625	0.1635	0.1644	0.1654	0.1663	0.1673
12	0.1900	0.1911	0.1923	0.1934	0.1945	0.1957	0.1968	0.1979	0.1991
13	0.2230	0.2243	0.2256	0.2270	0.2283	0.2296	0.2310	0.2323	0.2336
14	0.2586	0.2602	0.2617	0.2632	0.2648	0.2663	0.2679	0.2694	0.2709
15	0.2969	0.2986	0.3004	0.3022	0.3039	0.3057	0.3075	0.3093	0.3110
16	0.3378	0.3398	0.3418	0.3438	0.3458	0.3478	0.3498	0.3519	0.3539
17	0.3813	0.3836	0.3859	0.3881	0.3904	0.3927	0.3949	0.3972	0.3995
18	0.4275	0.4301	0.4326	0.4351	0.4377	0.4402	0.4428	0.4453	0.4479
19	0.4763	0.4792	0.4820	0.4848	0.4877	0.4905	0.4933	0.4962	0.4990
20	0.5278	0.5309	0.5341	0.5372	0.5404	0.5435	0.5466	0.5498	0.5529
21	0.5819	0.5854	0.5888	0.5923	0.5957	0.5992	0.6027	0.6061	0.6096
22	0.6386	0.6424	0.6462	0.6500	0.6538	0.6576	0.6614	0.6652	0.6690
23	0.6980	0.7022	0.7063	0.7105	0.7146	0.7188	0.7229	0.7271	0.7312
24	0.7600	0.7645	0.7691	0.7736	0.7781	0.7826	0.7872	0.7917	0.7962
25	0.8247	0.8296	0.8345	0.8394	0.8443	0.8492	0.8541	0.8590	0.8639
26	0.8920	0.8973	0.9026	0.9079	0.9132	0.9185	0.9238	0.9291	0.9344

续表5

检尺径/cm	检尺长/m								
	16.8	16.9	17.0	17.1	17.2	17.3	17.4	17.5	17.6
	材积/m^3								
27	0.9619	0.9676	0.9733	0.9791	0.9848	0.9905	0.9962	1.0020	1.0077
28	1.0345	1.0406	1.0468	1.0529	1.0591	1.0653	1.0714	1.0776	1.0837
29	1.1097	1.1163	1.1229	1.1295	1.1361	1.1427	1.1493	1.1559	1.1625
30	1.1875	1.1946	1.2017	1.2087	1.2158	1.2229	1.2299	1.2370	1.2441
31	1.2680	1.2756	1.2831	1.2907	1.2982	1.3058	1.3133	1.3208	1.3284
32	1.3511	1.3592	1.3672	1.3753	1.3833	1.3914	1.3994	1.4074	1.4155
33	1.4369	1.4455	1.4540	1.4626	1.4711	1.4797	1.4882	1.4968	1.5053
34	1.5253	1.5344	1.5435	1.5525	1.5616	1.5707	1.5798	1.5889	1.5979
35	1.6164	1.6260	1.6356	1.6452	1.6548	1.6645	1.6741	1.6837	1.6933
36	1.7100	1.7202	1.7304	1.7406	1.7508	1.7609	1.7711	1.7813	1.7915
37	1.8064	1.8171	1.8279	1.8386	1.8494	1.8601	1.8709	1.8816	1.8924
38	1.9053	1.9167	1.9280	1.9393	1.9507	1.9620	1.9734	1.9847	1.9960
39	2.0069	2.0189	2.0308	2.0428	2.0547	2.0666	2.0786	2.0905	2.1025
40	2.1112	2.1237	2.1363	2.1489	2.1614	2.1740	2.1866	2.1991	2.2117
41	2.2180	2.2312	2.2444	2.2576	2.2708	2.2840	2.2972	2.3105	2.3237
42	2.3275	2.3414	2.3553	2.3691	2.3830	2.3968	2.4107	2.4245	2.4384
43	2.4397	2.4542	2.4687	2.4833	2.4978	2.5123	2.5268	2.5414	2.5559

续表5

检尺径/cm	检尺长/m								
	16.8	16.9	17.0	17.1	17.2	17.3	17.4	17.5	17.6
	材积/m^3								
44	2.5545	2.5697	2.5849	2.6001	2.6153	2.6305	2.6457	2.6609	2.6761
45	2.6719	2.6878	2.7037	2.7196	2.7355	2.7515	2.7674	2.7833	2.7992
46	2.7920	2.8086	2.8252	2.8419	2.8585	2.8751	2.8917	2.9083	2.9250
47	2.9147	2.9321	2.9494	2.9668	2.9841	3.0015	3.0188	3.0362	3.0535
48	3.0401	3.0582	3.0763	3.0944	3.1124	3.1305	3.1486	3.1667	3.1848
49	3.1681	3.1869	3.2058	3.2246	3.2435	3.2623	3.2812	3.3001	3.3189
50	3.2987	3.3183	3.3379	3.3576	3.3772	3.3969	3.4165	3.4361	3.4558
51	3.4319	3.4524	3.4728	3.4932	3.5137	3.5341	3.5545	3.5749	3.5954
52	3.5679	3.5891	3.6103	3.6316	3.6528	3.6740	3.6953	3.7165	3.7378
53	3.7064	3.7285	3.7505	3.7726	3.7946	3.8167	3.8388	3.8608	3.8829
54	3.8476	3.8705	3.8934	3.9163	3.9392	3.9621	3.9850	4.0079	4.0308
55	3.9914	4.0152	4.0389	4.0627	4.0864	4.1102	4.1340	4.1577	4.1815
56	4.1379	4.1625	4.1871	4.2118	4.2364	4.2610	4.2856	4.3103	4.3349
57	4.2870	4.3125	4.3380	4.3635	4.3890	4.4146	4.4401	4.4656	4.4911
58	4.4387	4.4651	4.4915	4.5180	4.5444	4.5708	4.5972	4.6236	4.6501
59	4.5931	4.6204	4.6478	4.6751	4.7024	4.7298	4.7571	4.7845	4.8118
60	4.7501	4.7784	4.8066	4.8349	4.8632	4.8915	4.9197	4.9480	4.9763

续表5

检尺径/cm	检尺长/m								
	16.8	16.9	17.0	17.1	17.2	17.3	17.4	17.5	17.6
	材积/m^3								
61	4.9098	4.9390	4.9682	4.9974	5.0267	5.0559	5.0851	5.1143	5.1436
62	5.0721	5.1022	5.1324	5.1626	5.1928	5.2230	5.2532	5.2834	5.3136
63	5.2370	5.2682	5.2993	5.3305	5.3617	5.3928	5.4240	5.4552	5.4864
64	5.4046	5.4367	5.4689	5.5011	5.5332	5.5654	5.5976	5.6297	5.6619
65	5.5748	5.6080	5.6411	5.6743	5.7075	5.7407	5.7739	5.8071	5.8402
66	5.7476	5.7818	5.8160	5.8503	5.8845	5.9187	5.9529	5.9871	6.0213
67	5.9231	5.9584	5.9936	6.0289	6.0641	6.0994	6.1346	6.1699	6.2052
68	6.1012	6.1376	6.1739	6.2102	6.2465	6.2828	6.3191	6.3555	6.3918
69	6.2820	6.3194	6.3568	6.3942	6.4316	6.4690	6.5064	6.5438	6.5811
70	6.4654	6.5039	6.5424	6.5809	6.6194	6.6578	6.6963	6.7348	6.7733
71	6.6515	6.6911	6.7306	6.7702	6.8098	6.8494	6.8890	6.9286	6.9682
72	6.8401	6.8809	6.9216	6.9623	7.0030	7.0437	7.0844	7.1251	7.1659
73	7.0315	7.0733	7.1152	7.1570	7.1989	7.2407	7.2826	7.3244	7.3663
74	7.2254	7.2684	7.3114	7.3545	7.3975	7.4405	7.4835	7.5265	7.5695
75	7.4220	7.4662	7.5104	7.5546	7.5987	7.6429	7.6871	7.7313	7.7755
76	7.6213	7.6666	7.7120	7.7574	7.8027	7.8481	7.8935	7.9388	7.9842
77	7.8231	7.8697	7.9163	7.9628	8.0094	8.0560	8.1025	8.1491	8.1957

续表5

检尺径/cm	检尺长/m								
	16.8	16.9	17.0	17.1	17.2	17.3	17.4	17.5	17.6
	材积/m³								
78	8.0277	8.0755	8.1232	8.1710	8.2188	8.2666	8.3144	8.3622	8.4099
79	8.2348	8.2838	8.3329	8.3819	8.4309	8.4799	8.5289	8.5779	8.6270
80	8.4446	8.4949	8.5452	8.5954	8.6457	8.6959	8.7462	8.7965	8.8467
81	8.6571	8.7086	8.7601	8.8116	8.8632	8.9147	8.9662	9.0178	9.0693
82	8.8721	8.9249	8.9778	9.0306	9.0834	9.1362	9.1890	9.2418	9.2946
83	9.0898	9.1439	9.1981	9.2522	9.3063	9.3604	9.4145	9.4686	9.5227
84	9.3102	9.3656	9.4210	9.4764	9.5319	9.5873	9.6427	9.6981	9.7535
85	9.5332	9.5899	9.6467	9.7034	9.7602	9.8169	9.8737	9.9304	9.9871
86	9.7588	9.8169	9.8750	9.9331	9.9912	10.0493	10.1073	10.1654	10.2235
87	9.9871	10.0465	10.1060	10.1654	10.2249	10.2843	10.3438	10.4032	10.4627
88	10.2180	10.2788	10.3396	10.4005	10.4613	10.5221	10.5829	10.6437	10.7046
89	10.4515	10.5137	10.5760	10.6382	10.7004	10.7626	10.8248	10.8870	10.9492
90	10.6877	10.7513	10.8150	10.8786	10.9422	11.0058	11.0694	11.1330	11.1967
91	10.9265	10.9916	11.0566	11.1217	11.1867	11.2517	11.3168	11.3818	11.4469
92	11.1680	11.2345	11.3010	11.3674	11.4339	11.5004	11.5669	11.6333	11.6998
93	11.4121	11.4800	11.5480	11.6159	11.6838	11.7518	11.8197	11.8876	11.9555
94	11.6589	11.7283	11.7977	11.8670	11.9364	12.0058	12.0752	12.1446	12.2140

续表5

检尺径/cm	检尺长/m								
	16.8	16.9	17.0	17.1	17.2	17.3	17.4	17.5	17.6
	材积/m^3								
95	11.9082	11.9791	12.0500	12.1209	12.1918	12.2626	12.3335	12.4044	12.4753
96	12.1603	12.2326	12.3050	12.3774	12.4498	12.5222	12.5945	12.6669	12.7393
97	12.4149	12.4888	12.5627	12.6366	12.7105	12.7844	12.8583	12.9322	13.0061
98	12.6722	12.7476	12.8231	12.8985	12.9739	13.0494	13.1248	13.2002	13.2756
99	12.9321	13.0091	13.0861	13.1631	13.2401	13.3170	13.3940	13.4710	13.5480
100	13.1947	13.2733	13.3518	13.4303	13.5089	13.5874	13.6660	13.7445	13.8230
101	13.4599	13.5401	13.6202	13.7003	13.7804	13.8605	13.9406	14.0208	14.1009
102	13.7278	13.8095	13.8912	13.9729	14.0546	14.1364	14.2181	14.2998	14.3815
103	13.9983	14.0816	14.1649	14.2482	14.3316	14.4149	14.4982	14.5815	14.6649
104	14.2714	14.3564	14.4413	14.5263	14.6112	14.6962	14.7811	14.8661	14.9510
105	14.5472	14.6338	14.7204	14.8069	14.8935	14.9801	15.0667	15.1533	15.2399
106	14.8256	14.9138	15.0021	15.0903	15.1786	15.2668	15.3551	15.4433	15.5316
107	15.1066	15.1966	15.2865	15.3764	15.4663	15.5562	15.6462	15.7361	15.8260
108	15.3903	15.4819	15.5735	15.6651	15.7568	15.8484	15.9400	16.0316	16.1232
109	15.6766	15.7700	15.8633	15.9566	16.0499	16.1432	16.2365	16.3298	16.4232
110	15.9656	16.0606	16.1557	16.2507	16.3457	16.4408	16.5358	16.6308	16.7259
111	16.2572	16.3540	16.4508	16.5475	16.6443	16.7411	16.8378	16.9346	17.0314

续表5

检尺径/cm	检尺长/m								
	16.8	16.9	17.0	17.1	17.2	17.3	17.4	17.5	17.6
	材积/m³								
112	16.5515	16.6500	16.7485	16.8470	16.9455	17.0441	17.1426	17.2411	17.3396
113	16.8483	16.9486	17.0489	17.1492	17.2495	17.3498	17.4501	17.5504	17.6506
114	17.1479	17.2499	17.3520	17.4541	17.5561	17.6582	17.7603	17.8624	17.9644
115	17.4500	17.5539	17.6578	17.7616	17.8655	17.9694	18.0732	18.1771	18.2810
116	17.7548	17.8605	17.9662	18.0719	18.1775	18.2832	18.3889	18.4946	18.6003
117	18.0623	18.1698	18.2773	18.3848	18.4923	18.5998	18.7073	18.8148	18.9224
118	18.3723	18.4817	18.5910	18.7004	18.8098	18.9191	19.0285	19.1378	19.2472
119	18.6850	18.7963	18.9075	19.0187	19.1299	19.2411	19.3524	19.4636	19.5748
120	19.0004	19.1135	19.2266	19.3397	19.4528	19.5659	19.6790	19.7921	19.9052
121	19.3184	19.4334	19.5484	19.6634	19.7784	19.8933	20.0083	20.1233	20.2383
122	19.6390	19.7559	19.8728	19.9897	20.1066	20.2235	20.3404	20.4573	20.5742
123	19.9623	20.0811	20.1999	20.3188	20.4376	20.5564	20.6752	20.7941	20.9129
124	20.2882	20.4090	20.5297	20.6505	20.7713	20.8920	21.0128	21.1335	21.2543
125	20.6167	20.7395	20.8622	20.9849	21.1076	21.2303	21.3531	21.4758	21.5985
126	20.9479	21.0726	21.1973	21.3220	21.4467	21.5714	21.6961	21.8208	21.9455
127	21.2818	21.4084	21.5351	21.6618	21.7885	21.9151	22.0418	22.1685	22.2952
128	21.6182	21.7469	21.8756	22.0043	22.1329	22.2616	22.3903	22.5190	22.6477

续表5

检尺径/cm	检尺长/m								
	16.8	16.9	17.0	17.1	17.2	17.3	17.4	17.5	17.6
	材积/m^3								
129	21.9573	22.0880	22.2187	22.3494	22.4801	22.6108	22.7415	22.8722	23.0029
130	22.2991	22.4318	22.5645	22.6973	22.8300	22.9627	23.0955	23.2282	23.3609
131	22.6435	22.7782	22.9130	23.0478	23.1826	23.3174	23.4522	23.5869	23.7217
132	22.9905	23.1273	23.2642	23.4010	23.5379	23.6747	23.8116	23.9484	24.0853
133	23.3401	23.4791	23.6180	23.7569	23.8959	24.0348	24.1737	24.3126	24.4516
134	23.6924	23.8335	23.9745	24.1155	24.2565	24.3976	24.5386	24.6796	24.8207
135	24.0474	24.1905	24.3337	24.4768	24.6199	24.7631	24.9062	25.0494	25.1925
136	24.4050	24.5502	24.6955	24.8408	24.9860	25.1313	25.2766	25.4218	25.5671
137	24.7652	24.9126	25.0600	25.2074	25.3548	25.5022	25.6496	25.7971	25.9445
138	25.1280	25.2776	25.4272	25.5767	25.7263	25.8759	26.0255	26.1750	26.3246
139	25.4935	25.6453	25.7970	25.9488	26.1005	26.2523	26.4040	26.5557	26.7075
140	25.8617	26.0156	26.1695	26.3235	26.4774	26.6313	26.7853	26.9392	27.0932
141	26.2324	26.3886	26.5447	26.7009	26.8570	27.0131	27.1693	27.3254	27.4816
142	26.6058	26.7642	26.9226	27.0809	27.2393	27.3977	27.5560	27.7144	27.8728
143	26.9819	27.1425	27.3031	27.4637	27.6243	27.7849	27.9455	28.1061	28.2667
144	27.3606	27.5234	27.6863	27.8492	28.0120	28.1749	28.3377	28.5006	28.6635
145	27.7419	27.9070	28.0722	28.2373	28.4024	28.5676	28.7327	28.8978	29.0629

续表5

检尺径/cm	检尺长/m								
	16.8	16.9	17.0	17.1	17.2	17.3	17.4	17.5	17.6
	材积/m^3								
146	28.1259	28.2933	28.4607	28.6281	28.7955	28.9629	29.1304	29.2978	29.4652
147	28.5125	28.6822	28.8519	29.0216	29.1913	29.3611	29.5308	29.7005	29.8702
148	28.9017	29.0737	29.2458	29.4178	29.5899	29.7619	29.9339	30.1060	30.2780
149	29.2936	29.4680	29.6423	29.8167	29.9911	30.1654	30.3398	30.5142	30.6885
150	29.6881	29.8648	30.0415	30.2183	30.3950	30.5717	30.7484	30.9251	31.1018
151	30.0853	30.2644	30.4434	30.6225	30.8016	30.9807	31.1598	31.3388	31.5179
152	30.4851	30.6665	30.8480	31.0295	31.2109	31.3924	31.5738	31.7553	31.9368
153	30.8875	31.0714	31.2552	31.4391	31.6229	31.8068	31.9906	32.1745	32.3584
154	31.2926	31.4789	31.6651	31.8514	32.0377	32.2239	32.4102	32.5965	32.7827
155	31.7003	31.8890	32.0777	32.2664	32.4551	32.6438	32.8325	33.0212	33.2099
156	32.1107	32.3018	32.4929	32.6841	32.8752	33.0663	33.2575	33.4486	33.6398
157	32.5237	32.7173	32.9109	33.1044	33.2980	33.4916	33.6852	33.8788	34.0724
158	32.9393	33.1354	33.3314	33.5275	33.7236	33.9196	34.1157	34.3118	34.5078
159	33.3576	33.5561	33.7547	33.9532	34.1518	34.3504	34.5489	34.7475	34.9460
160	33.7785	33.9795	34.1806	34.3817	34.5827	34.7838	34.9849	35.1859	35.3870
161	34.2020	34.4056	34.6092	34.8128	35.0164	35.2200	35.4235	35.6271	35.8307
162	34.6282	34.8343	35.0405	35.2466	35.4527	35.6588	35.8649	36.0711	36.2772

续表5

检尺径/cm	检尺长/m								
	16.8	16.9	17.0	17.1	17.2	17.3	17.4	17.5	17.6
	材积/m³								
163	35.0571	35.2657	35.4744	35.6831	35.8917	36.1004	36.3091	36.5178	36.7264
164	35.4885	35.6998	35.9110	36.1222	36.3335	36.5447	36.7560	36.9672	37.1784
165	35.9226	36.1365	36.3503	36.5641	36.7779	36.9918	37.2056	37.4194	37.6332
166	36.3594	36.5758	36.7922	37.0086	37.2251	37.4415	37.6579	37.8743	38.0908
167	36.7988	37.0178	37.2368	37.4559	37.6749	37.8940	38.1130	38.3320	38.5511
168	37.2408	37.4624	37.6841	37.9058	38.1275	38.3491	38.5708	38.7925	39.0141
169	37.6854	37.9098	38.1341	38.3584	38.5827	38.8070	39.0313	39.2557	39.4800
170	38.1327	38.3597	38.5867	38.8137	39.0407	39.2676	39.4946	39.7216	39.9486
171	38.5827	38.8123	39.0420	39.2717	39.5013	39.7310	39.9606	40.1903	40.4200
172	39.0353	39.2676	39.5000	39.7323	39.9647	40.1970	40.4294	40.6617	40.8941
173	39.4905	39.7255	39.9606	40.1957	40.4307	40.6658	40.9009	41.1359	41.3710
174	39.9483	40.1861	40.4239	40.6617	40.8995	41.1373	41.3751	41.6128	41.8506
175	40.4088	40.6494	40.8899	41.1304	41.3709	41.6115	41.8520	42.0925	42.3331
176	40.8720	41.1153	41.3585	41.6018	41.8451	42.0884	42.3317	42.5750	42.8182
177	41.3377	41.5838	41.8299	42.0759	42.3220	42.5680	42.8141	43.0601	43.3062
178	41.8062	42.0550	42.3038	42.5527	42.8015	43.0504	43.2992	43.5481	43.7969
179	42.2772	42.5289	42.7805	43.0322	43.2838	43.5355	43.7871	44.0388	44.2904

续表5

检尺径/cm	检尺长/m								
	16.8	16.9	17.0	17.1	17.2	17.3	17.4	17.5	17.6
	材积/m³								
180	42.7509	43.0054	43.2598	43.5143	43.7688	44.0232	44.2777	44.5322	44.7866
181	43.2272	43.4845	43.7418	43.9991	44.2564	44.5137	44.7711	45.0284	45.2857
182	43.7062	43.9663	44.2265	44.4867	44.7468	45.0070	45.2671	45.5273	45.7874
183	44.1878	44.4508	44.7138	44.9769	45.2399	45.5029	45.7659	46.0290	46.2920
184	44.6720	44.9379	45.2039	45.4698	45.7357	46.0016	46.2675	46.5334	46.7993
185	45.1589	45.4277	45.6965	45.9653	46.2341	46.5029	46.7717	47.0406	47.3094
186	45.6485	45.9202	46.1919	46.4636	46.7353	47.0070	47.2788	47.5505	47.8222
187	46.1406	46.4153	46.6899	46.9646	47.2392	47.5138	47.7885	48.0631	48.3378
188	46.6354	46.9130	47.1906	47.4682	47.7458	48.0234	48.3010	48.5786	48.8562
189	47.1329	47.4134	47.6940	47.9745	48.2551	48.5356	48.8162	49.0967	49.3773
190	47.6329	47.9165	48.2000	48.4835	48.7671	49.0506	49.3341	49.6176	49.9012
191	48.1357	48.4222	48.7087	48.9952	49.2817	49.5683	49.8548	50.1413	50.4278
192	48.6410	48.9305	49.2201	49.5096	49.7991	50.0887	50.3782	50.6677	50.9573
193	49.1490	49.4416	49.7341	50.0267	50.3192	50.6118	50.9043	51.1969	51.4894
194	49.6596	49.9552	50.2508	50.5464	50.8420	51.1376	51.4332	51.7288	52.0244
195	50.1729	50.4716	50.7702	51.0689	51.3675	51.6662	51.9648	52.2635	52.5621
196	50.6888	50.9906	51.2923	51.5940	51.8957	52.1974	52.4992	52.8009	53.1026

续表5

检尺径/cm	检尺长/m								
	16.8	16.9	17.0	17.1	17.2	17.3	17.4	17.5	17.6
	材积/m³								
197	51.2074	51.5122	51.8170	52.1218	52.4266	52.7314	53.0362	53.3410	53.6458
198	51.7286	52.0365	52.3444	52.6523	52.9602	53.2681	53.5760	53.8839	54.1918
199	52.2524	52.5634	52.8745	53.1855	53.4965	53.8075	54.1186	54.4296	54.7406

续表5

检尺径/cm	检尺长/m								
	17.7	17.8	17.9	18.0	18.1	18.2	18.3	18.4	18.5
	材积/m^3								
10	0.1390	0.1398	0.1406	0.1414	0.1422	0.1429	0.1437	0.1445	0.1453
11	0.1682	0.1692	0.1701	0.1711	0.1720	0.1730	0.1739	0.1749	0.1758
12	0.2002	0.2013	0.2024	0.2036	0.2047	0.2058	0.2070	0.2081	0.2092
13	0.2349	0.2363	0.2376	0.2389	0.2402	0.2416	0.2429	0.2442	0.2456
14	0.2725	0.2740	0.2755	0.2771	0.2786	0.2802	0.2817	0.2832	0.2848
15	0.3128	0.3146	0.3163	0.3181	0.3199	0.3216	0.3234	0.3252	0.3269
16	0.3559	0.3579	0.3599	0.3619	0.3639	0.3659	0.3679	0.3700	0.3720
17	0.4018	0.4040	0.4063	0.4086	0.4108	0.4131	0.4154	0.4176	0.4199
18	0.4504	0.4530	0.4555	0.4580	0.4606	0.4631	0.4657	0.4682	0.4708
19	0.5018	0.5047	0.5075	0.5104	0.5132	0.5160	0.5189	0.5217	0.5245
20	0.5561	0.5592	0.5623	0.5655	0.5686	0.5718	0.5749	0.5781	0.5812
21	0.6131	0.6165	0.6200	0.6235	0.6269	0.6304	0.6338	0.6373	0.6408
22	0.6728	0.6766	0.6804	0.6842	0.6880	0.6918	0.6956	0.6994	0.7032
23	0.7354	0.7395	0.7437	0.7479	0.7520	0.7562	0.7603	0.7645	0.7686
24	0.8007	0.8053	0.8098	0.8143	0.8188	0.8234	0.8279	0.8324	0.8369
25	0.8688	0.8738	0.8787	0.8836	0.8885	0.8934	0.8983	0.9032	0.9081
26	0.9397	0.9451	0.9504	0.9557	0.9610	0.9663	0.9716	0.9769	0.9822

续表5

检尺径/cm	检尺长/m								
	17.7	17.8	17.9	18.0	18.1	18.2	18.3	18.4	18.5
	材积/m³								
27	1.0134	1.0192	1.0249	1.0306	1.0363	1.0421	1.0478	1.0535	1.0592
28	1.0899	1.0960	1.1022	1.1084	1.1145	1.1207	1.1268	1.1330	1.1391
29	1.1691	1.1757	1.1823	1.1889	1.1955	1.2021	1.2088	1.2154	1.2220
30	1.2511	1.2582	1.2653	1.2723	1.2794	1.2865	1.2936	1.3006	1.3077
31	1.3359	1.3435	1.3510	1.3586	1.3661	1.3737	1.3812	1.3888	1.3963
32	1.4235	1.4316	1.4396	1.4476	1.4557	1.4637	1.4718	1.4798	1.4879
33	1.5139	1.5224	1.5310	1.5395	1.5481	1.5566	1.5652	1.5738	1.5823
34	1.6070	1.6161	1.6252	1.6343	1.6433	1.6524	1.6615	1.6706	1.6797
35	1.7029	1.7126	1.7222	1.7318	1.7414	1.7510	1.7607	1.7703	1.7799
36	1.8016	1.8118	1.8220	1.8322	1.8424	1.8525	1.8627	1.8729	1.8831
37	1.9031	1.9139	1.9246	1.9354	1.9461	1.9569	1.9676	1.9784	1.9891
38	2.0074	2.0187	2.0301	2.0414	2.0528	2.0641	2.0754	2.0868	2.0981
39	2.1144	2.1264	2.1383	2.1503	2.1622	2.1742	2.1861	2.1981	2.2100
40	2.2243	2.2368	2.2494	2.2620	2.2745	2.2871	2.2997	2.3122	2.3248
41	2.3369	2.3501	2.3633	2.3765	2.3897	2.4029	2.4161	2.4293	2.4425
42	2.4522	2.4661	2.4799	2.4938	2.5077	2.5215	2.5354	2.5492	2.5631
43	2.5704	2.5849	2.5994	2.6140	2.6285	2.6430	2.6575	2.6721	2.6866

续表5

检尺径/cm	检尺长/m								
	17.7	17.8	17.9	18.0	18.1	18.2	18.3	18.4	18.5
	材积/m³								
44	2.6913	2.7066	2.7218	2.7370	2.7522	2.7674	2.7826	2.7978	2.8130
45	2.8151	2.8310	2.8469	2.8628	2.8787	2.8946	2.9105	2.9264	2.9423
46	2.9416	2.9582	2.9748	2.9914	3.0081	3.0247	3.0413	3.0579	3.0745
47	3.0709	3.0882	3.1056	3.1229	3.1403	3.1576	3.1750	3.1923	3.2097
48	3.2029	3.2210	3.2391	3.2572	3.2753	3.2934	3.3115	3.3296	3.3477
49	3.3378	3.3566	3.3755	3.3943	3.4132	3.4321	3.4509	3.4698	3.4886
50	3.4754	3.4950	3.5147	3.5343	3.5539	3.5736	3.5932	3.6128	3.6325
51	3.6158	3.6362	3.6567	3.6771	3.6975	3.7179	3.7384	3.7588	3.7792
52	3.7590	3.7802	3.8015	3.8227	3.8439	3.8652	3.8864	3.9076	3.9289
53	3.9050	3.9270	3.9491	3.9711	3.9932	4.0153	4.0373	4.0594	4.0814
54	4.0537	4.0766	4.0995	4.1224	4.1453	4.1682	4.1911	4.2140	4.2369
55	4.2052	4.2290	4.2527	4.2765	4.3003	4.3240	4.3478	4.3715	4.3953
56	4.3595	4.3842	4.4088	4.4334	4.4581	4.4827	4.5073	4.5319	4.5566
57	4.5166	4.5421	4.5677	4.5932	4.6187	4.6442	4.6697	4.6952	4.7208
58	4.6765	4.7029	4.7293	4.7558	4.7822	4.8086	4.8350	4.8614	4.8879
59	4.8391	4.8665	4.8938	4.9212	4.9485	4.9758	5.0032	5.0305	5.0579
60	5.0046	5.0328	5.0611	5.0894	5.1177	5.1459	5.1742	5.2025	5.2308

续表5

检尺径/cm	检尺长/m								
	17.7	17.8	17.9	18.0	18.1	18.2	18.3	18.4	18.5
	材积/m^3								
61	5.1728	5.2020	5.2312	5.2605	5.2897	5.3189	5.3481	5.3774	5.4066
62	5.3438	5.3740	5.4041	5.4343	5.4645	5.4947	5.5249	5.5551	5.5853
63	5.5175	5.5487	5.5799	5.6111	5.6422	5.6734	5.7046	5.7357	5.7669
64	5.6941	5.7263	5.7584	5.7906	5.8228	5.8549	5.8871	5.9193	5.9514
65	5.8734	5.9066	5.9398	5.9730	6.0062	6.0393	6.0725	6.1057	6.1389
66	6.0555	6.0897	6.1240	6.1582	6.1924	6.2266	6.2608	6.2950	6.3292
67	6.2404	6.2757	6.3109	6.3462	6.3814	6.4167	6.4520	6.4872	6.5225
68	6.4281	6.4644	6.5007	6.5370	6.5734	6.6097	6.6460	6.6823	6.7186
69	6.6185	6.6559	6.6933	6.7307	6.7681	6.8055	6.8429	6.8803	6.9177
70	6.8118	6.8503	6.8887	6.9272	6.9657	7.0042	7.0427	7.0812	7.1197
71	7.0078	7.0474	7.0870	7.1266	7.1662	7.2057	7.2453	7.2849	7.3245
72	7.2066	7.2473	7.2880	7.3287	7.3694	7.4102	7.4509	7.4916	7.5323
73	7.4082	7.4500	7.4919	7.5337	7.5756	7.6174	7.6593	7.7011	7.7430
74	7.6125	7.6555	7.6985	7.7415	7.7845	7.8275	7.8706	7.9136	7.9566
75	7.8196	7.8638	7.9080	7.9522	7.9964	8.0405	8.0847	8.1289	8.1731
76	8.0296	8.0749	8.1203	8.1656	8.2110	8.2564	8.3017	8.3471	8.3925
77	8.2422	8.2888	8.3354	8.3819	8.4285	8.4751	8.5216	8.5682	8.6148

续表5

检尺径/cm	检尺长/m								
	17.7	17.8	17.9	18.0	18.1	18.2	18.3	18.4	18.5
	材积/m³								
78	8.4577	8.5055	8.5533	8.6011	8.6489	8.6966	8.7444	8.7922	8.8400
79	8.6760	8.7250	8.7740	8.8230	8.8720	8.9211	8.9701	9.0191	9.0681
80	8.8970	8.9473	8.9975	9.0478	9.0981	9.1483	9.1986	9.2489	9.2991
81	9.1208	9.1724	9.2239	9.2754	9.3269	9.3785	9.4300	9.4815	9.5331
82	9.3474	9.4002	9.4530	9.5059	9.5587	9.6115	9.6643	9.7171	9.7699
83	9.5768	9.6309	9.6850	9.7391	9.7932	9.8473	9.9014	9.9555	10.0096
84	9.8090	9.8644	9.9198	9.9752	10.0306	10.0860	10.1415	10.1969	10.2523
85	10.0439	10.1006	10.1574	10.2141	10.2709	10.3276	10.3844	10.4411	10.4979
86	10.2816	10.3397	10.3978	10.4559	10.5140	10.5720	10.6301	10.6882	10.7463
87	10.5221	10.5816	10.6410	10.7004	10.7599	10.8193	10.8788	10.9382	10.9977
88	10.7654	10.8262	10.8870	10.9478	11.0087	11.0695	11.1303	11.1911	11.2520
89	11.0114	11.0737	11.1359	11.1981	11.2603	11.3225	11.3847	11.4469	11.5091
90	11.2603	11.3239	11.3875	11.4511	11.5147	11.5784	11.6420	11.7056	11.7692
91	11.5119	11.5769	11.6420	11.7070	11.7721	11.8371	11.9021	11.9672	12.0322
92	11.7663	11.8328	11.8992	11.9657	12.0322	12.0987	12.1652	12.2316	12.2981
93	12.0235	12.0914	12.1593	12.2273	12.2952	12.3631	12.4311	12.4990	12.5669
94	12.2834	12.3528	12.4222	12.4916	12.5610	12.6304	12.6998	12.7692	12.8386

续表5

检尺径/cm	检尺长/m								
	17.7	17.8	17.9	18.0	18.1	18.2	18.3	18.4	18.5
	材积/m³								
95	12.5462	12.6171	12.6879	12.7588	12.8297	12.9006	12.9715	13.0424	13.1132
96	12.8117	12.8841	12.9565	13.0288	13.1012	13.1736	13.2460	13.3184	13.3908
97	13.0800	13.1539	13.2278	13.3017	13.3756	13.4495	13.5234	13.5973	13.6712
98	13.3511	13.4265	13.5019	13.5774	13.6528	13.7282	13.8037	13.8791	13.9545
99	13.6249	13.7019	13.7789	13.8559	13.9328	14.0098	14.0868	14.1638	14.2408
100	13.9016	13.9801	14.0587	14.1372	14.2157	14.2943	14.3728	14.4514	14.5299
101	14.1810	14.2611	14.3412	14.4214	14.5015	14.5816	14.6617	14.7418	14.8220
102	14.4632	14.5449	14.6266	14.7083	14.7901	14.8718	14.9535	15.0352	15.1169
103	14.7482	14.8315	14.9148	14.9982	15.0815	15.1648	15.2481	15.3314	15.4148
104	15.0359	15.1209	15.2058	15.2908	15.3757	15.4607	15.5456	15.6306	15.7155
105	15.3265	15.4131	15.4997	15.5863	15.6729	15.7594	15.8460	15.9326	16.0192
106	15.6198	15.7081	15.7963	15.8846	15.9728	16.0611	16.1493	16.2375	16.3258
107	15.9159	16.0058	16.0958	16.1857	16.2756	16.3655	16.4554	16.5454	16.6353
108	16.2148	16.3064	16.3980	16.4896	16.5812	16.6728	16.7645	16.8561	16.9477
109	16.5165	16.6098	16.7031	16.7964	16.8897	16.9830	17.0763	17.1697	17.2630
110	16.8209	16.9159	17.0110	17.1060	17.2010	17.2961	17.3911	17.4861	17.5812
111	17.1281	17.2249	17.3217	17.4184	17.5152	17.6120	17.7088	17.8055	17.9023

续表5

检尺径/cm	检尺长/m								
	17.7	17.8	17.9	18.0	18.1	18.2	18.3	18.4	18.5
	材积/m^3								
112	17.4381	17.5367	17.6352	17.7337	17.8322	17.9307	18.0293	18.1278	18.2263
113	17.7509	17.8512	17.9515	18.0518	18.1521	18.2524	18.3527	18.4529	18.5532
114	18.0665	18.1686	18.2706	18.3727	18.4748	18.5768	18.6789	18.7810	18.8831
115	18.3848	18.4887	18.5926	18.6964	18.8003	18.9042	19.0081	19.1119	19.2158
116	18.7060	18.8116	18.9173	19.0230	19.1287	19.2344	19.3401	19.4458	19.5514
117	19.0299	19.1374	19.2449	19.3524	19.4599	19.5674	19.6750	19.7825	19.8900
118	19.3566	19.4659	19.5753	19.6846	19.7940	19.9034	20.0127	20.1221	20.2314
119	19.6860	19.7972	19.9085	20.0197	20.1309	20.2421	20.3534	20.4646	20.5758
120	20.0183	20.1314	20.2445	20.3576	20.4707	20.5838	20.6969	20.8100	20.9231
121	20.3533	20.4683	20.5833	20.6983	20.8133	20.9283	21.0432	21.1582	21.2732
122	20.6911	20.8080	20.9249	21.0418	21.1587	21.2756	21.3925	21.5094	21.6263
123	21.0317	21.1505	21.2693	21.3882	21.5070	21.6258	21.7446	21.8635	21.9823
124	21.3751	21.4958	21.6166	21.7374	21.8581	21.9789	22.0996	22.2204	22.3412
125	21.7212	21.8439	21.9667	22.0894	22.2121	22.3348	22.4575	22.5802	22.7030
126	22.0701	22.1948	22.3195	22.4442	22.5689	22.6936	22.8183	22.9430	23.0677
127	22.4219	22.5485	22.6752	22.8019	22.9286	23.0552	23.1819	23.3086	23.4353
128	22.7763	22.9050	23.0337	23.1624	23.2911	23.4197	23.5484	23.6771	23.8058

续表5

检尺径/cm	检尺长/m								
	17.7	17.8	17.9	18.0	18.1	18.2	18.3	18.4	18.5
	材积/m³								
129	23.1336	23.2643	23.3950	23.5257	23.6564	23.7871	23.9178	24.0485	24.1792
130	23.4937	23.6264	23.7591	23.8919	24.0246	24.1573	24.2901	24.4228	24.5555
131	23.8565	23.9913	24.1261	24.2608	24.3956	24.5304	24.6652	24.8000	24.9348
132	24.2221	24.3590	24.4958	24.6327	24.7695	24.9064	25.0432	25.1800	25.3169
133	24.5905	24.7294	24.8684	25.0073	25.1462	25.2852	25.4241	25.5630	25.7019
134	24.9617	25.1027	25.2437	25.3848	25.5258	25.6668	25.8078	25.9489	26.0899
135	25.3356	25.4788	25.6219	25.7650	25.9082	26.0513	26.1945	26.3376	26.4807
136	25.7124	25.8576	26.0029	26.1482	26.2934	26.4387	26.5840	26.7292	26.8745
137	26.0919	26.2393	26.3867	26.5341	26.6815	26.8289	26.9763	27.1238	27.2712
138	26.4742	26.6237	26.7733	26.9229	27.0725	27.2220	27.3716	27.5212	27.6707
139	26.8592	27.0110	27.1627	27.3145	27.4662	27.6180	27.7697	27.9215	28.0732
140	27.2471	27.4010	27.5550	27.7089	27.8629	28.0168	28.1707	28.3247	28.4786
141	27.6377	27.7939	27.9500	28.1062	28.2623	28.4185	28.5746	28.7307	28.8869
142	28.0311	28.1895	28.3479	28.5063	28.6646	28.8230	28.9814	29.1397	29.2981
143	28.4273	28.5879	28.7486	28.9092	29.0698	29.2304	29.3910	29.5516	29.7122
144	28.8263	28.9892	29.1520	29.3149	29.4778	29.6406	29.8035	29.9663	30.1292
145	29.2281	29.3932	29.5583	29.7235	29.8886	30.0537	30.2189	30.3840	30.5491

续表5

检尺径/cm	检尺长/m								
	17.7	17.8	17.9	18.0	18.1	18.2	18.3	18.4	18.5
	材积/m^3								
146	29.6326	29.8000	29.9674	30.1349	30.3023	30.4697	30.6371	30.8045	30.9719
147	30.0399	30.2096	30.3794	30.5491	30.7188	30.8885	31.0582	31.2279	31.3977
148	30.4500	30.6221	30.7941	30.9661	31.1382	31.3102	31.4822	31.6543	31.8263
149	30.8629	31.0373	31.2116	31.3860	31.5604	31.7347	31.9091	32.0835	32.2578
150	31.2786	31.4553	31.6320	31.8087	31.9854	32.1621	32.3388	32.5156	32.6923
151	31.6970	31.8761	32.0552	32.2342	32.4133	32.5924	32.7715	32.9505	33.1296
152	32.1182	32.2997	32.4811	32.6626	32.8440	33.0255	33.2070	33.3884	33.5699
153	32.5422	32.7261	32.9099	33.0938	33.2776	33.4615	33.6453	33.8292	34.0130
154	32.9690	33.1553	33.3415	33.5278	33.7140	33.9003	34.0866	34.2728	34.4591
155	33.3985	33.5872	33.7759	33.9646	34.1533	34.3420	34.5307	34.7194	34.9081
156	33.8309	34.0220	34.2132	34.4043	34.5954	34.7866	34.9777	35.1688	35.3600
157	34.2660	34.4596	34.6532	34.8468	35.0404	35.2340	35.4276	35.6212	35.8148
158	34.7039	34.9000	35.0960	35.2921	35.4882	35.6842	35.8803	36.0764	36.2724
159	35.1446	35.3431	35.5417	35.7403	35.9388	36.1374	36.3359	36.5345	36.7330
160	35.5880	35.7891	35.9902	36.1912	36.3923	36.5934	36.7944	36.9955	37.1965
161	36.0343	36.2379	36.4415	36.6450	36.8486	37.0522	37.2558	37.4594	37.6630
162	36.4833	36.6894	36.8955	37.1017	37.3078	37.5139	37.7200	37.9261	38.1323

续表5

检尺径/cm	检尺长/m								
	17.7	17.8	17.9	18.0	18.1	18.2	18.3	18.4	18.5
	材积/m^3								
163	36.9351	37.1438	37.3525	37.5611	37.7698	37.9785	38.1871	38.3958	38.6045
164	37.3897	37.6009	37.8122	38.0234	38.2347	38.4459	38.6571	38.8684	39.0796
165	37.8471	38.0609	38.2747	38.4885	38.7024	38.9162	39.1300	39.3438	39.5577
166	38.3072	38.5236	38.7400	38.9565	39.1729	39.3893	39.6057	39.8222	40.0386
167	38.7701	38.9892	39.2082	39.4272	39.6463	39.8653	40.0844	40.3034	40.5224
168	39.2358	39.4575	39.6792	39.9008	40.1225	40.3442	40.5658	40.7875	41.0092
169	39.7043	39.9286	40.1529	40.3773	40.6016	40.8259	41.0502	41.2745	41.4988
170	40.1756	40.4025	40.6295	40.8565	41.0835	41.3105	41.5374	41.7644	41.9914
171	40.6496	40.8793	41.1089	41.3386	41.5682	41.7979	42.0276	42.2572	42.4869
172	41.1264	41.3588	41.5911	41.8235	42.0558	42.2882	42.5206	42.7529	42.9853
173	41.6060	41.8411	42.0762	42.3112	42.5463	42.7814	43.0164	43.2515	43.4865
174	42.0884	42.3262	42.5640	42.8018	43.0396	43.2774	43.5151	43.7529	43.9907
175	42.5736	42.8141	43.0546	43.2952	43.5357	43.7762	44.0168	44.2573	44.4978
176	43.0615	43.3048	43.5481	43.7914	44.0347	44.2780	44.5212	44.7645	45.0078
177	43.5523	43.7983	44.0444	44.2904	44.5365	44.7825	45.0286	45.2747	45.5207
178	44.0458	44.2946	44.5435	44.7923	45.0412	45.2900	45.5388	45.7877	46.0365
179	44.5421	44.7937	45.0454	45.2970	45.5487	45.8003	46.0520	46.3036	46.5553

续表5

检尺径/cm	检尺长/m								
	17.7	17.8	17.9	18.0	18.1	18.2	18.3	18.4	18.5
	材积/m³								
180	45.0411	45.2956	45.5501	45.8045	46.0590	46.3135	46.5679	46.8224	47.0769
181	45.5430	45.8003	46.0576	46.3149	46.5722	46.8295	47.0868	47.3441	47.6014
182	46.0476	46.3077	46.5679	46.8281	47.0882	47.3484	47.6085	47.8687	48.1288
183	46.5550	46.8180	47.0810	47.3441	47.6071	47.8701	48.1331	48.3962	48.6592
184	47.0652	47.3311	47.5970	47.8629	48.1288	48.3947	48.6606	48.9265	49.1924
185	47.5782	47.8470	48.1158	48.3846	48.6534	48.9222	49.1910	49.4598	49.7286
186	48.0939	48.3656	48.6373	48.9091	49.1808	49.4525	49.7242	49.9959	50.2676
187	48.6124	48.8871	49.1617	49.4364	49.7110	49.9857	50.2603	50.5350	50.8096
188	49.1337	49.4113	49.6889	49.9665	50.2441	50.5217	50.7993	51.0769	51.3545
189	49.6578	49.9384	50.2189	50.4995	50.7800	51.0606	51.3412	51.6217	51.9023
190	50.1847	50.4682	50.7518	51.0353	51.3188	51.6024	51.8859	52.1694	52.4529
191	50.7144	51.0009	51.2874	51.5739	51.8604	52.1470	52.4335	52.7200	53.0065
192	51.2468	51.5363	51.8258	52.1154	52.4049	52.6944	52.9840	53.2735	53.5630
193	51.7820	52.0745	52.3671	52.6597	52.9522	53.2448	53.5373	53.8299	54.1224
194	52.3200	52.6156	52.9112	53.2068	53.5024	53.7980	54.0935	54.3891	54.6847
195	52.8608	53.1594	53.4581	53.7567	54.0554	54.3540	54.6526	54.9513	55.2499
196	53.4043	53.7060	54.0077	54.3095	54.6112	54.9129	55.2146	55.5163	55.8181

续表5

检尺径/cm	检尺长/m								
	17.7	17.8	17.9	18.0	18.1	18.2	18.3	18.4	18.5
	材积/m^3								
197	53.9506	54.2554	54.5603	54.8651	55.1699	55.4747	55.7795	56.0843	56.3891
198	54.4998	54.8077	55.1156	55.4235	55.7314	56.0393	56.3472	56.6551	56.9630
199	55.0516	55.3627	55.6737	55.9847	56.2958	56.6068	56.9178	57.2288	57.5399

续表5

检尺径/cm	检尺长/m								
	18.6	18.7	18.8	18.9	19.0	19.1	19.2	19.3	19.4
	材积/m^3								
10	0.1461	0.1469	0.1477	0.1484	0.1492	0.1500	0.1508	0.1516	0.1524
11	0.1768	0.1777	0.1787	0.1796	0.1806	0.1815	0.1825	0.1834	0.1844
12	0.2104	0.2115	0.2126	0.2138	0.2149	0.2160	0.2171	0.2183	0.2194
13	0.2469	0.2482	0.2495	0.2509	0.2522	0.2535	0.2548	0.2562	0.2575
14	0.2863	0.2879	0.2894	0.2909	0.2925	0.2940	0.2956	0.2971	0.2986
15	0.3287	0.3305	0.3322	0.3340	0.3358	0.3375	0.3393	0.3411	0.3428
16	0.3740	0.3760	0.3780	0.3800	0.3820	0.3840	0.3860	0.3881	0.3901
17	0.4222	0.4245	0.4267	0.4290	0.4313	0.4335	0.4358	0.4381	0.4403
18	0.4733	0.4759	0.4784	0.4809	0.4835	0.4860	0.4886	0.4911	0.4937
19	0.5274	0.5302	0.5330	0.5359	0.5387	0.5415	0.5444	0.5472	0.5500
20	0.5843	0.5875	0.5906	0.5938	0.5969	0.6000	0.6032	0.6063	0.6095
21	0.6442	0.6477	0.6512	0.6546	0.6581	0.6616	0.6650	0.6685	0.6719
22	0.7070	0.7108	0.7147	0.7185	0.7223	0.7261	0.7299	0.7337	0.7375
23	0.7728	0.7769	0.7811	0.7853	0.7894	0.7936	0.7977	0.8019	0.8060
24	0.8414	0.8460	0.8505	0.8550	0.8595	0.8641	0.8686	0.8731	0.8776
25	0.9130	0.9179	0.9228	0.9278	0.9327	0.9376	0.9425	0.9474	0.9523
26	0.9875	0.9928	0.9981	1.0035	1.0088	1.0141	1.0194	1.0247	1.0300

续表5

检尺径/cm	检尺长/m								
	18.6	18.7	18.8	18.9	19.0	19.1	19.2	19.3	19.4
	材积/m³								
27	1.0650	1.0707	1.0764	1.0821	1.0879	1.0936	1.0993	1.1050	1.1108
28	1.1453	1.1515	1.1576	1.1638	1.1699	1.1761	1.1822	1.1884	1.1946
29	1.2286	1.2352	1.2418	1.2484	1.2550	1.2616	1.2682	1.2748	1.2814
30	1.3148	1.3218	1.3289	1.3360	1.3430	1.3501	1.3572	1.3642	1.3713
31	1.4039	1.4114	1.4190	1.4265	1.4341	1.4416	1.4492	1.4567	1.4643
32	1.4959	1.5039	1.5120	1.5200	1.5281	1.5361	1.5442	1.5522	1.5602
33	1.5909	1.5994	1.6080	1.6165	1.6251	1.6336	1.6422	1.6507	1.6593
34	1.6887	1.6978	1.7069	1.7160	1.7251	1.7341	1.7432	1.7523	1.7614
35	1.7895	1.7992	1.8088	1.8184	1.8280	1.8376	1.8473	1.8569	1.8665
36	1.8933	1.9034	1.9136	1.9238	1.9340	1.9441	1.9543	1.9645	1.9747
37	1.9999	2.0106	2.0214	2.0322	2.0429	2.0537	2.0644	2.0752	2.0859
38	2.1095	2.1208	2.1321	2.1435	2.1548	2.1662	2.1775	2.1888	2.2002
39	2.2219	2.2339	2.2458	2.2578	2.2697	2.2817	2.2936	2.3056	2.3175
40	2.3374	2.3499	2.3625	2.3750	2.3876	2.4002	2.4127	2.4253	2.4379
41	2.4557	2.4689	2.4821	2.4953	2.5085	2.5217	2.5349	2.5481	2.5613
42	2.5769	2.5908	2.6046	2.6185	2.6323	2.6462	2.6601	2.6739	2.6878
43	2.7011	2.7156	2.7301	2.7447	2.7592	2.7737	2.7882	2.8028	2.8173

续表5

检尺径/cm	检尺长/m								
	18.6	18.7	18.8	18.9	19.0	19.1	19.2	19.3	19.4
	材积/m³								
44	2.8282	2.8434	2.8586	2.8738	2.8890	2.9042	2.9194	2.9346	2.9498
45	2.9582	2.9741	2.9900	3.0059	3.0218	3.0377	3.0536	3.0695	3.0854
46	3.0911	3.1078	3.1244	3.1410	3.1576	3.1742	3.1909	3.2075	3.2241
47	3.2270	3.2444	3.2617	3.2791	3.2964	3.3138	3.3311	3.3485	3.3658
48	3.3658	3.3839	3.4020	3.4201	3.4382	3.4563	3.4744	3.4925	3.5105
49	3.5075	3.5263	3.5452	3.5641	3.5829	3.6018	3.6206	3.6395	3.6583
50	3.6521	3.6717	3.6914	3.7110	3.7306	3.7503	3.7699	3.7896	3.8092
51	3.7997	3.8201	3.8405	3.8609	3.8814	3.9018	3.9222	3.9427	3.9631
52	3.9501	3.9714	3.9926	4.0138	4.0351	4.0563	4.0775	4.0988	4.1200
53	4.1035	4.1256	4.1476	4.1697	4.1918	4.2138	4.2359	4.2579	4.2800
54	4.2598	4.2827	4.3056	4.3285	4.3514	4.3743	4.3972	4.4201	4.4430
55	4.4191	4.4428	4.4666	4.4903	4.5141	4.5378	4.5616	4.5854	4.6091
56	4.5812	4.6058	4.6305	4.6551	4.6797	4.7044	4.7290	4.7536	4.7782
57	4.7463	4.7718	4.7973	4.8228	4.8484	4.8739	4.8994	4.9249	4.9504
58	4.9143	4.9407	4.9671	4.9935	5.0200	5.0464	5.0728	5.0992	5.1256
59	5.0852	5.1125	5.1399	5.1672	5.1946	5.2219	5.2492	5.2766	5.3039
60	5.2590	5.2873	5.3156	5.3439	5.3721	5.4004	5.4287	5.4570	5.4852

续表5

检尺径/cm	检尺长/m								
	18.6	18.7	18.8	18.9	19.0	19.1	19.2	19.3	19.4
	材积/m^3								
61	5.4358	5.4650	5.4942	5.5235	5.5527	5.5819	5.6111	5.6404	5.6696
62	5.6155	5.6457	5.6759	5.7061	5.7362	5.7664	5.7966	5.8268	5.8570
63	5.7981	5.8293	5.8604	5.8916	5.9228	5.9540	5.9851	6.0163	6.0475
64	5.9836	6.0158	6.0480	6.0801	6.1123	6.1445	6.1766	6.2088	6.2410
65	6.1721	6.2052	6.2384	6.2716	6.3048	6.3380	6.3712	6.4043	6.4375
66	6.3634	6.3976	6.4319	6.4661	6.5003	6.5345	6.5687	6.6029	6.6371
67	6.5577	6.5930	6.6282	6.6635	6.6988	6.7340	6.7693	6.8045	6.8398
68	6.7549	6.7913	6.8276	6.8639	6.9002	6.9365	6.9728	7.0092	7.0455
69	6.9551	6.9925	7.0299	7.0673	7.1046	7.1420	7.1794	7.2168	7.2542
70	7.1581	7.1966	7.2351	7.2736	7.3121	7.3506	7.3890	7.4275	7.4660
71	7.3641	7.4037	7.4433	7.4829	7.5225	7.5621	7.6017	7.6413	7.6809
72	7.5730	7.6137	7.6544	7.6952	7.7359	7.7766	7.8173	7.8580	7.8987
73	7.7848	7.8267	7.8685	7.9104	7.9523	7.9941	8.0360	8.0778	8.1197
74	7.9996	8.0426	8.0856	8.1286	8.1716	8.2146	8.2576	8.3006	8.3436
75	8.2172	8.2614	8.3056	8.3498	8.3940	8.4381	8.4823	8.5265	8.5707
76	8.4378	8.4832	8.5286	8.5739	8.6193	8.6647	8.7100	8.7554	8.8008
77	8.6613	8.7079	8.7545	8.8010	8.8476	8.8942	8.9407	8.9873	9.0339

续表5

检尺径/cm	检尺长/m								
	18.6	18.7	18.8	18.9	19.0	19.1	19.2	19.3	19.4
	材积/m³								
78	8.8878	8.9356	8.9833	9.0311	9.0789	9.1267	9.1745	9.2223	9.2700
79	9.1171	9.1661	9.2152	9.2642	9.3132	9.3622	9.4112	9.4602	9.5093
80	9.3494	9.3997	9.4499	9.5002	9.5505	9.6007	9.6510	9.7013	9.7515
81	9.5846	9.6361	9.6877	9.7392	9.7907	9.8422	9.8938	9.9453	9.9968
82	9.8227	9.8755	9.9283	9.9811	10.0340	10.0868	10.1396	10.1924	10.2452
83	10.0638	10.1179	10.1720	10.2261	10.2802	10.3343	10.3884	10.4425	10.4966
84	10.3077	10.3631	10.4186	10.4740	10.5294	10.5848	10.6402	10.6956	10.7511
85	10.5546	10.6113	10.6681	10.7248	10.7816	10.8383	10.8951	10.9518	11.0086
86	10.8044	10.8625	10.9206	10.9787	11.0368	11.0948	11.1529	11.2110	11.2691
87	11.0571	11.1166	11.1760	11.2355	11.2949	11.3544	11.4138	11.4733	11.5327
88	11.3128	11.3736	11.4344	11.4952	11.5561	11.6169	11.6777	11.7385	11.7993
89	11.5713	11.6336	11.6958	11.7580	11.8202	11.8824	11.9446	12.0068	12.0690
90	11.8328	11.8965	11.9601	12.0237	12.0873	12.1509	12.2145	12.2782	12.3418
91	12.0972	12.1623	12.2273	12.2924	12.3574	12.4224	12.4875	12.5525	12.6176
92	12.3646	12.4311	12.4975	12.5640	12.6305	12.6970	12.7634	12.8299	12.8964
93	12.6348	12.7028	12.7707	12.8386	12.9066	12.9745	13.0424	13.1103	13.1783
94	12.9080	12.9774	13.0468	13.1162	13.1856	13.2550	13.3244	13.3938	13.4632

续表5

检尺径/cm	检尺长/m								
	18.6	18.7	18.8	18.9	19.0	19.1	19.2	19.3	19.4
	材积/m^3								
95	13.1841	13.2550	13.3259	13.3968	13.4676	13.5385	13.6094	13.6803	13.7512
96	13.4631	13.5355	13.6079	13.6803	13.7527	13.8251	13.8974	13.9698	14.0422
97	13.7451	13.8190	13.8929	13.9668	14.0407	14.1146	14.1885	14.2624	14.3363
98	14.0299	14.1054	14.1808	14.2562	14.3317	14.4071	14.4825	14.5580	14.6334
99	14.3177	14.3947	14.4717	14.5487	14.6256	14.7026	14.7796	14.8566	14.9335
100	14.6084	14.6870	14.7655	14.8441	14.9226	15.0011	15.0797	15.1582	15.2368
101	14.9021	14.9822	15.0623	15.1424	15.2225	15.3027	15.3828	15.4629	15.5430
102	15.1986	15.2803	15.3620	15.4438	15.5255	15.6072	15.6889	15.7706	15.8523
103	15.4981	15.5814	15.6647	15.7481	15.8314	15.9147	15.9980	16.0814	16.1647
104	15.8005	15.8854	15.9704	16.0553	16.1403	16.2252	16.3102	16.3951	16.4801
105	16.1058	16.1924	16.2790	16.3656	16.4522	16.5388	16.6253	16.7119	16.7985
106	16.4140	16.5023	16.5905	16.6788	16.7670	16.8553	16.9435	17.0318	17.1200
107	16.7252	16.8151	16.9050	16.9950	17.0849	17.1748	17.2647	17.3546	17.4446
108	17.0393	17.1309	17.2225	17.3141	17.4057	17.4973	17.5889	17.6805	17.7722
109	17.3563	17.4496	17.5429	17.6362	17.7295	17.8229	17.9162	18.0095	18.1028
110	17.6762	17.7712	17.8663	17.9613	18.0563	18.1514	18.2464	18.3414	18.4365
111	17.9991	18.0958	18.1926	18.2894	18.3861	18.4829	18.5797	18.6764	18.7732

续表5

检尺径/cm	检尺长/m								
	18.6	18.7	18.8	18.9	19.0	19.1	19.2	19.3	19.4
	材积/m³								
112	18.3248	18.4233	18.5219	18.6204	18.7189	18.8174	18.9160	19.0145	19.1130
113	18.6535	18.7538	18.8541	18.9544	19.0547	19.1550	19.2552	19.3555	19.4558
114	18.9851	19.0872	19.1893	19.2913	19.3934	19.4955	19.5976	19.6996	19.8017
115	19.3197	19.4235	19.5274	19.6313	19.7351	19.8390	19.9429	20.0467	20.1506
116	19.6571	19.7628	19.8685	19.9742	20.0799	20.1855	20.2912	20.3969	20.5026
117	19.9975	20.1050	20.2125	20.3200	20.4275	20.5351	20.6426	20.7501	20.8576
118	20.3408	20.4502	20.5595	20.6689	20.7782	20.8876	20.9969	21.1063	21.2157
119	20.6870	20.7982	20.9095	21.0207	21.1319	21.2431	21.3543	21.4656	21.5768
120	21.0362	21.1493	21.2623	21.3754	21.4885	21.6016	21.7147	21.8278	21.9409
121	21.3882	21.5032	21.6182	21.7332	21.8482	21.9632	22.0782	22.1931	22.3081
122	21.7432	21.8601	21.9770	22.0939	22.2108	22.3277	22.4446	22.5615	22.6784
123	22.1011	22.2199	22.3388	22.4576	22.5764	22.6952	22.8140	22.9329	23.0517
124	22.4619	22.5827	22.7035	22.8242	22.9450	23.0658	23.1865	23.3073	23.4280
125	22.8257	22.9484	23.0711	23.1938	23.3166	23.4393	23.5620	23.6847	23.8074
126	23.1924	23.3170	23.4417	23.5664	23.6911	23.8158	23.9405	24.0652	24.1899
127	23.5620	23.6886	23.8153	23.9420	24.0687	24.1953	24.3220	24.4487	24.5754
128	23.9345	24.0631	24.1918	24.3205	24.4492	24.5779	24.7065	24.8352	24.9639

续表5

检尺径/cm	检尺长/m								
	18.6	18.7	18.8	18.9	19.0	19.1	19.2	19.3	19.4
	材积/m^3								
129	24.3099	24.4406	24.5713	24.7020	24.8327	24.9634	25.0941	25.2248	25.3555
130	24.6883	24.8210	24.9537	25.0865	25.2192	25.3519	25.4847	25.6174	25.7501
131	25.0695	25.2043	25.3391	25.4739	25.6087	25.7435	25.8782	26.0130	26.1478
132	25.4537	25.5906	25.7274	25.8643	26.0011	26.1380	26.2748	26.4117	26.5485
133	25.8409	25.9798	26.1187	26.2577	26.3966	26.5355	26.6744	26.8134	26.9523
134	26.2309	26.3719	26.5130	26.6540	26.7950	26.9360	27.0771	27.2181	27.3591
135	26.6239	26.7670	26.9102	27.0533	27.1964	27.3396	27.4827	27.6259	27.7690
136	27.0198	27.1650	27.3103	27.4556	27.6008	27.7461	27.8914	28.0366	28.1819
137	27.4186	27.5660	27.7134	27.8608	28.0082	28.1556	28.3031	28.4505	28.5979
138	27.8203	27.9699	28.1195	28.2690	28.4186	28.5682	28.7177	28.8673	29.0169
139	28.2250	28.3767	28.5285	28.6802	28.8320	28.9837	29.1354	29.2872	29.4389
140	28.6325	28.7865	28.9404	29.0944	29.2483	29.4022	29.5562	29.7101	29.8640
141	29.0430	29.1992	29.3553	29.5115	29.6676	29.8238	29.9799	30.1361	30.2922
142	29.4565	29.6148	29.7732	29.9316	30.0899	30.2483	30.4067	30.5650	30.7234
143	29.8728	30.0334	30.1940	30.3546	30.5152	30.6758	30.8364	30.9970	31.1577
144	30.2921	30.4549	30.6178	30.7806	30.9435	31.1064	31.2692	31.4321	31.5949
145	30.7142	30.8794	31.0445	31.2096	31.3748	31.5399	31.7050	31.8702	32.0353

续表5

检尺径/cm	检尺长/m								
	18.6	18.7	18.8	18.9	19.0	19.1	19.2	19.3	19.4
	材积/m^3								
146	31.1394	31.3068	31.4742	31.6416	31.8090	31.9764	32.1438	32.3113	32.4787
147	31.5674	31.7371	31.9068	32.0765	32.2462	32.4160	32.5857	32.7554	32.9251
148	31.9983	32.1704	32.3424	32.5144	32.6865	32.8585	33.0305	33.2026	33.3746
149	32.4322	32.6066	32.7809	32.9553	33.1297	33.3040	33.4784	33.6528	33.8271
150	32.8690	33.0457	33.2224	33.3991	33.5758	33.7526	33.9293	34.1060	34.2827
151	33.3087	33.4878	33.6669	33.8459	34.0250	34.2041	34.3832	34.5623	34.7413
152	33.7513	33.9328	34.1143	34.2957	34.4772	34.6586	34.8401	35.0216	35.2030
153	34.1969	34.3808	34.5646	34.7485	34.9323	35.1162	35.3000	35.4839	35.6677
154	34.6454	34.8316	35.0179	35.2042	35.3904	35.5767	35.7630	35.9492	36.1355
155	35.0968	35.2855	35.4742	35.6629	35.8515	36.0402	36.2289	36.4176	36.6063
156	35.5511	35.7422	35.9334	36.1245	36.3156	36.5068	36.6979	36.8890	37.0802
157	36.0083	36.2019	36.3955	36.5891	36.7827	36.9763	37.1699	37.3635	37.5571
158	36.4685	36.6646	36.8606	37.0567	37.2528	37.4488	37.6449	37.8410	38.0370
159	36.9316	37.1302	37.3287	37.5273	37.7258	37.9244	38.1229	38.3215	38.5201
160	37.3976	37.5987	37.7997	38.0008	38.2019	38.4029	38.6040	38.8050	39.0061
161	37.8665	38.0701	38.2737	38.4773	38.6809	38.8845	39.0880	39.2916	39.4952
162	38.3384	38.5445	38.7506	38.9568	39.1629	39.3690	39.5751	39.7812	39.9874

续表5

检尺径/cm	检尺长/m								
	18.6	18.7	18.8	18.9	19.0	19.1	19.2	19.3	19.4
	材积/m^3								
163	38.8132	39.0218	39.2305	39.4392	39.6479	39.8565	40.0652	40.2739	40.4825
164	39.2909	39.5021	39.7133	39.9246	40.1358	40.3471	40.5583	40.7695	40.9808
165	39.7715	39.9853	40.1991	40.4130	40.6268	40.8406	41.0544	41.2683	41.4821
166	40.2550	40.4714	40.6879	40.9043	41.1207	41.3371	41.5536	41.7700	41.9864
167	40.7415	40.9605	41.1796	41.3986	41.6176	41.8367	42.0557	42.2748	42.4938
168	41.2309	41.4525	41.6742	41.8959	42.1175	42.3392	42.5609	42.7826	43.0042
169	41.7232	41.9475	42.1718	42.3961	42.6204	42.8448	43.0691	43.2934	43.5177
170	42.2184	42.4454	42.6724	42.8993	43.1263	43.3533	43.5803	43.8073	44.0342
171	42.7165	42.9462	43.1759	43.4055	43.6352	43.8648	44.0945	44.3242	44.5538
172	43.2176	43.4500	43.6823	43.9147	44.1470	44.3794	44.6117	44.8441	45.0764
173	43.7216	43.9567	44.1917	44.4268	44.6618	44.8969	45.1320	45.3670	45.6021
174	44.2285	44.4663	44.7041	44.9419	45.1797	45.4175	45.6552	45.8930	46.1308
175	44.7383	44.9789	45.2194	45.4599	45.7005	45.9410	46.1815	46.4220	46.6626
176	45.2511	45.4944	45.7377	45.9810	46.2242	46.4675	46.7108	46.9541	47.1974
177	45.7668	46.0128	46.2589	46.5050	46.7510	46.9971	47.2431	47.4892	47.7352
178	46.2854	46.5342	46.7831	47.0319	47.2808	47.5296	47.7785	48.0273	48.2762
179	46.8069	47.0586	47.3102	47.5619	47.8135	48.0652	48.3168	48.5685	48.8201

续表5

检尺径/cm	检尺长/m								
	18.6	18.7	18.8	18.9	19.0	19.1	19.2	19.3	19.4
	材积/m^3								
180	47.3313	47.5858	47.8403	48.0948	48.3492	48.6037	48.8582	49.1126	49.3671
181	47.8587	48.1160	48.3733	48.6306	48.8879	49.1452	49.4025	49.6598	49.9171
182	48.3890	48.6492	48.9093	49.1695	49.4296	49.6898	49.9499	50.2101	50.4702
183	48.9222	49.1852	49.4482	49.7113	49.9743	50.2373	50.5003	50.7634	51.0264
184	49.4583	49.7242	49.9901	50.2560	50.5220	50.7879	51.0538	51.3197	51.5856
185	49.9974	50.2662	50.5350	50.8038	51.0726	51.3414	51.6102	51.8790	52.1478
186	50.5394	50.8111	51.0828	51.3545	51.6262	51.8979	52.1697	52.4414	52.7131
187	51.0843	51.3589	51.6335	51.9082	52.1828	52.4575	52.7321	53.0068	53.2814
188	51.6321	51.9097	52.1873	52.4648	52.7424	53.0200	53.2976	53.5752	53.8528
189	52.1828	52.4634	52.7439	53.0245	53.3050	53.5856	53.8661	54.1467	54.4272
190	52.7365	53.0200	53.3035	53.5871	53.8706	54.1541	54.4376	54.7212	55.0047
191	53.2930	53.5796	53.8661	54.1526	54.4391	54.7257	55.0122	55.2987	55.5852
192	53.8526	54.1421	54.4316	54.7211	55.0107	55.3002	55.5897	55.8793	56.1688
193	54.4150	54.7075	55.0001	55.2926	55.5852	55.8777	56.1703	56.4629	56.7554
194	54.9803	55.2759	55.5715	55.8671	56.1627	56.4583	56.7539	57.0495	57.3451
195	55.5486	55.8472	56.1459	56.4445	56.7432	57.0418	57.3405	57.6391	57.9378
196	56.1198	56.4215	56.7232	57.0249	57.3267	57.6284	57.9301	58.2318	58.5335

续表5

检尺径/cm	检尺长/m								
	18.6	18.7	18.8	18.9	19.0	19.1	19.2	19.3	19.4
	材积/m³								
197	56.6939	56.9987	57.3035	57.6083	57.9131	58.2179	58.5227	58.8275	59.1323
198	57.2709	57.5788	57.8867	58.1947	58.5026	58.8105	59.1184	59.4263	59.7342
199	57.8509	58.1619	58.4729	58.7840	59.0950	59.4060	59.7170	60.0281	60.3391

续表5

检尺径/cm	检尺长/m					
	19.5	19.6	19.7	19.8	19.9	20.0
	材积/m^3					
10	0.1532	0.1539	0.1547	0.1555	0.1563	0.1571
11	0.1853	0.1863	0.1872	0.1882	0.1891	0.1901
12	0.2205	0.2217	0.2228	0.2239	0.2251	0.2262
13	0.2588	0.2602	0.2615	0.2628	0.2641	0.2655
14	0.3002	0.3017	0.3033	0.3048	0.3063	0.3079
15	0.3446	0.3464	0.3481	0.3499	0.3517	0.3534
16	0.3921	0.3941	0.3961	0.3981	0.4001	0.4021
17	0.4426	0.4449	0.4472	0.4494	0.4517	0.4540
18	0.4962	0.4988	0.5013	0.5038	0.5064	0.5089
19	0.5529	0.5557	0.5586	0.5614	0.5642	0.5671
20	0.6126	0.6158	0.6189	0.6220	0.6252	0.6283
21	0.6754	0.6789	0.6823	0.6858	0.6893	0.6927
22	0.7413	0.7451	0.7489	0.7527	0.7565	0.7603
23	0.8102	0.8143	0.8185	0.8226	0.8268	0.8310
24	0.8822	0.8867	0.8912	0.8957	0.9003	0.9048
25	0.9572	0.9621	0.9670	0.9719	0.9768	0.9817
26	1.0353	1.0406	1.0459	1.0512	1.0566	1.0619

续表5

检尺径/cm	检尺长/m					
	19.5	19.6	19.7	19.8	19.9	20.0
	材积/m^3					
27	1.1165	1.1222	1.1279	1.1337	1.1394	1.1451
28	1.2007	1.2069	1.2130	1.2192	1.2253	1.2315
29	1.2880	1.2946	1.3012	1.3078	1.3144	1.3210
30	1.3784	1.3854	1.3925	1.3996	1.4067	1.4137
31	1.4718	1.4793	1.4869	1.4944	1.5020	1.5095
32	1.5683	1.5763	1.5844	1.5924	1.6005	1.6085
33	1.6678	1.6764	1.6849	1.6935	1.7020	1.7106
34	1.7704	1.7795	1.7886	1.7977	1.8068	1.8158
35	1.8761	1.8857	1.8954	1.9050	1.9146	1.9242
36	1.9849	1.9950	2.0052	2.0154	2.0256	2.0358
37	2.0967	2.1074	2.1182	2.1289	2.1397	2.1504
38	2.2115	2.2229	2.2342	2.2456	2.2569	2.2682
39	2.3295	2.3414	2.3533	2.3653	2.3772	2.3892
40	2.4504	2.4630	2.4756	2.4881	2.5007	2.5133
41	2.5745	2.5877	2.6009	2.6141	2.6273	2.6405
42	2.7016	2.7155	2.7293	2.7432	2.7570	2.7709
43	2.8318	2.8463	2.8608	2.8754	2.8899	2.9044

续表5

检尺径/cm	检尺长/m					
	19.5	19.6	19.7	19.8	19.9	20.0
	材积/m³					
44	2.9650	2.9802	2.9955	3.0107	3.0259	3.0411
45	3.1013	3.1173	3.1332	3.1491	3.1650	3.1809
46	3.2407	3.2573	3.2740	3.2906	3.3072	3.3238
47	3.3831	3.4005	3.4178	3.4352	3.4525	3.4699
48	3.5286	3.5467	3.5648	3.5829	3.6010	3.6191
49	3.6772	3.6961	3.7149	3.7338	3.7526	3.7715
50	3.8288	3.8485	3.8681	3.8877	3.9074	3.9270
51	3.9835	4.0039	4.0244	4.0448	4.0652	4.0857
52	4.1413	4.1625	4.1837	4.2050	4.2262	4.2474
53	4.3021	4.3241	4.3462	4.3683	4.3903	4.4124
54	4.4659	4.4888	4.5117	4.5346	4.5576	4.5805
55	4.6329	4.6566	4.6804	4.7042	4.7279	4.7517
56	4.8029	4.8275	4.8521	4.8768	4.9014	4.9260
57	4.9759	5.0015	5.0270	5.0525	5.0780	5.1035
58	5.1521	5.1785	5.2049	5.2313	5.2578	5.2842
59	5.3313	5.3586	5.3859	5.4133	5.4406	5.4680
60	5.5135	5.5418	5.5701	5.5983	5.6266	5.6549

续表5

检尺径/cm	检尺长/m					
	19.5	19.6	19.7	19.8	19.9	20.0
	材积/m³					
61	5.6988	5.7280	5.7573	5.7865	5.8157	5.8449
62	5.8872	5.9174	5.9476	5.9778	6.0080	6.0382
63	6.0786	6.1098	6.1410	6.1722	6.2033	6.2345
64	6.2731	6.3053	6.3375	6.3697	6.4018	6.4340
65	6.4707	6.5039	6.5371	6.5703	6.6034	6.6366
66	6.6713	6.7056	6.7398	6.7740	6.8082	6.8424
67	6.8750	6.9103	6.9456	6.9808	7.0161	7.0513
68	7.0818	7.1181	7.1544	7.1907	7.2271	7.2634
69	7.2916	7.3290	7.3664	7.4038	7.4412	7.4786
70	7.5045	7.5430	7.5815	7.6200	7.6584	7.6969
71	7.7204	7.7600	7.7996	7.8392	7.8788	7.9184
72	7.9395	7.9802	8.0209	8.0616	8.1023	8.1430
73	8.1615	8.2034	8.2452	8.2871	8.3289	8.3708
74	8.3867	8.4297	8.4727	8.5157	8.5587	8.6017
75	8.6149	8.6590	8.7032	8.7474	8.7916	8.8357
76	8.8461	8.8915	8.9368	8.9822	9.0276	9.0729
77	9.0804	9.1270	9.1736	9.2201	9.2667	9.3133

续表5

检尺径/cm	检尺长/m					
	19.5	19.6	19.7	19.8	19.9	20.0
	材积/m^3					
78	9.3178	9.3656	9.4134	9.4612	9.5090	9.5567
79	9.5583	9.6073	9.6563	9.7053	9.7543	9.8034
80	9.8018	9.8521	9.9023	9.9526	10.0029	10.0531
81	10.0484	10.0999	10.1514	10.2030	10.2545	10.3060
82	10.2980	10.3508	10.4036	10.4564	10.5092	10.5621
83	10.5507	10.6048	10.6589	10.7130	10.7671	10.8212
84	10.8065	10.8619	10.9173	10.9727	11.0281	11.0836
85	11.0653	11.1220	11.1788	11.2355	11.2923	11.3490
86	11.3272	11.3853	11.4434	11.5015	11.5595	11.6176
87	11.5922	11.6516	11.7110	11.7705	11.8299	11.8894
88	11.8602	11.9210	11.9818	12.0426	12.1035	12.1643
89	12.1312	12.1935	12.2557	12.3179	12.3801	12.4423
90	12.4054	12.4690	12.5326	12.5962	12.6599	12.7235
91	12.6826	12.7476	12.8127	12.8777	12.9428	13.0078
92	12.9629	13.0293	13.0958	13.1623	13.2288	13.2953
93	13.2462	13.3141	13.3821	13.4500	13.5179	13.5858
94	13.5326	13.6020	13.6714	13.7408	13.8102	13.8796

续表5

检尺径/cm	检尺长/m					
	19.5	19.6	19.7	19.8	19.9	20.0
	材积/m^3					
95	13.8221	13.8929	13.9638	14.0347	14.1056	14.1765
96	14.1146	14.1870	14.2593	14.3317	14.4041	14.4765
97	14.4102	14.4841	14.5580	14.6319	14.7058	14.7797
98	14.7088	14.7842	14.8597	14.9351	15.0105	15.0860
99	15.0105	15.0875	15.1645	15.2415	15.3184	15.3954
100	15.3153	15.3938	15.4724	15.5509	15.6295	15.7080
101	15.6231	15.7033	15.7834	15.8635	15.9436	16.0237
102	15.9340	16.0158	16.0975	16.1792	16.2609	16.3426
103	16.2480	16.3313	16.4146	16.4980	16.5813	16.6646
104	16.5650	16.6500	16.7349	16.8199	16.9048	16.9898
105	16.8851	16.9717	17.0583	17.1449	17.2315	17.3181
106	17.2083	17.2965	17.3848	17.4730	17.5613	17.6495
107	17.5345	17.6244	17.7143	17.8042	17.8942	17.9841
108	17.8638	17.9554	18.0470	18.1386	18.2302	18.3218
109	18.1961	18.2894	18.3827	18.4760	18.5694	18.6627
110	18.5315	18.6265	18.7216	18.8166	18.9116	19.0067
111	18.8700	18.9668	19.0635	19.1603	19.2571	19.3538

续表5

检尺径/cm	检尺长/m					
	19.5	19.6	19.7	19.8	19.9	20.0
	材积/m^3					
112	19.2115	19.3100	19.4086	19.5071	19.6056	19.7041
113	19.5561	19.6564	19.7567	19.8570	19.9573	20.0575
114	19.9038	20.0058	20.1079	20.2100	20.3120	20.4141
115	20.2545	20.3584	20.4622	20.5661	20.6700	20.7738
116	20.6083	20.7140	20.8196	20.9253	21.0310	21.1367
117	20.9651	21.0726	21.1801	21.2877	21.3952	21.5027
118	21.3250	21.4344	21.5437	21.6531	21.7625	21.8718
119	21.6880	21.7992	21.9104	22.0217	22.1329	22.2441
120	22.0540	22.1671	22.2802	22.3933	22.5064	22.6195
121	22.4231	22.5381	22.6531	22.7681	22.8831	22.9981
122	22.7953	22.9122	23.0291	23.1460	23.2629	23.3798
123	23.1705	23.2893	23.4082	23.5270	23.6458	23.7646
124	23.5488	23.6696	23.7903	23.9111	24.0319	24.1526
125	23.9302	24.0529	24.1756	24.2983	24.4210	24.5437
126	24.3146	24.4393	24.5640	24.6886	24.8133	24.9380
127	24.7020	24.8287	24.9554	25.0821	25.2088	25.3354
128	25.0926	25.2213	25.3499	25.4786	25.6073	25.7360

续表5

检尺径/cm	检尺长/m					
	19.5	19.6	19.7	19.8	19.9	20.0
	材积/m^3					
129	25.4862	25.6169	25.7476	25.8783	26.0090	26.1397
130	25.8829	26.0156	26.1483	26.2811	26.4138	26.5465
131	26.2826	26.4174	26.5522	26.6869	26.8217	26.9565
132	26.6854	26.8222	26.9591	27.0959	27.2328	27.3696
133	27.0912	27.2302	27.3691	27.5080	27.6470	27.7859
134	27.5002	27.6412	27.7822	27.9232	28.0643	28.2053
135	27.9121	28.0553	28.1984	28.3416	28.4847	28.6278
136	28.3272	28.4724	28.6177	28.7630	28.9082	29.0535
137	28.7453	28.8927	29.0401	29.1875	29.3349	29.4823
138	29.1665	29.3160	29.4656	29.6152	29.7647	29.9143
139	29.5907	29.7424	29.8942	30.0459	30.1977	30.3494
140	30.0180	30.1719	30.3259	30.4798	30.6337	30.7877
141	30.4483	30.6045	30.7606	30.9168	31.0729	31.2291
142	30.8818	31.0401	31.1985	31.3569	31.5152	31.6736
143	31.3183	31.4789	31.6395	31.8001	31.9607	32.1213
144	31.7578	31.9207	32.0835	32.2464	32.4092	32.5721
145	32.2004	32.3655	32.5307	32.6958	32.8609	33.0261

续表5

检尺径/cm	检尺长/m					
	19.5	19.6	19.7	19.8	19.9	20.0
	材积/m³					
146	32.6461	32.8135	32.9809	33.1483	33.3158	33.4832
147	33.0948	33.2645	33.4343	33.6040	33.7737	33.9434
148	33.5466	33.7187	33.8907	34.0627	34.2348	34.4068
149	34.0015	34.1759	34.3502	34.5246	34.6990	34.8733
150	34.4594	34.6361	34.8129	34.9896	35.1663	35.3430
151	34.9204	35.0995	35.2786	35.4577	35.6367	35.8158
152	35.3845	35.5659	35.7474	35.9288	36.1103	36.2918
153	35.8516	36.0354	36.2193	36.4031	36.5870	36.7709
154	36.3218	36.5080	36.6943	36.8806	37.0668	37.2531
155	36.7950	36.9837	37.1724	37.3611	37.5498	37.7385
156	37.2713	37.4624	37.6536	37.8447	38.0359	38.2270
157	37.7507	37.9443	38.1379	38.3315	38.5251	38.7186
158	38.2331	38.4292	38.6252	38.8213	39.0174	39.2135
159	38.7186	38.9172	39.1157	39.3143	39.5128	39.7114
160	39.2072	39.4082	39.6093	39.8104	40.0114	40.2125
161	39.6988	39.9024	40.1060	40.3095	40.5131	40.7167
162	40.1935	40.3996	40.6057	40.8118	41.0180	41.2241

续表5

检尺径/cm	检尺长/m					
	19.5	19.6	19.7	19.8	19.9	20.0
	材积/m³					
163	40.6912	40.8999	41.1086	41.3172	41.5259	41.7346
164	41.1920	41.4033	41.6145	41.8258	42.0370	42.2482
165	41.6959	41.9097	42.1236	42.3374	42.5512	42.7650
166	42.2028	42.4193	42.6357	42.8521	43.0685	43.2850
167	42.7128	42.9319	43.1509	43.3700	43.5890	43.8080
168	43.2259	43.4476	43.6692	43.8909	44.1126	44.3343
169	43.7420	43.9663	44.1907	44.4150	44.6393	44.8636
170	44.2612	44.4882	44.7152	44.9422	45.1691	45.3961
171	44.7835	45.0131	45.2428	45.4724	45.7021	45.9318
172	45.3088	45.5411	45.7735	46.0058	46.2382	46.4705
173	45.8372	46.0722	46.3073	46.5423	46.7774	47.0125
174	46.3686	46.6064	46.8442	47.0820	47.3198	47.5575
175	46.9031	47.1436	47.3842	47.6247	47.8652	48.1057
176	47.4407	47.6840	47.9272	48.1705	48.4138	48.6571
177	47.9813	48.2274	48.4734	48.7195	48.9655	49.2116
178	48.5250	48.7738	49.0227	49.2715	49.5204	49.7692
179	49.0718	49.3234	49.5751	49.8267	50.0784	50.3300

续表5

检尺径/cm	检尺长/m					
	19.5	19.6	19.7	19.8	19.9	20.0
	材积/m^3					
180	49.6216	49.8760	50.1305	50.3850	50.6395	50.8939
181	50.1745	50.4318	50.6891	50.9464	51.2037	51.4610
182	50.7304	50.9906	51.2507	51.5109	51.7710	52.0312
183	51.2894	51.5524	51.8155	52.0785	52.3415	52.6045
184	51.8515	52.1174	52.3833	52.6492	52.9151	53.1810
185	52.4166	52.6854	52.9542	53.2230	53.4918	53.7606
186	52.9848	53.2565	53.5282	53.8000	54.0717	54.3434
187	53.5561	53.8307	54.1054	54.3800	54.6547	54.9293
188	54.1304	54.4080	54.6856	54.9632	55.2408	55.5184
189	54.7078	54.9883	55.2689	55.5494	55.8300	56.1105
190	55.2882	55.5718	55.8553	56.1388	56.4224	56.7059
191	55.8717	56.1583	56.4448	56.7313	57.0178	57.3044
192	56.4583	56.7479	57.0374	57.3269	57.6164	57.9060
193	57.0480	57.3405	57.6331	57.9256	58.2182	58.5107
194	57.6407	57.9363	58.2318	58.5274	58.8230	59.1186
195	58.2364	58.5351	58.8337	59.1324	59.4310	59.7297
196	58.8353	59.1370	59.4387	59.7404	60.0421	60.3439

续表5

检尺径/cm	检尺长/m					
	19.5	19.6	19.7	19.8	19.9	20.0
	材积/m^3					
197	59.4371	59.7420	60.0468	60.3516	60.6564	60.9612
198	60.0421	60.3500	60.6579	60.9658	61.2737	61.5816
199	60.6501	60.9611	61.2722	61.5832	61.8942	62.2053

五、日本、智利、新西兰原木材积表

日本农林标准（JAS）原木材积表适用于日本及执行相同标准的国家如智利、新西兰等的进口原木材积查定。本表对应的原木检尺长范围为2.0～12.0 m，检尺径范围为6～80 cm。

（一）尺寸检量

检尺长以0.2 m为进级单位，不足0.2 m的尾数舍去不计。如实际长度4.01～4.19 m，其检尺长为4.0 m；实际长度4.41～4.59 m，其检尺长为4.4 m。但由于特殊需要，对1.9 m、2.1 m、2.7 m、3.3 m、3.65 m、4.3 m的长度不在此限。检尺径为原木小头断面的最小直径；但最小直径自14 cm以上的原木，与其相垂直的另一条直径的差自6 cm以上的，则每差6 cm，将最小直径加2 cm作为原木的直径；最小直径自40 cm以上的原木，与其相垂直的另一条直径的差自8 cm以上的，则每差6 cm，将最小直径加2 cm作为原木的直径。检尺径在14 cm以下时，以1 cm为进级单位，不足1 cm的尾数舍去不计；检尺径自14 cm以上时，以2 cm

为进级单位，不足2 cm的尾数舍去不计。

（二）材积计算公式

材积计算公式：

（1）检尺长不足6 m的原木

$V=D^2L\div 10000$

（2）检尺长自6 m以上的原木

$V=[D+(L'-4)/2]^2\times L\div 10000$

式中：V——材积（单位为m^3）；L——检尺长（单位为m）；L'——舍去不足1 m尾数的原木材长（单位为m）；D——检尺径（单位为cm）。

（三）材积数字保留位数

原木材积的计算数字保留三位小数。

（四）材积表

日本、智利、新西兰原木材积见表6。

表6　日本、智利、新西兰原木材积（检尺长2.0～12.0 m，检尺径6～80 cm）

检尺径/cm	检尺长/m										
	2.0	2.1	2.2	2.4	2.6	2.7	2.8	3.0	3.2	3.3	3.4
	材积/m³										
6	0.007	0.008	0.008	0.009	0.009	0.010	0.010	0.011	0.012	0.012	0.012
7	0.010	0.010	0.011	0.012	0.013	0.013	0.014	0.015	0.016	0.016	0.017
8	0.013	0.013	0.014	0.015	0.017	0.017	0.018	0.019	0.020	0.021	0.022
9	0.016	0.017	0.018	0.019	0.021	0.022	0.023	0.024	0.026	0.027	0.028
10	0.020	0.021	0.022	0.024	0.026	0.027	0.028	0.030	0.032	0.033	0.034
11	0.024	0.025	0.027	0.029	0.031	0.033	0.034	0.036	0.039	0.040	0.041
12	0.029	0.030	0.032	0.035	0.037	0.039	0.040	0.043	0.046	0.048	0.049
13	0.034	0.035	0.037	0.041	0.044	0.046	0.047	0.051	0.054	0.056	0.057
14	0.039	0.041	0.043	0.047	0.051	0.053	0.055	0.059	0.063	0.065	0.067
16	0.051	0.054	0.056	0.061	0.067	0.069	0.072	0.077	0.082	0.084	0.087

续表6

检尺径/cm	检尺长/m										
	2.0	2.1	2.2	2.4	2.6	2.7	2.8	3.0	3.2	3.3	3.4
	材积/m^3										
18	0.065	0.068	0.071	0.078	0.084	0.087	0.091	0.097	0.104	0.107	0.110
20	0.080	0.084	0.088	0.096	0.104	0.108	0.112	0.120	0.128	0.132	0.136
22	0.097	0.102	0.106	0.116	0.126	0.131	0.136	0.145	0.155	0.160	0.165
24	0.115	0.121	0.127	0.138	0.150	0.156	0.161	0.173	0.184	0.190	0.196
26	0.135	0.142	0.149	0.162	0.176	0.183	0.189	0.203	0.216	0.223	0.230
28	0.157	0.165	0.172	0.188	0.204	0.212	0.220	0.235	0.251	0.259	0.267
30	0.180	0.189	0.198	0.216	0.234	0.243	0.252	0.270	0.288	0.297	0.306
32	0.205	0.215	0.225	0.246	0.266	0.276	0.287	0.307	0.328	0.338	0.348
34	0.231	0.243	0.254	0.277	0.301	0.312	0.324	0.347	0.370	0.381	0.393
36	0.259	0.272	0.285	0.311	0.337	0.350	0.363	0.389	0.415	0.428	0.441
38	0.289	0.303	0.318	0.347	0.375	0.390	0.404	0.433	0.462	0.477	0.491
40	0.320	0.336	0.352	0.384	0.416	0.432	0.448	0.480	0.512	0.528	0.544
42	0.353	0.370	0.388	0.423	0.459	0.476	0.494	0.529	0.564	0.582	0.600
44	0.387	0.407	0.426	0.465	0.503	0.523	0.542	0.581	0.620	0.639	0.658
46	0.423	0.444	0.466	0.508	0.550	0.571	0.592	0.635	0.677	0.698	0.719
48	0.461	0.484	0.507	0.553	0.599	0.622	0.645	0.691	0.737	0.760	0.783
50	0.500	0.525	0.550	0.600	0.650	0.675	0.700	0.750	0.800	0.825	0.850

续表6

检尺径/cm	检尺长/m										
	2.0	2.1	2.2	2.4	2.6	2.7	2.8	3.0	3.2	3.3	3.4
	材积/m³										
52	0.541	0.568	0.595	0.649	0.703	0.730	0.757	0.811	0.865	0.892	0.919
54	0.583	0.612	0.642	0.700	0.758	0.787	0.816	0.875	0.933	0.962	0.991
56	0.627	0.659	0.690	0.753	0.815	0.847	0.878	0.941	1.004	1.035	1.066
58	0.673	0.706	0.740	0.807	0.875	0.908	0.942	1.009	1.076	1.110	1.144
60	0.720	0.756	0.792	0.864	0.936	0.972	1.008	1.080	1.152	1.188	1.224
62	0.769	0.807	0.846	0.923	0.999	1.038	1.076	1.153	1.230	1.269	1.307
64	0.819	0.860	0.901	0.983	1.065	1.106	1.147	1.229	1.311	1.352	1.393
66	0.871	0.915	0.958	1.045	1.133	1.176	1.220	1.307	1.394	1.437	1.481
68	0.925	0.971	1.017	1.110	1.202	1.248	1.295	1.387	1.480	1.526	1.572
70	0.980	1.029	1.078	1.176	1.274	1.323	1.372	1.470	1.568	1.617	1.666
72	1.037	1.089	1.140	1.244	1.348	1.400	1.452	1.555	1.659	1.711	1.763
74	1.095	1.150	1.205	1.314	1.424	1.479	1.533	1.643	1.752	1.807	1.862
76	1.155	1.213	1.271	1.386	1.502	1.560	1.617	1.733	1.848	1.906	1.964
78	1.217	1.278	1.338	1.460	1.582	1.643	1.704	1.825	1.947	2.008	2.069
80	1.280	1.344	1.408	1.536	1.664	1.728	1.792	1.920	2.048	2.112	2.176

续表6

检尺径/cm	检尺长/m										
	3.6	3.65	3.8	4.0	4.2	4.3	4.4	4.6	4.8	5.0	5.2
	材积/m^3										
6	0.013	0.013	0.014	0.014	0.015	0.015	0.016	0.017	0.017	0.018	0.019
7	0.018	0.018	0.019	0.020	0.021	0.021	0.022	0.023	0.024	0.025	0.025
8	0.023	0.023	0.024	0.026	0.027	0.028	0.028	0.029	0.031	0.032	0.033
9	0.029	0.030	0.031	0.032	0.034	0.035	0.036	0.037	0.039	0.041	0.042
10	0.036	0.037	0.038	0.040	0.042	0.043	0.044	0.046	0.048	0.050	0.052
11	0.044	0.044	0.046	0.048	0.051	0.052	0.053	0.056	0.058	0.060	0.063
12	0.052	0.053	0.055	0.058	0.060	0.062	0.063	0.066	0.069	0.072	0.075
13	0.061	0.062	0.064	0.068	0.071	0.073	0.074	0.078	0.081	0.085	0.088
14	0.071	0.072	0.074	0.078	0.082	0.084	0.086	0.090	0.094	0.098	0.102
16	0.092	0.093	0.097	0.102	0.108	0.110	0.113	0.118	0.123	0.128	0.133
18	0.117	0.118	0.123	0.130	0.136	0.139	0.143	0.149	0.156	0.162	0.168
20	0.144	0.146	0.152	0.160	0.168	0.172	0.176	0.184	0.192	0.200	0.208
22	0.174	0.177	0.184	0.194	0.203	0.208	0.213	0.223	0.232	0.242	0.252
24	0.207	0.210	0.219	0.230	0.242	0.248	0.253	0.265	0.276	0.288	0.300
26	0.243	0.247	0.257	0.270	0.284	0.291	0.297	0.311	0.324	0.338	0.352
28	0.282	0.286	0.298	0.314	0.329	0.337	0.345	0.361	0.376	0.392	0.408
30	0.324	0.329	0.342	0.360	0.378	0.387	0.396	0.414	0.432	0.450	0.468

续表6

检尺径/cm	检尺长/m										
	3.6	3.65	3.8	4.0	4.2	4.3	4.4	4.6	4.8	5.0	5.2
	材积/m^3										
32	0.369	0.374	0.389	0.410	0.430	0.440	0.451	0.471	0.492	0.512	0.532
34	0.416	0.422	0.439	0.462	0.486	0.497	0.509	0.532	0.555	0.578	0.601
36	0.467	0.473	0.492	0.518	0.544	0.557	0.570	0.596	0.622	0.648	0.674
38	0.520	0.527	0.549	0.578	0.606	0.621	0.635	0.664	0.693	0.722	0.751
40	0.576	0.584	0.608	0.640	0.672	0.688	0.704	0.736	0.768	0.800	0.832
42	0.635	0.644	0.670	0.706	0.741	0.759	0.776	0.811	0.847	0.882	0.917
44	0.697	0.707	0.736	0.774	0.813	0.832	0.852	0.891	0.929	0.968	1.007
46	0.762	0.772	0.804	0.846	0.889	0.910	0.931	0.973	1.016	1.058	1.100
48	0.829	0.841	0.876	0.922	0.968	0.991	1.014	1.060	1.106	1.152	1.198
50	0.900	0.912	0.950	1.000	1.050	1.075	1.100	1.150	1.200	1.250	1.300
52	0.973	0.987	1.028	1.082	1.136	1.163	1.190	1.244	1.298	1.352	1.406
54	1.050	1.064	1.108	1.166	1.225	1.254	1.283	1.341	1.400	1.458	1.516
56	1.129	1.145	1.192	1.254	1.317	1.348	1.380	1.443	1.505	1.568	1.631
58	1.211	1.228	1.278	1.346	1.413	1.447	1.480	1.547	1.615	1.682	1.749
60	1.296	1.314	1.368	1.440	1.512	1.548	1.584	1.656	1.728	1.800	1.872
62	1.384	1.403	1.461	1.538	1.614	1.653	1.691	1.768	1.845	1.922	1.999
64	1.475	1.495	1.556	1.638	1.720	1.761	1.802	1.884	1.966	2.048	2.130

续表6

检尺径/cm	检尺长/m										
	3.6	3.65	3.8	4.0	4.2	4.3	4.4	4.6	4.8	5.0	5.2
	材积/m^3										
66	1.568	1.590	1.655	1.742	1.830	1.873	1.917	2.004	2.091	2.178	2.265
68	1.665	1.688	1.757	1.850	1.942	1.988	2.035	2.127	2.220	2.312	2.404
70	1.764	1.788	1.862	1.960	2.058	2.107	2.156	2.254	2.352	2.450	2.548
72	1.866	1.892	1.970	2.074	2.177	2.229	2.281	2.385	2.488	2.592	2.696
74	1.971	1.999	2.081	2.190	2.300	2.355	2.409	2.519	2.628	2.738	2.848
76	2.079	2.108	2.195	2.310	2.426	2.484	2.541	2.657	2.772	2.888	3.004
78	2.190	2.221	2.312	2.434	2.555	2.616	2.677	2.799	2.920	3.042	3.164
80	2.304	2.336	2.432	2.560	2.688	2.752	2.816	2.944	3.072	3.200	3.328

续表6

检尺径/cm	检尺长/m										
	5.4	5.6	5.8	6.0	6.2	6.4	6.6	6.8	7.0	7.2	7.4
	材积/m^3										
6	0.019	0.020	0.021	0.029	0.030	0.031	0.032	0.033	0.039	0.041	0.042
7	0.026	0.027	0.028	0.038	0.040	0.041	0.042	0.044	0.051	0.052	0.053
8	0.035	0.036	0.037	0.049	0.050	0.052	0.053	0.055	0.063	0.065	0.067
9	0.044	0.045	0.047	0.060	0.062	0.064	0.066	0.068	0.077	0.079	0.082
10	0.054	0.056	0.058	0.073	0.075	0.077	0.080	0.082	0.093	0.095	0.098
11	0.065	0.068	0.070	0.086	0.089	0.092	0.095	0.098	0.109	0.113	0.116
12	0.078	0.081	0.084	0.101	0.105	0.108	0.112	0.115	0.128	0.131	0.135
13	0.091	0.095	0.098	0.118	0.122	0.125	0.129	0.133	0.147	0.151	0.156
14	0.106	0.110	0.114	0.135	0.140	0.144	0.148	0.153	0.168	0.173	0.178
16	0.138	0.143	0.148	0.173	0.179	0.185	0.191	0.197	0.214	0.221	0.227
18	0.175	0.181	0.188	0.217	0.224	0.231	0.238	0.245	0.266	0.274	0.281
20	0.216	0.224	0.232	0.265	0.273	0.282	0.291	0.300	0.324	0.333	0.342
22	0.261	0.271	0.281	0.317	0.328	0.339	0.349	0.360	0.387	0.398	0.409
24	0.311	0.323	0.334	0.375	0.388	0.400	0.412	0.425	0.455	0.468	0.481
26	0.365	0.379	0.392	0.437	0.452	0.467	0.481	0.496	0.529	0.544	0.560
28	0.423	0.439	0.455	0.505	0.521	0.538	0.555	0.572	0.609	0.627	0.644
30	0.486	0.504	0.522	0.577	0.596	0.615	0.634	0.653	0.695	0.714	0.734

续表6

检尺径/cm	检尺长/m										
	5.4	5.6	5.8	6.0	6.2	6.4	6.6	6.8	7.0	7.2	7.4
	材积/m^3										
32	0.553	0.573	0.594	0.653	0.675	0.697	0.719	0.741	0.786	0.808	0.830
34	0.624	0.647	0.670	0.735	0.759	0.784	0.808	0.833	0.882	0.907	0.933
36	0.700	0.726	0.752	0.821	0.849	0.876	0.904	0.931	0.984	1.012	1.041
38	0.780	0.809	0.838	0.913	0.943	0.973	1.004	1.034	1.092	1.123	1.155
40	0.864	0.896	0.928	1.009	1.042	1.076	1.109	1.143	1.206	1.240	1.274
42	0.953	0.988	1.023	1.109	1.146	1.183	1.220	1.257	1.325	1.362	1.400
44	1.045	1.084	1.123	1.215	1.256	1.296	1.337	1.377	1.449	1.491	1.532
46	1.143	1.185	1.227	1.325	1.370	1.414	1.458	1.502	1.579	1.625	1.670
48	1.244	1.290	1.336	1.441	1.489	1.537	1.585	1.633	1.715	1.764	1.813
50	1.350	1.400	1.450	1.561	1.613	1.665	1.717	1.769	1.857	1.910	1.963
52	1.460	1.514	1.568	1.685	1.742	1.798	1.854	1.910	2.004	2.061	2.118
54	1.575	1.633	1.691	1.815	1.875	1.936	1.996	2.057	2.156	2.218	2.279
56	1.693	1.756	1.819	1.949	2.014	2.079	2.144	2.209	2.314	2.381	2.447
58	1.817	1.884	1.951	2.089	2.158	2.228	2.297	2.367	2.478	2.549	2.620
60	1.944	2.016	2.088	2.233	2.307	2.381	2.456	2.530	2.648	2.723	2.799
62	2.076	2.153	2.230	2.381	2.461	2.540	2.620	2.699	2.823	2.903	2.984
64	2.212	2.294	2.376	2.535	2.619	2.704	2.788	2.873	3.003	3.089	3.175

续表6

检尺径/cm	检尺长/m										
	5.4	5.6	5.8	6.0	6.2	6.4	6.6	6.8	7.0	7.2	7.4
	材积/m^3										
66	2.352	2.439	2.526	2.693	2.783	2.873	2.963	3.053	3.189	3.280	3.372
68	2.497	2.589	2.682	2.857	2.952	3.047	3.142	3.237	3.381	3.478	3.574
70	2.646	2.744	2.842	3.025	3.125	3.226	3.327	3.428	3.579	3.681	3.783
72	2.799	2.903	3.007	3.197	3.304	3.411	3.517	3.624	3.782	3.890	3.998
74	2.957	3.067	3.176	3.375	3.487	3.600	3.712	3.825	3.990	4.104	4.218
76	3.119	3.235	3.350	3.557	3.676	3.795	3.913	4.032	4.204	4.324	4.445
78	3.285	3.407	3.529	3.745	3.869	3.994	4.119	4.244	4.424	4.551	4.677
80	3.456	3.584	3.712	3.937	4.068	4.199	4.330	4.461	4.650	4.782	4.915

续表6

检尺径/cm	检尺长/m										
	7.6	7.8	8.0	8.2	8.4	8.6	8.8	9.0	9.2	9.4	9.6
	材积/m³										
6	0.043	0.044	0.051	0.052	0.054	0.055	0.056	0.065	0.066	0.068	0.069
7	0.055	0.056	0.065	0.066	0.068	0.070	0.071	0.081	0.083	0.085	0.087
8	0.069	0.070	0.080	0.082	0.084	0.086	0.088	0.099	0.101	0.104	0.106
9	0.084	0.086	0.097	0.099	0.102	0.104	0.106	0.119	0.122	0.124	0.127
10	0.101	0.103	0.115	0.118	0.121	0.124	0.127	0.141	0.144	0.147	0.150
11	0.119	0.122	0.135	0.139	0.142	0.145	0.149	0.164	0.168	0.171	0.175
12	0.139	0.142	0.157	0.161	0.165	0.169	0.172	0.189	0.193	0.198	0.202
13	0.160	0.164	0.180	0.184	0.189	0.194	0.198	0.216	0.221	0.226	0.231
14	0.183	0.187	0.205	0.210	0.215	0.220	0.225	0.245	0.250	0.256	0.261
16	0.233	0.239	0.259	0.266	0.272	0.279	0.285	0.308	0.315	0.322	0.329
18	0.289	0.297	0.320	0.328	0.336	0.344	0.352	0.378	0.387	0.395	0.403
20	0.351	0.361	0.387	0.397	0.407	0.416	0.426	0.456	0.466	0.476	0.486
22	0.420	0.431	0.461	0.472	0.484	0.495	0.507	0.540	0.552	0.564	0.576
24	0.494	0.507	0.541	0.554	0.568	0.581	0.595	0.632	0.646	0.660	0.674
26	0.575	0.590	0.627	0.643	0.659	0.674	0.690	0.731	0.747	0.764	0.780
28	0.661	0.679	0.720	0.738	0.756	0.774	0.792	0.837	0.856	0.874	0.893
30	0.754	0.774	0.819	0.840	0.860	0.881	0.901	0.951	0.972	0.993	1.014

续表6

检尺径/cm	检尺长/m										
	7.6	7.8	8.0	8.2	8.4	8.6	8.8	9.0	9.2	9.4	9.6
	材积/m³										
32	0.853	0.875	0.925	0.948	0.971	0.994	1.017	1.071	1.095	1.119	1.143
34	0.958	0.983	1.037	1.063	1.089	1.115	1.140	1.199	1.226	1.252	1.279
36	1.069	1.097	1.155	1.184	1.213	1.242	1.271	1.334	1.364	1.393	1.423
38	1.186	1.217	1.280	1.312	1.344	1.376	1.408	1.476	1.509	1.542	1.575
40	1.309	1.343	1.411	1.446	1.482	1.517	1.552	1.626	1.662	1.698	1.734
42	1.438	1.476	1.549	1.588	1.626	1.665	1.704	1.782	1.822	1.861	1.901
44	1.573	1.615	1.693	1.735	1.777	1.820	1.862	1.946	1.989	2.033	2.076
46	1.715	1.760	1.843	1.889	1.935	1.981	2.028	2.117	2.164	2.211	2.258
48	1.862	1.911	2.000	2.050	2.100	2.150	2.200	2.295	2.346	2.397	2.448
50	2.016	2.069	2.163	2.217	2.271	2.325	2.380	2.481	2.536	2.591	2.646
52	2.175	2.233	2.333	2.391	2.449	2.508	2.566	2.673	2.733	2.792	2.851
54	2.341	2.403	2.509	2.572	2.634	2.697	2.760	2.873	2.937	3.001	3.065
56	2.513	2.579	2.691	2.758	2.826	2.893	2.960	3.080	3.148	3.217	3.285
58	2.691	2.761	2.880	2.952	3.024	3.096	3.168	3.294	3.367	3.441	3.514
60	2.875	2.950	3.075	3.152	3.229	3.306	3.383	3.516	3.594	3.672	3.750
62	3.065	3.145	3.277	3.359	3.441	3.523	3.604	3.744	3.827	3.911	3.994
64	3.261	3.346	3.485	3.572	3.659	3.746	3.833	3.980	4.068	4.157	4.245

续表6

检尺径/cm	检尺长/m										
	7.6	7.8	8.0	8.2	8.4	8.6	8.8	9.0	9.2	9.4	9.6
	材积/m^3										
66	3.463	3.554	3.699	3.792	3.884	3.977	4.069	4.223	4.317	4.411	4.505
68	3.671	3.768	3.920	4.018	4.116	4.214	4.312	4.473	4.573	4.672	4.771
70	3.885	3.988	4.147	4.251	4.355	4.458	4.562	4.731	4.836	4.941	5.046
72	4.106	4.214	4.381	4.490	4.600	4.709	4.819	4.995	5.106	5.217	5.328
74	4.332	4.446	4.621	4.736	4.852	4.967	5.083	5.267	5.384	5.501	5.618
76	4.565	4.685	4.867	4.989	5.111	5.232	5.354	5.546	5.669	5.793	5.916
78	4.803	4.930	5.120	5.248	5.376	5.504	5.632	5.832	5.962	6.091	6.221
80	5.048	5.181	5.379	5.514	5.648	5.783	5.917	6.126	6.262	6.398	6.534

续表6

检尺径/cm	检尺长/m											
	9.8	10.0	10.2	10.4	10.6	10.8	11.0	11.2	11.4	11.6	11.8	12.0
	材积/m^3											
6	0.071	0.081	0.083	0.084	0.086	0.087	0.099	0.101	0.103	0.105	0.106	0.120
7	0.088	0.100	0.102	0.104	0.106	0.108	0.121	0.123	0.126	0.128	0.130	0.145
8	0.108	0.121	0.123	0.126	0.128	0.131	0.145	0.148	0.151	0.153	0.156	0.173
9	0.130	0.144	0.147	0.150	0.153	0.156	0.172	0.175	0.178	0.181	0.184	0.203
10	0.153	0.169	0.172	0.176	0.179	0.183	0.200	0.204	0.208	0.211	0.215	0.235
11	0.179	0.196	0.200	0.204	0.208	0.212	0.231	0.235	0.240	0.244	0.248	0.270
12	0.206	0.225	0.230	0.234	0.238	0.243	0.264	0.269	0.274	0.279	0.283	0.307
13	0.235	0.256	0.261	0.266	0.271	0.276	0.299	0.305	0.310	0.316	0.321	0.347
14	0.267	0.289	0.295	0.301	0.306	0.312	0.337	0.343	0.349	0.355	0.361	0.389
16	0.335	0.361	0.368	0.375	0.383	0.390	0.418	0.426	0.433	0.441	0.449	0.480
18	0.412	0.441	0.450	0.459	0.467	0.476	0.508	0.518	0.527	0.536	0.545	0.581
20	0.496	0.529	0.540	0.550	0.561	0.571	0.607	0.619	0.630	0.641	0.652	0.691
22	0.588	0.625	0.637	0.650	0.662	0.675	0.715	0.728	0.741	0.754	0.767	0.811
24	0.688	0.729	0.744	0.758	0.773	0.787	0.832	0.847	0.862	0.877	0.892	0.941
26	0.796	0.841	0.858	0.875	0.891	0.908	0.957	0.975	0.992	1.009	1.027	1.080
28	0.912	0.961	0.980	0.999	1.019	1.038	1.091	1.111	1.131	1.151	1.171	1.229
30	1.035	1.089	1.111	1.133	1.154	1.176	1.234	1.257	1.279	1.302	1.324	1.387

续表6

检尺径/cm	检尺长/m											
	9.8	10.0	10.2	10.4	10.6	10.8	11.0	11.2	11.4	11.6	11.8	12.0
	材积/m³											
32	1.166	1.225	1.25	1.274	1.298	1.323	1.386	1.411	1.437	1.462	1.487	1.555
34	1.306	1.369	1.396	1.424	1.451	1.479	1.547	1.575	1.603	1.631	1.659	1.733
36	1.453	1.521	1.551	1.582	1.612	1.643	1.716	1.747	1.779	1.810	1.841	1.920
38	1.607	1.681	1.715	1.748	1.782	1.815	1.894	1.929	1.963	1.998	2.032	2.117
40	1.770	1.849	1.886	1.923	1.960	1.997	2.081	2.119	2.157	2.195	2.233	2.323
42	1.941	2.025	2.066	2.106	2.147	2.187	2.277	2.319	2.360	2.401	2.443	2.539
44	2.119	2.209	2.253	2.297	2.342	2.386	2.482	2.527	2.572	2.617	2.662	2.765
46	2.305	2.401	2.449	2.497	2.545	2.593	2.695	2.744	2.793	2.842	2.891	3.000
48	2.499	2.601	2.653	2.705	2.757	2.809	2.917	2.971	3.024	3.077	3.130	3.245
50	2.701	2.809	2.865	2.921	2.978	3.034	3.148	3.206	3.263	3.320	3.377	3.499
52	2.911	3.025	3.085	3.146	3.207	3.267	3.388	3.450	3.511	3.573	3.635	3.763
54	3.128	3.249	3.314	3.379	3.444	3.509	3.637	3.703	3.769	3.835	3.901	4.037
56	3.354	3.481	3.551	3.620	3.690	3.759	3.894	3.965	4.036	4.107	4.177	4.320
58	3.587	3.721	3.795	3.870	3.944	4.019	4.160	4.236	4.312	4.387	4.463	4.613
60	3.828	3.969	4.048	4.128	4.207	4.287	4.435	4.516	4.597	4.677	4.758	4.915
62	4.077	4.225	4.309	4.394	4.479	4.563	4.719	4.805	4.891	4.977	5.062	5.227
64	4.334	4.489	4.579	4.669	4.758	4.848	5.012	5.103	5.194	5.285	5.376	5.549

续表6

检尺径/cm	检尺长/m											
	9.8	10.0	10.2	10.4	10.6	10.8	11.0	11.2	11.4	11.6	11.8	12.0
	材积/m^3											
66	4.598	4.761	4.856	4.951	5.047	5.142	5.313	5.410	5.506	5.603	5.700	5.880
68	4.871	5.041	5.142	5.243	5.343	5.444	5.623	5.726	5.828	5.930	6.032	6.221
70	5.151	5.329	5.436	5.542	5.649	5.755	5.942	6.051	6.159	6.267	6.375	6.571
72	5.439	5.625	5.737	5.850	5.963	6.075	6.270	6.384	6.498	6.612	6.726	6.931
74	5.735	5.929	6.048	6.166	6.285	6.403	6.607	6.727	6.847	6.967	7.087	7.301
76	6.039	6.241	6.366	6.491	6.615	6.740	6.952	7.079	7.205	7.331	7.458	7.680
78	6.351	6.561	6.692	6.823	6.955	7.086	7.306	7.439	7.572	7.705	7.838	8.069
80	6.670	6.889	7.027	7.165	7.302	7.440	7.669	7.809	7.948	8.088	8.227	8.467